Sönke Bastian Klinkhammer

Durchstimmbare organische Halbleiterlaser

Durchstimmbare organische Halbleiterlaser

von
Sönke Bastian Klinkhammer

Dissertation, Karlsruher Institut für Technologie
Fakultät für Elektrotechnik und Informationstechnik, 2011
Referenten: Prof. Dr. Uli Lemmer, Prof. Dr. Christian Koos

Impressum

Karlsruher Institut für Technologie (KIT)
KIT Scientific Publishing
Straße am Forum 2
D-76131 Karlsruhe
www.ksp.kit.edu

KIT – Universität des Landes Baden-Württemberg und nationales
Forschungszentrum in der Helmholtz-Gemeinschaft

KIT Scientific Publishing 2012
Print on Demand

ISBN 978-3-86644-823-0

Durchstimmbare organische Halbleiterlaser

Zur Erlangung des akademischen Grades eines

DOKTOR-INGENIEURS

von der Fakultät für

Elektrotechnik und Informationstechnik
des Karlsruher Instituts für Technologie (KIT)

genehmigte

Dissertation

von
Dipl.-Phys. Sönke Bastian Klinkhammer
geb. in Neuss

Tag der mündlichen Prüfung: 15. Dezember 2011

Hauptreferent: Prof. Dr. Uli Lemmer
Korreferent: Prof. Dr. Christian Koos

Kurzfassung

Im Mittelpunkt dieser Arbeit steht die Entwicklung optisch gepumpter, durchstimmbarer organischer Halbleiterlaser auf Basis der verteilten Rückkopplung. Die spektral breiten Absorptions- und Emissionsspektren sowie die hohen Lumineszenzausbeuten und die vielseitige Prozessierbarkeit der organischen Verstärkermaterialien ermöglichen kostengünstige und kompakte Laserlichtquellen mit Emissionswellenlängen im gesamten sichtbaren Spektralbereich. Dünnschichtresonatoren auf Basis der verteilten Rückkopplung gewährleisten hohe Effizienzen und eine einfache Herstellung. Zusätzlich kann die Emission in diesen Resonatoren in der Schichtebene oder senkrecht dazu erfolgen. So werden sowohl Anwendungen als Freistrahl-Laserlichtquellen als auch integrierte Laser in chipbasierten mikrophotonischen Systemen ermöglicht.

Die Schwelle und die Emissionseffizienz organischer Laser auf Basis verteilter Rückkopplung wird experimentell und mit einer erweiterten Theorie der gekoppelten Moden analysiert. Es wird ein Kriterium gefunden, welches die Vergleichbarkeit der Laserschwelle gewährleistet.

Verschiedene Methoden der Durchstimmbarkeit der Laserwellenlänge werden in dieser Arbeit demonstriert. Neben einer diskreten Variation der Modulationsperiode der verteilten Rückkopplung liegt der Fokus vor allem auf der kontinuierlichen Durchstimmbarkeit der Laserwellenlänge. Dazu wird die Dicke der wellenleitenden Schicht kontinuierlich innerhalb eines Bauteils variiert. In dieser Arbeit werden zwei Methoden vorgestellt, die die Herstellung von dünnen Schichten organischer Halbleiter mit einer Schichtdickenvariation aus der Flüssigphase und durch Aufdampfen ermöglichen. Durch eine räumliche Änderung der Anregeposition entlang der Schichtdickengradienten auf den Laserbauteilen wird die Emissionswellenlänge kontinuierlich innerhalb eines definierten spektralen Bereiches variiert. Weiterhin wird die Durchstimmbarkeit der Laserwellenlänge auf Basis einer Brechungsindexvariation in der Schichtwellenleiterumgebung untersucht. Einerseits dienen dazu Flüssigkeiten unterschiedlicher Brechungsindizes, die auf die organischen Laser aufgebracht werden. Andererseits werden Flüssigkristalle und deren doppelbrechende Eigenschaften dazu verwendet, die Laserwellenlänge mit Hilfe eines angelegten elektrischen Feldes zu kontrollieren. Die Flüssigkristalle werden auf den organischen Laser gebracht und die Orientierung mit einem extern angelegten elektrischen Feld gesteuert.

Anwendungsorientierte Aspekte durchstimmbarer organischer Halbleiterlaser werden ebenfalls untersucht. Das Potential solcher Laser für die Spektroskopie wird mit Hilfe eines einfachen optischen Aufbaus mit den durchstimmbaren organischen Lasern als zentralem Element demonstriert. Zum anderen erlauben die hohen Effizienzen sowie die kompakte Bauform der durchstimmbaren organischen Halbleiterlaser die Herstellung anorganisch-organischer Hybrid-Laserdioden.

Abstract

The work at hand presents a detailed study of optically pumped, tunable organic semiconductor lasers. Organic gain materials have experienced a lot a of attention in research in the last few years as they offer broad absorption- and emission spectra, high luminescence yields combined with the ease of processing. This enables compact, low-cost light sources with emission wavelengths in the visible part of the spectrum. Especially lasers based on distributed feedback due to a periodic modulation of the optical properties in a slab waveguide are very efficient and easy to fabricate. The emission from these resonators can be in plane of the waveguide film, as is favorable for integrated laser light sources as part of a microphotonic system, or out of plane, which is suitable for free-space applications.

In this work, the emission efficiency of optically pumped lasers with distributed feedback is investigated in experiment and theory. This allows optimal usage of the available pump light. Additionaly, comparability of threshold values is clarified which is of importance for general investigations of distributed feedback lasers with different geometries and materials.

Various means of tunability of such lasers are investigated. Discrete tuning is demonstrated by a variation of the modulation period. Continuous tunability, the main focus of this work, was achieved by a continuous variation of the waveguide layer film thickness. Two different techniques are presented and investigated. These allow the fabrication of such wedge-shaped thin films by evaporation or by solution-based processing. Spatial variation of the position of optical excitation along the thickness gradient allows seamless tuning of the laser devices. Furthermore, tunability is achieved by variation of the refractive index within the slab waveguide configuration. On the one hand, the organic laser is covered with solutions of different refractive indices which allows shifting the laser wavelength in a discrete manner. On the other hand, liquid crystals as electro-optical element are used to control the wavelength shift with an external voltage which aligns the liquid crystals on top of the organic laser.

Two potential applications of continuously tunable organic lasers are presented. High resolution transmission spectroscopy is demonstrated with a compact optical setup with the tunable laser as key element. The high efficiency and compact device size enables a hybrid inorganic-organic, continuously tunable laser diode.

Inhaltsverzeichnis

1 Einleitung

1.1 Durchstimmbare Laser

Seit der ersten Realisierung eines Lasers durch Theodore Maiman im Jahr 1960 ist eine Vielzahl von verschiedenen Lasertypen entwickelt worden. Die einzigartigen Eigenschaften eines Lasers – spektral schmalbandige Emission, geringe Strahldivergenz, hohe zeitliche und räumliche Kohärenz sowie hohe Energie- und Leistungsdichten – machen ihn zu einem unersetzlichen Werkzeug in vielen Bereichen der Wissenschaft und des täglichen Lebens. Die Einsatzgebiete von Lasern sind äußerst verschieden und reichen von der Grundlagenforschung über die medizinische Therapie, chemische Analyse, Materialbearbeitung, Qualitätsüberwachung, Abstandsvermessung, moderne Kommunikationstechnik bis hin zur optischen Datenspeicherung.

Im Kontext der vorliegenden Arbeit sind Halbleiterlaser sowie Farbstofflaser besonders hervorzuheben. Anorganische Halbleiterlaserdioden sind aufgrund ihrer kompakten Bauweise, ihrer hohen Effizienz, der hohen Zuverlässigkeit sowie der kostengünstigen Herstellung die Laserart, die weltweit hauptsächlich produziert wird. Laserdioden machten 2009 weltweit etwa 60 % des Gesamtumsatzes im Bereich der kommerziell verfügbaren Laser aus [1]. Sie finden vor allem Anwendung in CD-, DVD- und Blu-ray Disc-Laufwerken sowie in der modernen Kommunikationstechnik. Für letztere ist neben den aufgezählten Vorteilen die, wenn auch nur begrenzte, Durchstimmbarkeit ausschlaggebend, da sich damit hohe Datenübertragungsraten im infraroten Spektralbereich erzielen lassen. Allerdings sind die verfügbaren Emissionswellenlängen von Laserdioden bis heute vor allem im sichtbaren Spektralbereich begrenzt. Im Wellenlängenbereich von etwa 515 nm bis 635 nm sind derzeit noch keine Laserdioden kommerziell verfügbar und auch die übrigen Bereiche sind noch nicht lückenlos erhältlich [2]. Darüber hinaus beträgt die Durchstimmbarkeit einer einzelnen Laserdiode nur wenige Nanometer, so dass Laserdiodenarrays oder Laserdioden mit externen Resonatoren benötigt werden, wenn ein größerer Durchstimmbereich erwünscht ist. Die Tabelle in Abbildung 1.1 zeigt die wichtigsten Anwendungsfelder solcher durchstimmbaren Laserdioden und die spezifischen Kriterien.

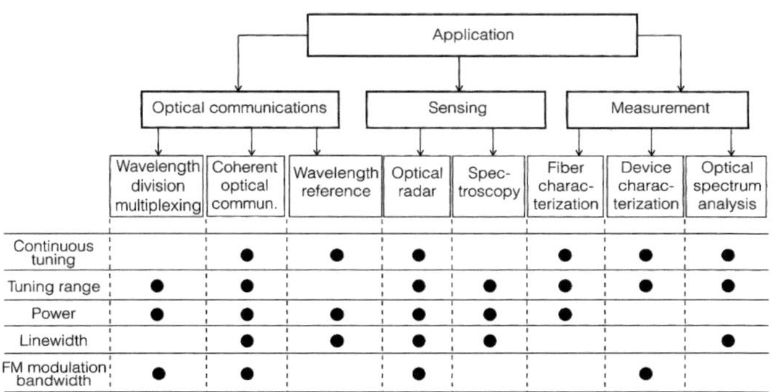

	Wavelength division multiplexing	Coherent optical commun.	Wavelength reference	Optical radar	Spec-troscopy	Fiber charac-terization	Device charac-terization	Optical spectrum analysis
Continuous tuning		●	●	●		●	●	●
Tuning range	●	●		●	●	●	●	●
Power	●	●	●	●	●	●		
Linewidth		●	●	●	●			●
FM modulation bandwidth	●	●		●			●	

Abb. 1.1: Tabellarische Übersicht der möglichen Anwendungsfelder durchstimmbarer Laserdioden sowie die jeweiligen spezifischen Kriterien (aus [3]).

Im Jahr 1966 demonstrierten Peter P. Sorokin, John R. Lankard und Fritz P. Schäfer in zwei unabhängigen Experimenten das erste Mal Lasertätigkeit durch Anregung einer Lösung mit einem organischen Farbstoff [4, 5]. Diese Entdeckung war der Grundstein für die Entwicklung von Farbstofflasersystemen mit geringen Linienbreiten, die über einen breiten Spektralbereich kontinuierlich durchstimmbar sind. Laseremission kann sowohl im Dauerstrichmodus als auch gepulst erfolgen. Mit Farbstofflasern ist je nach verwendetem Farbstoff und Lösung Emission im nahen ultravioletten (UV) bis in den nahen infraroten Bereich möglich [6]. Farbstofflaser haben eine ganz Reihe von Untersuchungen in der wissenschaftlichen und industriellen Forschung, vor allem in den Bereichen der linearen und nichtlinearen optischen Spektroskopie ermöglicht. Allerdings sind Farbstofflasersysteme komplex und wartungsintensiv. Dies liegt vor allem daran, dass die Farbstofflösung in dem Laserresonator durch ständiges Pumpen ausgetauscht werden muss, da der Farbstoff bei optischer

Anregung schnell ausbleicht. Darüber hinaus ermöglicht ein gelöster Laserfarbstoff nur Lasertätigkeit innerhalb eines bestimmten spektralen Bereiches. Soll der spektrale Emissionsbereich geändert werden, müssen sowohl die Farbstofflösung als auch gegebenenfalls optische Elemente im Resonator ausgetauscht werden. Die verwendeten Lösungsmittel und Farbstoffe sind in fast allen Fällen gesundheitsschädlich, was die Handhabung insgesamt erschwert. Daher werden Farbstofflaser mittlerweile häufig durch weniger komplexe, aber weiterhin kostenintensive Lasersysteme wie Titan-Saphir-Laser, optische parametrische Oszillatoren oder Faserlaser ersetzt. Die Kombination der hohen optischen Leistung bzw. Energie, der schmalen Linienbreite und der Durchstimmbarkeit eines Farbstofflasers ist aber weiterhin unübertroffen.

1.2 Organische Halbleiterlaser

Seit der Entdeckung der elektrischen Leitfähigkeit in dünnen Schichten aus organischen Halbleitermaterialien auf Polymerbasis durch Alan J. Heeger, Alan G. MacDiarmid and Hideki Shirakawa im Jahr 1977 hat es enorme Fortschritte im Bereich der organischen Optoelektronik gegeben. Die Bedeutung dieser Entwicklung wurde 2000 mit dem Nobelpreis in Chemie honoriert [7–9]. Mit der Demonstration von Elektrolumineszenz setzten Ching W. Tang und Steven van Slyke 1987 einen Meilenstein in der Entwicklung organischer Leuchtdioden (OLED, Akronym für engl. *organic light-emitting diode*) [10]. Diese Technologie hat in den letzten Jahren Marktreife erlangt und wird zunehmend in der Displaytechnologie und der Beleuchtung eingesetzt. Weiterhin werden organische Halbleiter bereits kommerziell im Bereich der Photovoltaik verwendet. Organische Halbleiter besitzen ähnlich wie organische Farbstoffe breite Absorptions- und Emissionsspektren und hohe Quanteneffizienzen. Dünne Schichten organischer, amorpher Halbleiter können im Gegensatz zu anorganischen Halbleitern durch Aufschleudern, thermisches Verdampfen, Tintenstrahl- oder andere Beschichtungsverfahren kostengünstig und großflächig hergestellt werden. In

Kombination mit der Verwendung von flexiblen Substraten eröffnet dies zum Beispiel die Entwicklung biegsamer Displays oder Solarzellen.

Diese großen Erfolge im Bereich der organischen Optoelektronik und die Demonstration von stimulierter Emission in optisch angeregten organischen Halbleiterlasern in den Jahren 1996 und 1997 legen die Entwicklung organischer Laserdioden nahe [11, 12]. Diese würden die Durchstimmbarkeit eines Farbstofflasers im sichtbaren Spektralbereich mit der kostengünstigen Herstellung und der einfachen Handhabung von anorganischen Halbleiterlaserdioden kombinieren. Allerdings konnte trotz großer Forschungsbemühungen bis heute keine elektrisch betriebene Lasertätigkeit nachgewiesen werden. Die Gründe dafür sind vielfältig, lassen sich aber im Ursprung auf die vergleichsweise geringe Ladungsträgermobilität in organischen Halbleitern reduzieren [13]. Für viele Anwendungen ist optisches Pumpen organischer Halbleiterlaser mit kompakten anorganischen LEDs oder Laserdioden jedoch ebenso attraktiv wie der direkte elektrische Betrieb [13, 14]. Dabei haben sich vor allem Laserresonatoren auf der Basis periodischer Strukturen aufgrund der starken Modenselektion und der damit verbundenen hohen Effizienz sowie der Vielfältigkeit der Herstellungsmethoden bewährt. Diese ermöglichen einen hohen Grad an Rückkopplung innerhalb kleiner Strukturgrößen. Es lassen sich sowohl kanten- als auch oberflächenemittierende Laserbauteile mit dieser Resonatorart realisieren. Daher stellen solche Laser nicht nur attraktive Freistrahl-Laserlichtquellen dar, sondern können auch in mikrophotonische Systeme integriert werden [15, 16]. Darüber hinaus bieten solche Laserresonatoren eine Reihe von Möglichkeiten, die Emissionswellenlänge zu variieren.

1.3 Gliederung der Arbeit

Die vorliegende Arbeit widmet sich der Durchstimmbarkeit optisch angeregter, organischer Halbleiterlaser auf Basis der verteilten Rückkopplung sowie einzelnen, anwendungsrelevanten Aspekten solcher Laserlichtquellen. Sie entstand in einer Kooperation des Lichttechnischen Instituts (LTI) mit dem Institut für Mikrostrukturtechnik (IMT) am Karlsruher Institut für Technologie (KIT). Zunächst erfolgt eine Einführung in die theoretischen Grundlagen, die dem Verständnis der Arbeit dienen. In Kapitel 3 wird auf die in dieser Arbeit eingesetzten Herstellungsmethoden der organischen Halbleiterlaser eingegangen. Eine Vorstellung der verwendeten organischen Materialien folgt in Kapitel 4. Den Einstieg in die experimentell durchgeführten Arbeiten gibt das Kapitel 5, in dem die Durchstimmbarkeit organischer Halbleiterlaser durch die Veränderung der Resonatorgeometrie behandelt wird. Kapitel 6 beschreibt die Durchstimmbarkeit organischer Halbleiterlaser durch die dynamische Variation der Brechungsindexumgebung. Neben den Methoden zur Durchstimmung organischer Halbleiterlaser sind auch andere Aspekte in Bezug auf eine Anwendung relevant. Eine Auswahl dieser Aspekte wird in Kapitel 7 untersucht. Die in den Kapiteln 5 und 7 präsentierten Ergebnisse führten zur Entwicklung eines Lasersystems auf Basis der entwickelten durchstimmbaren, organischen Halbleiterlaser, dessen Kommerzialisierung mittlerweile aktiv verfolgt wird. Den Abschluss der Arbeit bildet das Kapitel 8 mit einer Zusammenfassung und einem Ausblick, in dem auf weitere Optimierungsschritte für optisch angeregte, durchstimmbare organische Halbleiterlaser eingegangen wird.

2 Grundlagen

In diesem Kapitel werden die fundamentalen Aspekte organischer Halbleiter und organischer Halbleiterlaser, die dieser Arbeit zugrunde liegen, behandelt. Dazu werden erst die elektronischen und optischen Eigenschaften organischer Halbleiter vorgestellt. Anschließend werden die für Laser relevanten grundlegenden Prinzipien der optischen Verstärkung sowie verschiedene Realisierungen von organischen Lasern beschrieben. Weiterhin wird in diesem Abschnitt auf die materialbedingten Verlustprozesse in organischen Lasern eingegangen. Darauf folgend werden detailliert die Funktionsweise und Modellierung von DFB Lasern erläutert. Abschließend wird in die Thematik der Flüssigkristalle eingeführt.

2.1 Organische Halbleiter

Der Ausdruck „organisch" wird im Kontext der Chemie meistens im Zusammenhang mit Kohlenwasserstoffverbindungen verwendet. Organische Halbleiter fallen in die Gruppe der ungesättigten Kohlenwasserstoffverbindungen. Das heißt, dass es mindestens eine Doppel- oder Dreifachbindung zwischen zwei benachbarten Kohlenstoffatomen gibt. Die in dieser Arbeit verwendeten Moleküle zeichnen sich durch das alternierende Auftreten von Einfach- und Doppelbindungen mit einer oder mehreren aromatischen Einheiten aus. Ein einfaches Molekül dieser Art ist Benzol, dessen chemische Strukturformel in Abbildung 2.1a dargestellt ist. Jedes Kohlenstoffatom weist vier Valenzelektronen auf, von denen in Benzol jeweils drei durch Ausbildung von sp^2-Hybridorbitalen kovalente Bindungen zu benachbarten Kohlenstoff- und Wasserstoffatomen eingehen (s. Abbildung 2.1b). Diese Bindungen nennt man σ-Bindungen, sie definieren aufgrund der hohen Bindungsenergie das Grundgerüst des Moleküls. Zusätzlich weist jedes Kohlenstoffatom ein weiteres Elektron in einem $2p_z$-Orbital auf (s. Abbildung 2.1c). Die $2p_z$-Orbitale überlappen jeweils mit den benachbarten Orbitalen, und es entsteht eine Delokalisierung der Elektronen in diesen Orbitalen, die man π-Elektronenwolke nennt (s. Abbildung 2.1d).

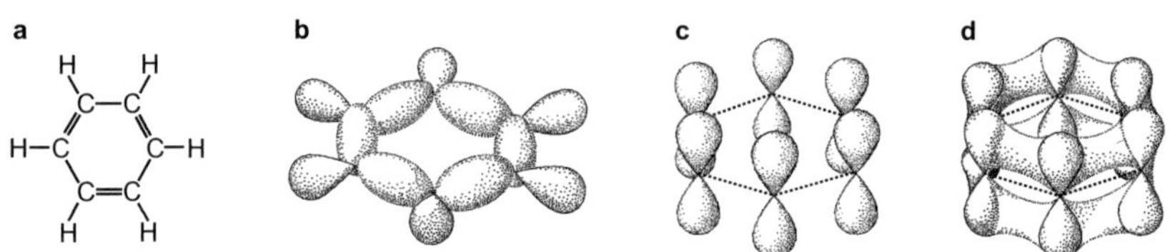

Abb. 2.1: (a) Chemische Strukturformel von Benzol, (b) Räumliche Verteilung der σ-Orbitale in Benzol, (c) Räumliche Verteilung der übrigen $2p_z$-Orbitale ohne Hybrdisierung, (d) π-Orbitale, die durch Hybridisierung entstehen (aus Ref. [17]).

Durch die Delokalisierung der Elektronen wird gleichzeitig die Entartung der einzelnen Energieniveaus der $2p_z$-Elektronen aufgehoben und es entstehen neue energetische Zustände der π-Elektronen [17, 18], wie auch in Abbildung 2.2a dargestellt. Die Zustände mit Eigenenergien unterhalb der Energie der isolierten $2p_z$-Orbitale nennt man bindende oder π-Orbitale. Entsprechend nennt man die Zustände mit höher gelegener Energie antibindende oder π^*-Orbitale. Im Grundzustand sind nur die bindenden Zustände besetzt. Das bindende Orbital mit der niedrigsten Eigenenergie sowie das antibindende Orbital mit der höchsten Eigenenergie sind in den Abbildungen 2.2b,c dargestellt. Dabei geben die Graustufen die verschiedenen Vorzeichen der Wellenfunktion an.

Die π-Elektronen bestimmen wesentlich die optischen und elektrischen Eigenschaften organischer Halbleiter. Organische Moleküle sind allerdings generell zu komplex für eine analytische quantenmechanische Analyse. Durch approximative Methoden, wie etwa die Linearkombination atomarer Wellenfunktionen, lassen sich dennoch zum Beispiel Energieübergänge mit guten Übereinstimmungen mit experimentellen Werten bestimmen [18]. Die in dieser Arbeit verwendeten Materialien bilden überwiegend amorphe dünne Schichten, weswegen man aufgrund der fehlenden periodischen Anordnung der Moleküle das Konzept einer Bandstruktur, wie es bei kristallinen Festkörpern

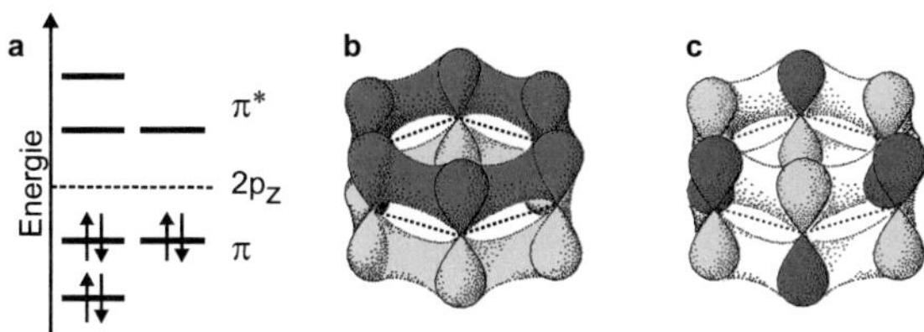

Abb. 2.2: (a) Termschema der verschiedenen Zustände in Benzol. (b) π-Orbital des Zustandes mit der niedrigsten Eigenenergie. (c) π^*-Orbital des energetisch am höchsten gelegenen Zustandes (adapiert aus Ref. [17]).

existiert, nicht übernehmen kann. Dies führt zu speziellen optischen und elektrischen Eigenschaften, die in den folgenden Abschnitten genauer erläutert werden.

2.1.1 Verschiedene Klassen organischer Halbleiter

Im Bereich der Materialien für organische Halbleiterlaser gibt es zwei grundlegende Klassen: kleine Moleküle (engl. *small molecules*), aus denen dünne Schichten durch thermisches Verdampfen im Vakuum hergestellt werden können, und konjugierte Polymere oder Dendrimere, die aus der Flüssigphase prozessiert werden. In die Klasse der kleinen Moleküle gehören auch solche Moleküle, in denen zwei Oligomere durch eine Spiro-Verbindung miteinander verbunden sind. Im Kontext organischer Festkörperlaser sind klassische Laserfarbstoffe relevant, bei denen es sich auch um kleine Moleküle handelt. Neben der Herstellung dünner Schichten durch thermische Sublimation können diese ebenfalls als Lasermaterial in organischen Lasern verwendet werden, wenn sie in verdünnter Form in eine Matrix aus einem anderen Material eingebettet werden.

Konjugierte Polymere sind langkettige Moleküle mit alternierenden Einfach- und Doppelbindungen. Ihr Molekulargewicht ist im Vergleich zu kleinen Molekülen sehr groß, so dass sie nicht mehr durch thermisches Aufdampfen aufgebracht werden können – konjugierte Polymere können nur aus der Flüssigphase prozessiert werden. Im Bereich der konjugierten Polymere sind Polyfluorene und Poly(p-phenylen-vinylen) für organische Halbleiterlaser besonders relevant. Dendrimere bestehen aus einem funktionalen Kern, der von konjugierten Zweigen umgeben wird. Dies ermöglicht die Trennung der optisch aktiven Einheit von denen, die das morphologische Verhalten des Moleküls beeinflussen.

2.1.2 Optische Eigenschaften

Organische Halbleiter weisen gegenüber anorganischen Halbleitern bandenartige Absorptions- und Emissionsspektren und eine hohe Konversionseffizienz auf, weswegen sie äußerst attraktive aktive Materialien für optoelektronische Bauteile darstellen. Der für die Wechselwirkung mit Licht relevante Singulett-Grundzustand eines organischen Halbleiter-Moleküls wird als S_0 bezeichnet. Die Bezeichnung der Zustände ergibt sich aus der relativen Orientierung der beiden Spins der höchstenergetischen Elektronen. Sind beide Spins entgegengesetzt orientiert, so bezeichnet man den Zustand als Singulett-Zustand S. Die parallele Orientierung bezeichnet man als Triplett-Zustand T. Bei den ersten angeregten Zuständen S_1 bzw. T_1 befindet sich ein Elektron im π^*-Orbital. Der unbesetzte Zustand im π-Orbital entspricht in der Halbleitersprechweise einem Loch. In den meisten organischen Halbleitern entspricht die Energiedifferenz zwischen dem Grundzustand und dem ersten angeregten Zustand der Energie von Photonen aus dem nahen ultravioletten (UV) oder sichtbaren Spektralbereich. Die für jeden Zustand charakteristische Elektronendichteverteilung führt dazu, dass das molekulare Grundgerüst bestehend aus den Kernen und den energetisch tiefer liegenden Elektronen der s-Orbitale sowie der σ-Bindungen schwingt. Die daraus entstehenden Vibrationsmoden, gekennzeichnet durch v für den Grundzustand bzw. v' für den ersten angeregten Zustand, können durch die Moden eines harmonischen Oszillators beschrieben werden, wie auch in Abbildung 2.3a dargestellt. Sie formen charakteristische Seitenbänder oberhalb der rein elektronischen Energieniveaus. Der Abstand zweier Vibrationsenergieniveaus liegt typischerweise bei etwa $\Delta E_v \approx 1000\,\mathrm{cm}^{-1} \approx 0,125\,\mathrm{eV}$, so dass die thermische Besetzung höherer Vibrationsniveaus bei Raumtemperatur unwahrscheinlich ist [18]. Daher befindet sich ein Molekül im thermodynamischen Gleichgewicht im Zustand $S_{0,v=0}$.

Da sich die Elektronen aufgrund ihrer geringen Masse deutlich schneller als die Kerne bewegen, können elektronische und Vibrationszustände getrennt voneinander behandelt werden. Dies ist auch als Born-Oppenheimer-Näherung bekannt. Weitere energetische Subniveaus ergeben sich aufgrund der Rotationsfreiheitsgrade eines Moleküls, die aber in dünnen, festen Filmen eine untergeordnete Rolle spielen.

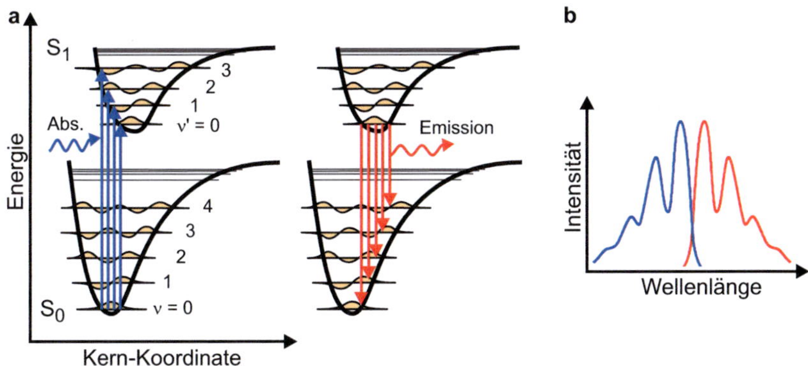

Abb. 2.3: (a) Potentielle Energie in einem Molekül als Funktion der generalisierten Kernabstandskoordinate. Vibronische Subzustände sind mit v bzw. v' bezeichnet. Die Pfeile beschreiben die Franck-Condon-Übergänge für Absorption (blau) und Emission (rot) von Photonen. (b) Das dadurch entstehende Absorptions- und Emissionsspektrum.

Die Absorption eines Photons mit passender Energie führt innerhalb von etwa $\tau_{Abs} \approx 10^{-15} - 10^{-13}$ s zu einem Übergang $S_{0,v=0} \rightarrow S_{n,v'}$. Anschließend relaxiert das Molekül durch interne, nicht-strahlende Energieumwandlungsprozesse in seinen Vibrationsgrundzustand $S_{1,v'=0}$ des ersten angeregten elektronischen Zustandes, was typischerweise $\tau_{Relax} \approx 10^{-12}$ s dauert. Von dort kann es in den elektronischen Grundzustand $S_{0,v}$ zurückkehren. Bei strahlenden Übergängen passiert dies durch spontane oder stimulierte Aussendung eines Photons. Die Zeitkonstante für spontane Emission beträgt $\tau_S \approx 10^{-12} - 10^{-9}$ s. Das so entstehende Absorptions- und Fluoreszenzspektrum ist in Abbildung 2.3b

dargestellt. Man erkennt, dass das Fluoreszenzspektrum bei größeren Wellenlängen auftritt. Diese Verschiebung gegenüber dem Absorptionsspektrum wird
allgemein als Stokes-Verschiebung bezeichnet. Neben der strahlenden Rekombination von Elektron und Loch in Form von Fluoreszenz kann das Molekül
des Weiteren durch nichtstrahlende Prozesse in den Grundzustand relaxieren.
Bedeutend im Kontext organischer Laser ist auch die sogenannte Interkombination (engl. *ISC - intersystem crossing*), d.h. der Übergang vom Zustand $S_{1,v'=0}$
in den elektronischen Triplett-Zustand $T_{1,v'}$. Aufgrund der Wechselwirkung des
Spins mit dem Bahndrehimpuls des Elektrons ist dieser klassischerweise durch
Spin-Auswahlregeln verbotene Übergang möglich. Dieser Vorgang dauert etwa
$\tau_{ISC} \approx 10^{-7} - 10^{-6}\,$s [18–20], wonach das Molekül in den Zustand $T_{1,v'=0}$ relaxiert. Von dort kann es entweder nichtstrahlend oder unter Aussendung eines
Photons in den Grundzustand $S_{0,v}$ zurückkehren. Auch dieser Vorgang setzt ei-

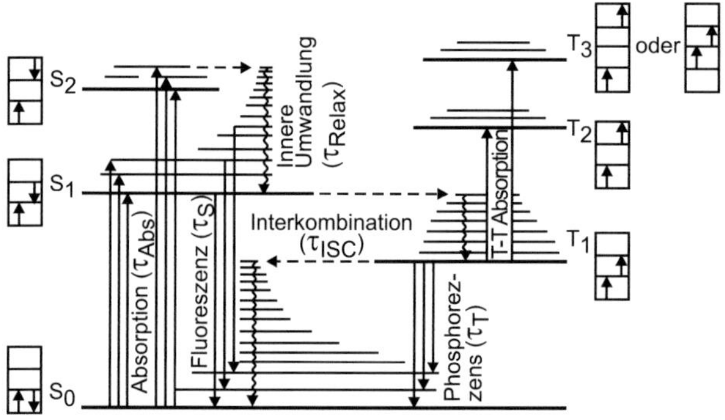

Abb. 2.4: Jablonski-Diagramm eines Moleküls mit Singulett- und Triplett-Zustandsenergien,
die dazugehörigen Spin-Konfigurationen der beiden Elektronen in den involvierten
Orbitalen und die damit verbundenen möglichen Übergänge des Exzitons. Durchgezogene Pfeile beschreiben Absorptions- und Emissionsübergänge, gestrichelte Pfeile
Interkombinationsprozesse und geschwungene Pfeile interne, nichtradiative Konver-
sionsprozesse (aus Ref.[18])

ne Umkehr des Elektronenspins voraus und ist damit erschwert, so dass lange
Zerfallsdauern von $\tau_T \approx 10^{-6} - 10^{-3}\,$s auftreten [18–21]. Der radiative Zerfall
wird im Gegensatz zur vorher beschriebenen Fluoreszenz als Phosphoreszenz

bezeichnet. Eine Zusammenfassung aller möglichen Übergänge ist in Abbildung 2.4 zu sehen.

Die Übergangsrate γ_{ea} von einem quantenmechanischen Zustand $|a\rangle$ in den Zustand $|e\rangle$ mit der Energiedifferenz $\Delta E_{ea} = \hbar\omega$ kann mit Hilfe von *Fermis Goldener Regel* beschrieben werden:

$$\gamma_{ea} \propto \rho_p(\omega)\rho_e(E_e)\left|\langle e|H|a\rangle\right|^2. \tag{2.1}$$

Dabei beschreibt $\rho_p(\omega)$ die photonische Zustandsdichte mit Energie $\hbar\omega$, $\rho_e(E_e)$ die elektronische Zustandsdichte des Endzustandes und $H = \vec{E} \cdot e \cdot \sum_i \vec{r}_i = e \cdot \vec{E} \cdot \vec{r}$ den Dipoloperator für die Wechselwirkung des Moleküls mit einem Photon, wobei $\vec{r}_i$ die Ortskoordinate eines einzelnen Elektrons im Molekül beschreibt [18, 22]. Im Rahmen der Born-Oppenheimer-Näherung kann die Wellenfunktion eines Vibrationszustand $|nv\rangle$ durch separierte Wellenfunktionen für Elektronen und Kerne beschrieben werden: $|nv\rangle = |n\rangle|v\rangle$. Mit Gleichung 2.1 folgt dann, dass die Übergangsrate in einem Molekül mit elektronischen und vibronischen Anfangs- und Endzuständen durch

$$\gamma_{nv \to n'v'} \propto \left|\langle n'|H|n\rangle\right|^2 \cdot \left|\langle v'|v\rangle\right|^2 \tag{2.2}$$

ausgedrückt werden kann, da nur die elektronischen Zustände von dem Ortsoperator betroffen sind. Dies beschreibt im Wesentlichen das Franck-Condon-Prinzip, das besagt, dass elektronische Übergänge bei Absorption oder Emission eines Photons senkrecht stattfinden, d.h. die Position der Kerne sich während dieses Prozesses nicht ändert (s. Abbildung 2.3). Die Wahrscheinlichkeit eines Überganges zwischen den vibronischen Zuständen $v \to v'$ ist nach Gleichung 2.2 dann am größten, wenn die vibronischen Wellenfunktionen in Grund- und Endzustand einen großen Überlapp haben [17, 23]. Diese vereinfachende Beschreibung kann allerdings nicht erklären, warum es dennoch Übergänge zwischen Singulett- und Triplett-Zuständen geben kann, da dafür die Wechselwirkung des Elektronenspins mit dem Bahndrehimpuls explizit berücksichtigt werden müssen.

In Farbstoffen bezeichnet man den Teil des Moleküls, der die optischen

Eigenschaften, d.h. Absorption und Emission bestimmt als Chromophor. Vor allem bei langkettigen Molekülen wie zum Beispiel konjugierten Polymeren findet man, dass sich das delokalisierte Elektronensystem nicht über die ganze Länge des betrachteten Moleküls erstreckt. Eine einzelne Kette unterteilt sich in Chromophor-Segmente, die alle für sich optisch aktiv sind [24]. Außerdem weisen organische Halbleiter nur geringe dielektrische Konstanten auf, da es nur eine schwache inter- und intramolekulare, elektronische Kopplung gibt. Dies führt zu einer ebenfalls nur geringen Abschirmung von Ladung, wodurch Elektronen und Löcher innerhalb eines Moleküls nur als stark gebundene Frenkel-Exzitonen mit einer Bindungsenergie der Größenordnung 1 eV auftreten. Die Ausdehnung eines solchen Exzitons ist dabei kleiner als die Konjugationslänge des Moleküls [25]. In konjugierten Polymeren findet man zum Beispiel, dass sich ein Chromophor über etwa 10 Monomere erstreckt [26, 27]. Die optischen Eigenschaften eines Chromophors werden durch die schwachen inter- und intramolekularen van-der-Waals-Wechselwirkungen und morphologische Effekte beeinflusst, so dass optische Spektren dünner, amorpher Filme immer eine inhomogene Verbreiterung gegenüber den Einzelchromophorspektren aufweisen [24, 28]. Zusätzlich zu der Unterteilung der elektronischen Energieniveaus in vibronische Subniveaus ist dies ist ein weiterer Grund für die spektral breite Absorption und Emission von organischen Halbleitern und Laserfarbstoffen. Eine Fotografie einer Auswahl

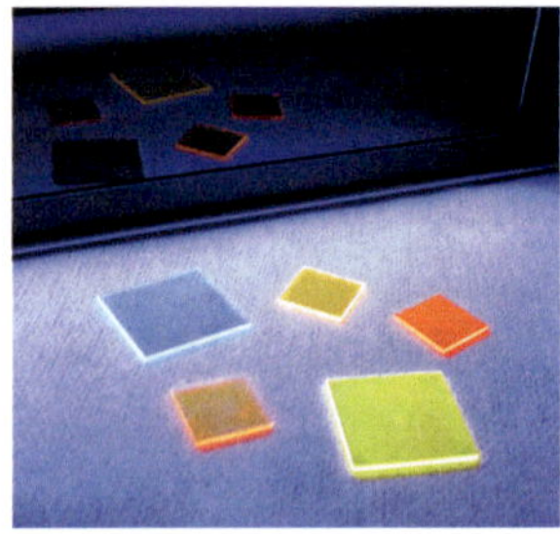

Abb. 2.5: Fotografie mehrerer Proben, die mit unterschiedlichen organischen Emittermaterialien beschichtet wurden. Das Leuchten wurde durch die Anregung mit einer UV-Lichtquelle generiert.

einiger dieser Materialien ist in Form dünner Schichten in Abbildung 2.5 zu sehen, die mit einer UV-Lichtquelle angeregt wurden.

Für die effiziente Emission von Licht ist es notwendig, dass die Chromophore deutlich voneinander getrennt sind, da sich ansonsten Dimere, Aggregate oder Exzimere bilden können. Dies sind supramolekulare Verbunde mit im Vergleich zu Chromophoren anderen elektronischen Zuständen, die gegebenenfalls eine effiziente Rekombination der Exzitonen und damit eine effiziente Emission von Photonen behindern [18]. Dies wird auch als Konzentrationsauslöschung bezeichnet. Die räumliche Trennung zur Vermeidung dieser Auslöschung wird durch den Chromophor-Abstand vergrößernde Seitenketten in einem Molekül, das Einbetten der Chromophore in eine Wirtsmatrix oder durch eine sterische Struktur der Chromophore, die eine dichte Anordnung verhindert, erreicht.

Förster-Resonanzenergietransfer

Die durch Absorption von Licht von einem Molekül aufgenommene Energie kann nicht nur in Form von direkter Emission eines Photons wieder an seine Umgebung abgegeben werden, sondern auch durch Dipol-Dipol-Wechselwirkung auf ein benachbartes Molekül übertragen werden, ohne dass es einen Transfer von Ladung bzw. Masse gibt. Dieser Prozess wird als Förster-Resonanzenergietransfer oder kurz Förstertransfer bezeichnet [29]. Die Transferrate für diesen Prozess für einen Abstand R zwischen Donator und Akzeptor lässt sich durch

$$\gamma_{F\ddot{o}rster}(R) = \frac{1}{\tau_D} \cdot \left(\frac{R_0}{R}\right)^6 = \frac{1}{\tau_D} \cdot \frac{1}{R^6} \cdot \left(\frac{3c^4 K}{4\pi} \cdot \int \frac{1}{n(\omega)^4 \omega^4} \cdot f_D(\omega)\sigma_A(\omega)\,d\omega\right)$$

$$(2.3)$$

beschreiben [18]. Dabei ist R_0 der Försterradius, τ_D die Fluoreszenzlebensdauer der isolierten Donatorspezies, c die Vakuum-Lichtgeschwindigkeit, K ein dimensionsloser Faktor, der die effektive Orientierung von dem Donator-Dipol zu dem Akzeptor-Dipol berücksichtigt, n der Brechungsindex des Materials, ω die Kreisfrequenz der Photonen, f_D das normierte Fluoreszenzspektrum des Donators und σ_A der normierte Absorptionsquerschnitt des Akzeptors. Wenn $R < R_0$, dann ist die Dauer, die für den Energietransfer benötigt wird, geringer als die Fluoreszenzlebensdauer und der Förstertransfer ist der dominante Deaktivierungsprozess. Aus Gleichung 2.3 geht hervor, dass der Försterradius und damit die Übertragungsrate im Wesentlichen durch den spektralen Überlapp von Donator-Emission und Akzeptor-Absorption bestimmt wird. Aufgrund des großen spektralen Überlapps von Emission und Absorption in organischen Materialien kommt es daher auch zu einem Förstertransfer zwischen einzelnen Chromophoren eines oder mehrerer Moleküle [30]. Dies führt dazu, dass Fluoreszenz typischerweise immer vom energetisch am tiefsten gelegenen Zustand erfolgt [31]. Andererseits kann dieser Energietransfer aber auch gezielt in Mischsystemen dazu verwendet werden, Emission und Absorption deutlich voneinander zu trennen, was die Selbstabsorption des emittierten Lichts verringert und somit die Effizienz von organischen Halbleiterlasern erhöht [32, 33]. Solche Mischsysteme werden auch in dieser Arbeit verwendet.

2.1.3 Elektrische Eigenschaften

In dieser Arbeit standen elektrisch betriebene organische Bauteile nicht im Vordergrund, weswegen in diesem Abschnitt nur eine stark vereinfachte Zusammenfassung der Ladungsträger-Transportmechanismen gegeben wird. Die delokalisierte Verteilung der Aufenthaltswahrscheinlichkeit von π-Elektronen bildet die Grundlage für die Leitfähigkeit in organischen Halbleitern. In Analogie zu Valenzband und Leitungsband eines anorganischen Halbleiters bezeichnet man im organischen Halbleiter den im Grundzustand energetisch am höchsten gelegenen noch besetzten π-Zustand als HOMO (engl. *highest occupied molecular orbital*) und den niedrigsten unbesetzten π^*-Zustand als LUMO (engl. *lowest unoccupied molecular orbital*). Bei letzteren unterscheidet man bei der Betrachtung des Ladungstransportes nicht zwischen Singuletts und Tripletts. Trotz dieser vermeintlichen Ähnlichkeit ist der physikalische Prozess des Transports freier Ladungsträger in organischen Halbleitern grundlegend verschieden von dem in anorganischen Kristallen. In organischen Halbleitern gibt es eine starke Wechselwirkung von freien Ladungsträgern mit den Molekülschwingungsmoden (Phononen). Diese Kopplung kann als Quasiteilchen behandelt werden, welches als Polaron bezeichnet wird. Während die Mobilität dieser Polaronen innerhalb eines konjugierten Polymers noch einige $10 - 100\,cm^2/Vs$ betragen kann [34, 35], ist der intermolekulare Ladungstransport wesentlich schlechter. Die amorphe Anordnung der Moleküle innerhalb einer dünnen Schicht verhindert das Entstehen supramolekularer Bandstrukturen, so dass Elektronen (positive Polaronen) und Löcher (negative Polaronen) nur durch ein thermisch aktiviertes Hüpfen (engl. *hopping*) das benachbarte Molekül erreichen [36, 37]. Dieser Vorgang ist sehr ineffizient, so dass die Mobilitäten typischerweise im Bereich von $10^{-5} - 10^{-2}\,cm^2/Vs$ liegen. Zusätzlich zu dem ineffizienten *Hopping*-Prozess wird die Mobilität einzelner Elektronen durch sogenannte Fallen-Zustände (engl. *traps*) noch verschlechtert [38, 39]. Diese werden durch Fremdatome oder Knicke erzeugt, die durch eine ionisierende Wirkung das π-Elektronensystem empfindlich stören und Ladungsträger lokalisieren. Daher ist die Mobilität der Löcher häufig $10 - 100$-fach höher als die der Elektronen.

2.2 Organische Laser

2.2.1 Optische Verstärkung

Ein Laser (Akronym für engl. *light amplification by stimulated emission of radiation*) besteht im Wesentlichen aus einem lichtverstärkenden Medium, einem Resonator für die Rückkopplung und einer Pumpquelle, wie in Abbildung 2.6a veranschaulicht. Letztere wird benötigt, um die nötige Besetzungsinversion zwischen dem Grundzustand und dem ersten angeregten Zustand zu erzeugen. Ohne eine solche Besetzungsinversion würde es im thermodynamischen Gleichgewicht immer mehr Zustände geben, die Photonen absorbieren als solche, die Photonen emittieren. Für die Erzeugung einer Besetzungsinversion eignen sich Materialien mit vier Energieniveaus sehr gut, sofern die nichtradiativen Übergänge schneller stattfinden als die radiativen Übergänge [40, 41].

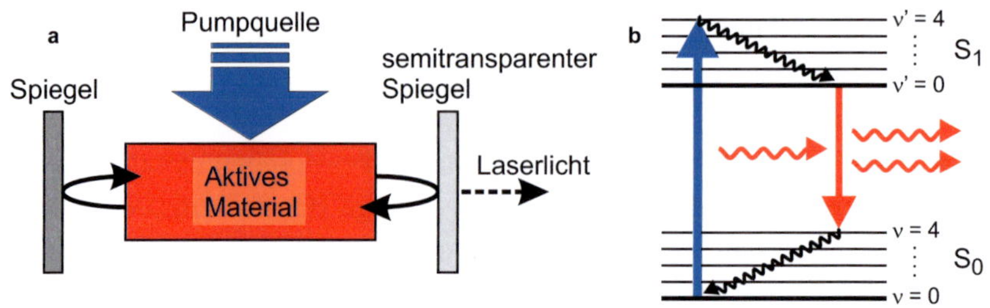

Abb. 2.6: (a) Grundsätzliches Funktionsprinzip eines Lasers bestehend aus einer Pump- bzw. Energiequelle, einem Resonator, hier durch zwei Spiegel repräsentiert, und dem aktiven Lasermaterial. (b) Effektives Vier-Niveau-Termschema für die Lasertätigkeit in einem organischen Molekül.

Organische Halbleiter bilden aufgrund ihrer vibronischen Subniveaus natürliche Vier-Niveau-Systeme, was im Termschema in Abbildung 2.6b dargestellt ist. Nach einer optischen Anregung relaxieren alle angeregten Zustände $S_{1,v'}$ in den untersten Zustand des optischen Übergangs, $S_{1,v'=0}$. Nach radiativer Rekombination der Exzitonen, bei Lasern hauptsächlich durch stimulierte Emission, werden die Grundzustände $S_{0,v>0}$ des optischen Übergangs aufgrund der schnellen Relaxation der vibronischen Zustände zügig entleert. Diese vibronischen Relaxationen sind schneller als spontane radiative Übergänge, so dass sich zwischen den Zuständen $S_{1,v'=0}$ und $S_{0,v>0}$ eine Besetzungsinversion ausbilden kann.

Eine weitere Grundvoraussetzung für die Funktion eines Lasers ist eine hohe Wahrscheinlichkeit für eine stimulierte Emission. Diese wird mit dem Wirkungsquerschnitt $\sigma_{SE}(\lambda)$ ausgedrückt. Die Verstärkung von Licht der Wellenlänge λ beim Durchlaufen des aktiven Materials der Länge L lässt sich dann durch

$$I(L,\lambda) = I_0(\lambda)\exp\left[(g(\lambda) - \alpha(\lambda)) \cdot L\right] \qquad (2.4)$$

beschreiben. Dabei ist I_0 die Anfangsintensität, $g(\lambda)$ der optische Verstärkungskoeffizient und $\alpha(\lambda)$ der Koeffizient für optische Verluste. Für den Koeffizienten der optischen Verstärkung gilt $g(\lambda) = \sigma_{SE}(\lambda) \cdot \Delta N$ mit dem Wirkungsquerschnitt der stimulierten Emission σ_{SE} und der Besetzungsinversionsdichte ΔN.

Für Lasertätigkeit muss die Verstärkung alle optischen Verluste etwa durch Absorption, Streuung oder Auskopplung überwiegen, d.h. $g(\lambda) > \alpha(\lambda)$. Die Anregungsdichte, bei der gerade $g(\lambda) = \alpha(\lambda)$ erfüllt ist, nennt man auch Schwelle oder Schwellanregungsdichte. Während die Besetzungsinversionsdichte von der Dichte der Chromophore und der optischen Anregungsdichte abhängt, kann der Wirkungsquerschnitt für die stimulierte Emission durch

$$\sigma_{SE}(\lambda) = \frac{\lambda^4 f(\lambda)\Phi_f}{8\pi c n^2 \tau} \tag{2.5}$$

abgeschätzt werden [6, 42]. Hier ist $f(\lambda)$ das normierte Fluoreszenzspektrum, Φ_f die Fluoreszenzquanteneffizienz, c die Vakuum-Lichtgeschwindigkeit, n der Brechungsindex des Materials und τ die Fluoreszenzlebensdauer des betrachteten Übergangs. Man sieht in Abbildung 2.7 für das Kompositsystem Alq$_3$:DCM[1], dass die spektrale Verteilung der theoretischen stimulierten Emission im Wesentlichen der des Photolumineszenz(PL)-spektrums entspricht, was zu einem fast 200 nm breiten Verstärkungsspektrum führen würde. Tatsächlich findet man allerdings, dass das Verstärkungsspektrum etwas schmaler ist und sich zum Beispiel für Alq$_3$:DCM von 590 nm bis 690 nm erstreckt. Dies ist breiter als typische Verstärkungsspektren von anorganischen Lasermaterialien im sichtbaren Spektralbereich [43–45] und verdeutlicht die Bedeutung der organischen Materialien für die Erzeugung von sichtbarem Laserlicht. Entsprechend werden für die Abdeckung des kompletten sichtbaren Spektralbereich von etwa 400 nm bis 700 nm nur wenige Materialien benötigt. Experimentell wird das Verstärkungsspektrum, und damit auch der spektral aufgelöste Wirkungsquerschitt für die stimulierte Emission mit Hilfe der differentiellen Transmissionsspektroskopie [46, 47] oder der Strichlängenmethode [48, 49] bestimmt.

Optisch angeregte organische Lasermaterialien können Wirkungsquerschnitte für die stimulierte Emission im Bereich einiger $10^{-17} - 10^{-16}\,\text{cm}^2$ aufweisen [50, 51], was deutlich höher als der Querschnitt von zum Beispiel mit Neodym dotierten Yttrium-Aluminium-Granat-Lasern mit $10^{-19} - 10^{-18}\,\text{cm}^2$ [41,

---

[1] Alq$_3$: Aluminium-tris(8-hydroxychinolin), DCM: 4-(Dicyanomethyl)-2-methyl-6-(4-dimethyl-amino-styryl)-4-H-pyran, s. Abschnitt 4.1

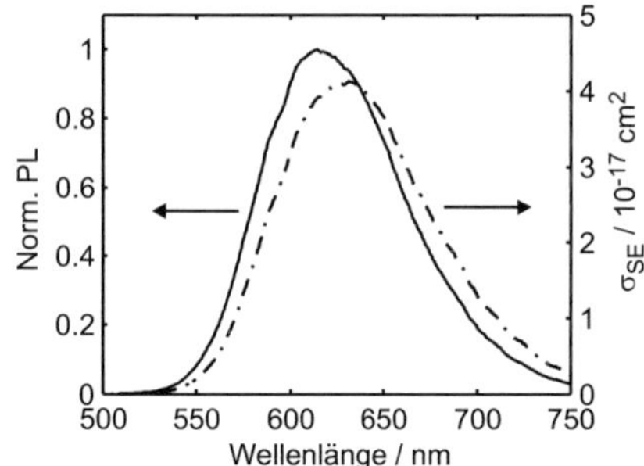

Abb. 2.7: Vergleich zwischen einem Photolumineszenzspektrum einer dünnen Schicht Alq$_3$:DCM und der daraus theoretisch mit Gleichung 2.5 ermittelten spektralen Verteilung des stimulierten Emissionsquerschnitts für eine Fluoreszenzquanteneffiezienz von $\Phi_f = 30\,\%$, eine Fluoreszenzlebensdauer von $\tau = 5\,\mathrm{ns}$ und einem Brechungsindex von $n = 1,74$.

52] und vergleichbar mit Querschnitten in anorganischen Halbleiterlaserdioden auf Basis von Galliumarsenid [41] oder Indium-Gallium-Arsen-Phosphid [53] ist.

2.2.2 Verstärkte spontane Emission

Häufig steht kein Aufbau zur direkten Bestimmung des Verstärkungsspektrums unmittelbar zur Verfügung. Dennoch kann mit der verstärkten spontanen Emission (ASE, Akronym für für engl. *amplified spontaneous emission*) schnell bestimmt werden, in welchen spektralen Bereichen ein organisches Material unter optischer Anregung einer geeigneten Wellenlänge Verstärkung zeigt. Ist die optische Anregungsdichte im Material groß genug, so dass die Verstärkung spontan emittierter Photonen alle Verluste überwiegt, dann werden diejenigen Photonen gemäß Gleichung 2.4 innerhalb des Anregungsbereiches der Länge L am meisten verstärkt, deren Wellenlänge in den Bereich des Maximums des Wirkungsquerschnittes $\sigma_{SE}(\lambda)$ fällt. Es findet also alleine aufgrund der inhomogenen Verbreiterung des spektralen Verstärkungsprofils des Materials eine Wellenlängenselektion statt und das ursprünglich breite Photolumineszenzspektrum schnürt sich zusammen. Während typische Photolumineszenzspektren organischer Materialien eine spektrale Halbwertsbreite von $50 - 100$ nm aufweisen, führt dieses Zusammenschnüren (engl. *gain narrowing*) oberhalb der ASE-Schwellanregungsdichte zu einer verringerten spektralen Breite von $10 - 20$ nm.

2.2.3 Resonatoren für organische Laser

Ein Laser benötigt neben dem aktiven Material einen Resonator für die Rückkopplung. Aufgrund der flexiblen Prozessierbarkeit organischer aktiver Materialien ist es möglich, optisch angeregte organische Laser mit vielen verschiedenen Resonatorgeometrien zu realisieren. Abbildung 2.8 zeigt eine Auswahl an Resonatortypen, die bereits im Zusammenhang mit organischen Verstärkermaterialien untersucht worden sind.

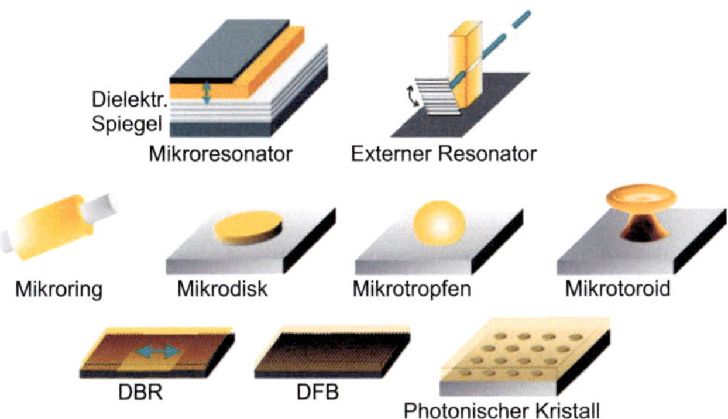

Abb. 2.8: Verschiedene mögliche Resonatorgeometrien optisch angeregter organischer Laser (adapiert aus Ref. [54]).

Laser auf Basis fester, organischer Materialien wurden als erstes mit Mikroresonatoren hergestellt [12]. Diese Art der Laser ist leicht herzustellen und ähnlich wie OLEDs aufgebaut. Die Laser besitzen ein diffraktionslimitiertes, Gaußförmiges Abstrahlprofil [55]. Allerdings haben sie aufgrund der geringen Dicke der verstärkenden Schicht sowie der vergleichsweise geringen optischen Güten von etwa 10^3 eine hohe Laserschwelle [56]. Die optische Güte ist im Fall von Flüstergaleriemoden (FGM)-Resonatoren wie Mikroring- [57, 58], Mikrodisk-

[32, 59], Mikrotropfen- [60] oder Mikrotoroidresonatoren [61–64] wesentlich höher ($10^4 - 10^9$) [56], so dass damit effiziente Laser realisiert werden können. Allerdings weisen diese Resonatoren eine geringe Wellenlängenselektivität sowie eine Abstrahlung in alle Raumrichtungen auf. Für Laser, die auf der Wellenleitung in dünnen Schichten basieren, ist die Wechselwirkungslänge von Photonen und aktivem Material ebenfalls groß. Da die involvierten Brechungsindizes verglichen mit anorganischen Materialien gering sind und sich nur schwerlich optisch glatte Bruchkanten mit organischen Materialien realisieren lassen, sind allerdings herkömmliche Fabry-Pérot-Laser nur schwer herzustellen. Eine gute Rückkopplung und Wellenlängenselektion lässt sich jedoch in einer Wellenleiter-Konfiguration erreichen, indem man durch periodische Störungen konstruktive Überlagerungen einzelner, gestreuter Teilwellen erzeugt. Dabei unterscheidet man zwischen Laserresonatoren auf Basis verteilter Bragg-Reflektion (DBR, Akronym für engl. *distributed Bragg reflector*) [65, 66], verteilter Rückkopplung (DFB, Akronym für engl. *distributed feedback*) [67, 68] und photonischen Kristall-Lasern [69, 70]. Die letzten beiden Resonatorarten werden auch als ein- bzw. zweidimensionale DFB-Laser bezeichnet. Da DBR-, DFB- und photonische Kristall-Laser auf wellenleitenden Strukturen basieren und Licht gerichtet emittieren, lassen sie sich besonders gut für integrierte Anwendungen benutzen, in denen die Laser als aktive Lichtquelle an passive optische Elemente wie Wellenleiter oder Sensorelemente gekoppelt sind. Darüber hinaus kann das Gitter bei DFB-Lasern auch in Form konzentrischer Ringe hergestellt werden [71]. Schichtwellenleiterbasierte Laser weisen ebenfalls hohe Effizienzen [72] und ein Freistrahlprofil auf, welches sich gut modifizieren lässt [73]. Im Rahmen dieser Arbeit wurden hauptsächlich eindimensionale DFB-Laser hergestellt, deren Funktionsprinzip in Abschnitt 2.3 genauer erläutert wird.

2.2.4 Verlustprozesse in organischen Lasern

Der in Gleichung 2.4 eingeführte Verlustkoeffizient $\alpha(\lambda)$ setzt sich für organische Halbleiterlaser aus den drei Faktoren $\alpha(\lambda) = \alpha_{Auskopplung}(\lambda) +$

$\alpha_{Streuung}(\lambda) + \alpha_{Absorption}(\lambda)$ zusammen. Der erste Term berücksichtigt dabei die Verluste durch Auskopplung der Nutzstrahlung und wird durch die Art des Resonators bestimmt. Verluste durch Streuung hingegen stellen keine gewünschte Auskopplung des Lichts aus dem Resonator dar und werden daher separat aufgeführt. Sie werden durch die Qualität und Homogenität des Resonators bzw. der dünnen Schichten bestimmt und können deswegen durch eine Prozessoptimierung verringert werden. Der letzte Faktor, $\alpha_{Absorption}(\lambda)$, drückt die Verluste durch Absorptionsprozesse im Resonator aus. In organischen Halbleiterlasern findet die Absorption des resonanten Lichts hauptsächlich im Lasermaterial selbst statt, benachbarte dielektrische Schichten können vernachlässigt werden. Für metallische Schichten gilt dies nicht – darauf wird in Abschnitt 2.2.4 gesondert eingegangen. Die Absorption des resonanten Lichts durch das organische Material ist von fundamentaler Bedeutung im Kontext optisch gepumpter organischer Festkörperlaser und soll im Folgenden detailliert behandelt werden.

Photoinduzierte Verlustprozesse in organischen Halbleitern

In diesem Abschnitt werden optische Verlustprozesse beschrieben, die in optisch angeregten organischen Halbleitern auftreten. In Abschnitt 2.1.2 wurde bereits erläutert, dass ein Molekül im angeregten Singulett-Zustand $S_{1,v'=0}$ aufgrund der Interkombination in den Triplett-Zustand $T_{1,v'}$ übergehen kann [74]. Des Weiteren können Triplett-Zustände entstehen, indem Singulett-Zustände in Polaronenpaare dissoziieren, die dann wiederum den Triplett-Zustand annehmen [31, 75, 76]. Beides ist für die stimulierte Emission, die beim induzierten Übergang $S_{1,v'=0} \rightarrow S_{0,v}$ stattfindet, aus zwei Gründen ungünstig. Zum einen wird so die Besetzungsinversion ΔN der Singulett-Zustände und damit die optische Verstärkung $g(\lambda)$ reduziert. Zum anderen können die durch stimulierte Emission erzeugten Photonen durch Absorption einen Übergang $T_1 \rightarrow T_n$ induzieren, was einen nicht vernachlässigbaren optischen Verlustfaktor darstellt [6]. Diese photoinduzierte Absorption angeregter Zustände nimmt aufgrund der Interkombination und der Langlebigkeit der Triplett-Zustände mit der Zeit zu. Angeregte Triplett-Zustände können wiederum mit Sauerstoff in der Umgebung reagieren und Carbonyl-Bindungen (C = O) innerhalb des Moleküls erzeugen, was im Allgemeinen als Photooxidation bezeichnet wird [77–80]. Photooxidation führt zu Lumineszenzauslöschung (engl. *quenching*), d.h. Zustände rekombinieren nicht mehr radiativ [81, 82]. Neben Sauerstoff kann ein Molekül im angeregten Zustand auch mit anderen Molekülen oder Molekülkomponenten dauerhafte Verbindungen eingehen, was die optischen Eigenschaften der involvierten Moleküle ebenfalls verändert [83, 84]. Der Absorptionsquerschnitt für die Triplett-Triplett-Absorption liegt je nach Material bei etwa $\sigma_T \approx 10^{-19} - 10^{-16}\,\mathrm{cm}^2$ [19, 20, 85, 86], was vergleichbar mit den Wirkungsquerschnitten der stimulierten Emission ist. Daher muss die Dichte der besetzten Triplett-Zustände so gering wie möglich gehalten werden. Eine hohe Besetzungswahrscheinlichkeit von Triplett-Zuständen lässt sich in organischen Festkörperlasern umgehen, indem man das Material gepulst anregt, und der Großteil der besetzten Triplett-Zustände zwischen zwei Anregepulsen in den Singulett-Grundzustand relaxieren kann. Typische Anregewiederholraten liegen bei $10 - 10^4\,\mathrm{Hz}$, wobei je nach Material auch Wiederholraten bis zu mehreren MHz möglich sind [87, 88]. Aufgrund der endlichen Zerfallsrate von Triplett-Zuständen in den Grundzustand kommt es aber dennoch bei gepulster Anregung an Sauerstoff bzw. Atmosphäre nach einigen 10^3 Pulsen zu einem Ausbleiben stimulierter Emission aufgrund von Photooxidation. Dies lässt sich nur durch Betrieb in Vakuum oder eine geeignete Verkapselung vermeiden, was Lasertätigkeit für einige 10^6 Pulse ermöglicht. Der Mechanismus, der zur Photooxidation bzw. zum Ausbleiben der Lasertätigkeit führt, ist im Detail noch unbekannt und Gegenstand aktueller Forschung [89].

Die nichtradiative Zerfallsrate von Tripletts kann außerdem durch sogenannte Triplett-Quencher erhöht werden, so dass es für die entsprechenden Moleküle mit nur geringer Wahrscheinlichkeit zu einer Photooxidation kommt [90]. Dies wurde allerdings bisher nur in Farbstofflasern [91], nicht aber in organischen Festkörperlasern gezeigt. Eine weitere Möglichkeit zur Verhinderung der Akkumulation von Triplett-Zuständen ist die schnelle Bewegung des organischen Materials relativ zum Pumpstrahl, zum Beispiel durch Rotation [92]. Dieser Ansatz ist ähnlich wie der bei Farbstofflasern, die auf Farbstofflösungen basieren und in denen diese Lösung im Laserresonator durch ein kontinuierliches Umpumpen ausgetauscht wird.

Der Triplett-Triplett-Übergang und die damit verbundene Photooxidation ist auch der Grund, warum es für organische Emitter im infraroten Spektralbereich eine obere Grenze für die Emissionswellenlänge gibt. Für Materialien deren Absorptionsübergang der Energie von Photonen mit einer Wellenlänge von etwa $1\,\mu$m entspricht, findet man, dass bereits die thermische Besetzung der Triplett-Zustände ausreicht, um die Anzahl der nicht degradierten Chromophore innerhalb eines Jahres auf die Hälfte zu verringern [6].

Neben der Triplett-Triplett-Absorption können auch freie Ladungsträger oder Polaronen im organischen Halbleitermaterial die Absorption wesentlich erhöhen. Freie Ladungsträger können zum einen durch einen angelegten Strom durch die organische Schicht entstehen und so die Absorption erhöhen [93]. Andererseits entstehen Ladungsträger bzw. Polaronen aber auch durch Dissoziation optisch angeregter, höher gelegener Zustände $S_{n>1}, T_{n>1}$ [94–98]. Auch hier sind die Absorptionsquerschnitte mit $\sigma_P \approx 10^{-18} - 10^{-16}\,\text{cm}^2$ vergleichbar mit den Wirkungsquerschnitten der stimulierten Emission [93, 99, 100]. Da die Lebensdauern der photogenerierten freien Ladungsträger allerdings deutlich geringer sind als die der Triplett-Zustände [96, 97] spielt diese Art der Absorption in optisch gepumpten organischen Lasern im Gegensatz zur Triplett-Triplett-Absorption eine untergeordnetere Rolle. Weiterhin kann die Dichte angeregter Singulett-Zustände durch Singulett-Singulett-Annihilation, Singulett-Triplett-Annihilation und Singulett-Polaron-Annihilation nichtradiativ reduziert werden [19]. Die letzten beiden Verlustkanäle können allerdings bei optisch angeregten Lasern aufgrund der vergleichsweise langen Reaktionszeiten von $\tau_{Annihil.} \approx 10^{-11} - 10^{-7}\,\text{s}$ [19–21, 86] und der geringen Dichte der Polaron- und Triplett-Zustände gegenüber den anderen Prozessen vernachlässigt werden. Dagegen ist die Singulett-Singulett-Annihilation bei sehr großen Anregungsdichten und damit großen Exzitonendichten nicht zu vernachlässigen. Ein Termschema mit den involvierten Singulett-, Triplett- und Polaronenergieniveaus ist in Abbildung 2.9 gezeigt.

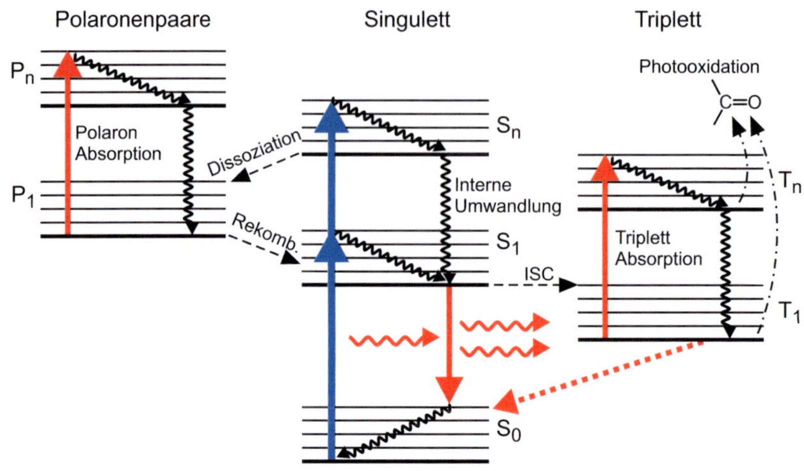

Abb. 2.9: Termschema zur Veranschaulichung der verschiedenen Absorptionsprozesse in angeregten Zuständen sowie eine vereinfachte Darstellung des Mechanismus der zur Photooxidation führt (adapiert aus Ref. [14]).

Elektrisch betriebene organische Laser

In optisch gepumpten organischen Halbleiterlasern stellen Triplett-Triplett-Absorption und Polaron-Absorption die dominanten, materialbezogenen optischen Verlustprozesse dar. In elektrisch betriebenen organischen Halbleiterbauelementen wird deren Auswirkung allerdings dramatischer: Bei injizierten Ladungsträgern ist die Polaronen-Dichte naturgemäß deutlich erhöht. Darüber hinaus beträgt der Anteil der durch Rekombination der freien Ladungsträger erzeugten Triplett-Zustände aufgrund der Spin-Statistik 75 %. Dies erhöht zum einen die Verluste durch Triplett-Triplett-Absorption und Polaron-Absorption signifikant. Zum anderen können Verlustmechanismen wie Singulett-Singulett-Annihilation, Singulett-Triplett-Annihilation, Singulett-Polaron-Annihilation, Triplett-Triplett-Annihilation und Triplett-Polaron-Annihilation nicht mehr vernachlässigt werden [19, 86]. Dies führt dazu, dass zum Erreichen der Besetzungsinversionsdichte an der Laserschwelle eine bipolare Stromdichte von einigen kA/cm^2 benötigt werden. Dies scheitert bislang allerdings an der geringen Leitfähigkeit organischer Halbleiter.

Des Weiteren werden für die Injektion der Ladungsträger Elektroden aus zum Beispiel Aluminium (Al) oder Indium-Zinn-Oxid (ITO) benötigt, die jedoch Licht aus dem sichtbaren Bereich des Spektrums gut absorbieren. Da das Licht in organischen Halbleiter-Laserbauelementen basierend auf dünnen Schichten nah an diesen Elektroden geführt werden muss, wird ein bedeutender Teil des Lichtes in dem Resonator von den Elektroden absorbiert. Dies stellt einen weiteren Verlustkanal dar, der das Erreichen der Schwellinversion in elektrisch betriebenen organischen Lasern erschwert.

Für die erfolgreiche Umsetzung elektrisch betriebener, organischer Halbleiterlaserdioden sind daher neben einer geschickten Anordnung der Elektroden organische Materialien mit hoher Leitfähigkeit, geringen Annihilationsraten und geringen Absorptionsquerschnitten angeregter Zustände nötig. Es existieren bereits vielversprechende Ansätze bzw. Materialien zur Lösung dieser Probleme [88, 93, 101–104], allerdings gab es bis auf drei Berichte, die stark angezweifelt wurden, bisher noch keine glaubwürdige Demonstration elektrisch angeregter Lasertätigkeit in organischen Halbleiterbauelementen [105–108].

2.2.5 Pumpquellen für organische Laser

Organische Festkörperlaser müssen derzeit noch, wie auch in Abschnitt 2.2.4 erläutert, optisch mit kurzen Pulsen gepumpt werden. Bereits 1967 konnten Sorokin et al. bei Untersuchungen an Farbstofflasern, die sie mit einem Rubinlaser gepumpt haben, feststellen, dass die tatsächliche Laseremissionsdauer kürzer war als die Dauer des Anregepulses [109]. In organischen Festkörperlasern lässt sich ähnliches beobachten [86, 88, 110]. Dies liegt an der Dynamik eines Lasers beim Einschalten, da es bei jedem Anregepuls zu Relaxationsschwingungen kommt, was eine Reihe sehr kurzer Emissionspulse zur Folge hat [111, 112]. Bei längeren Pumppulsen gehen diese Relaxationoszillationen in einen Gleichgewichtszustand über. Zudem findet man, dass die stimulierte Emission deutlich vor Ende des Anregepulses schon zum Erliegen kommt. Dies lässt sich mit einer zeitlichen Zunahme der besetzten Triplett-Zustände, wie bereits in Abschnitt 2.2.4 beschrieben, erklären. Tripletts können durch Interkombinationsübergänge die Singulett-Zustände entvölkern und rekombinieren nur langsam zurück in den Grundzustand. Zusätzlich absorbieren sie das Laserlicht und erhöhen somit die Schwellanregungsdichte. Demnach sollte die Anregedauer deutlich kürzer sein als die Zeitkonstante des Interkombinationsübergangs $\tau_{Pump} \ll \tau_{ISC}$. Optimalerweise muss die Pumpdauer so kurz wie möglich gehalten werden, so dass eine instantane Besetzungsinversion erzeugt wird [113]. Mit Hilfe eines einfachen Ratenmodells kann gezeigt werden, dass nur 63 % der angeregten Exzitonen am Ende des Anregepulses noch im angeregten Zustand sind, wenn die Anregedauer der Fluoreszenzlebensdauer entspricht und Fluoreszenz den dominanten Zerfallsprozess ausmacht [114]. Demnach sollte die Anregedauer für eine optimale Nutzung der Pumpenergie maximal nur wenige Nanosekunden betragen.

Diodengepumpte Festkörperlaser

In diodengepumpten Festkörperlasern (engl. *DPSS laser - diode pumped solid state laser*) wird ein Lasermaterial, häufig in Form eines dotierten Kristalls, mit leistungsfähigen Laserdioden optisch gepumpt. Im Fall von Yttrium-Orthovanadat (YVO_4) dotiert mit Neodym (Nd) als aktives Material werden Laserdioden mit einer Emissionswellenlänge von 808 nm verwendet. Ein solcher Laser emittiert dann infrarotes Licht bei einer Wellenlänge von 1064 nm. Kommerziell erhältliche Laser erzielen dabei hohe Quanteneffizienzen von etwa 50 % [52]. Aufgrund der hohen Leistungen können nichtlineare Frequenzvervielfachungsprozesse in nachgeschalteten nichtlinearen Kristallen aus zum Beispiel Kaliumtitanylphosphat (KTP) ausgenutzt werden, um Emission bei den Wellenlängen 532 nm oder 355 nm zu erzeugen. Gütegeschaltete Laser dieser Art können Laserpulse mit Pulslängen $< 1\,\mathrm{ns}$ erzeugen. DPSS Laser sind kompakt und eignen sich aufgrund der hohen möglichen Pulsenergien sehr gut für die optische Anregung organischer Laser.

Laserdioden und LEDs

Seit der ersten Demonstration blau und violett emittierender Laserdioden [115, 116] aus Gallium-Nitrid (GaN) ist deren Entwicklung nicht zuletzt aufgrund der Nutzung in der Blu-Ray-Disc-Technologie sehr weit voran geschritten. Mittlerweile sind Laserdioden mit Dauerstrich-Ausgangsleistungen von 1 W bei einer Wellenlänge von 445 nm kommerziell für unter €100 erhältlich. Mit einer geeigneten Elektronik für die Erzeugung kurzer Strompulse mit wenigen 10 ns Pulslänge lassen sich so mit Diodenlasern als Pumpquelle kompakte, hybride organisch-anorganische Laserdioden herstellen [63, 117–120].

Darüber hinaus konnten LEDs mit hoher optischer Emissionsleistung ebenfalls erfolgreich zur optischen Anregung organischer Laser verwendet werden [121], wobei hier der organische Laser aufgrund der vergleichsweise geringen Anregungsdichte nur knapp oberhalb der Schwelle betrieben werden konnte. Dies liegt daran, dass das von LEDs emittierte Licht nicht kollimiert ist und sich damit nicht auf Flächen konzentrieren lässt, die kleiner sind als die Leuchtfläche der LED selbst. Es gilt, dass das Produkt aus Emissionsdivergenzwinkel und Emissionsfläche konstant sein muss. Diese Erhaltungsgröße wird als Étendue bezeichnet.

Durchstimmbare anorganische Laserdioden

In diesem Abschnitt soll ein kurzer Überblick über die Möglichkeit der Durchstimmung anorganischer Laserdioden gegeben werden, auch wenn diese nicht als optische Anregungsquelle für organischer Halbleiterlaser dienen.

Die Entwicklung von durchstimmbaren Laserdioden mit Emissionswellenlängen im Telekommunikationsband bei $\lambda = 1300$ nm und $\lambda = 1550$ nm ist seit der Entwicklung von Laserdioden auf Basis von InGaAsP/InP Ende der 80er Jahre des letzten Jahrhunderts stetig vorangeschritten. Dies liegt hauptsächlich an den wachsenden Anforderungen für die schnelle Informationsübertragung durch optische Systeme. Um höhere Datenübertragungsraten erreichen zu können, müssen Multiplex-Verfahren verwendet werden, die auf durchstimmbaren Laserlichtquellen basieren. DFB- bzw. DBR-Laser sind hierfür besonders geeignet, da sie eine gute Unterdrückung von Seitenbändern aufweisen. Es existiert eine Vielzahl von Konzepten zur kontinuierlichen Durchstimmung der Wellenlänge in Heterostruktur-Laserdioden mit verteilter Rückkopplung, wobei alle Ansätze auf der Manipulation des Brechungsindexes durch Veränderung der Temperatur oder der Dichte der freien Ladungsträger (engl. *free-carrier plasma effect*) basieren, was aufgrund der Bragg-Bedingung in Gleichung 2.16 zu einer Veränderung der Laserwellenlänge führt.

Das Prinzip des durchstimmbaren DFB-Lasers mit Zwillings-Wellenleiterschicht (engl. *tunable twin-guide (TTG) DFB laser*) beruht auf einer pnp-Heterostruktur, wie in Abbildung 2.10a dargestellt [122]. Je nach Vorzeichen des Steuerstroms I_t macht man sich entweder thermische Effekte oder solche durch freie Ladungsträger in der wellenleitenden Schichtstruktur zu Nutze. Mit diesem Prinzip konnte eine kontinuierliche Durchstimmbarkeit von 13 nm gezeigt werden [3], wie auch in Abbildung 2.10b zu sehen ist. Der Vorteil dieser Methode ist die Durchstimmung der Wellenlänge mit nur einer Steuergröße. Allerdings limitieren optische Verluste durch die Intraband-Absorption freier Ladungsträger die erreichbare Durchstimmbarkeit in solchen Bauteilen.

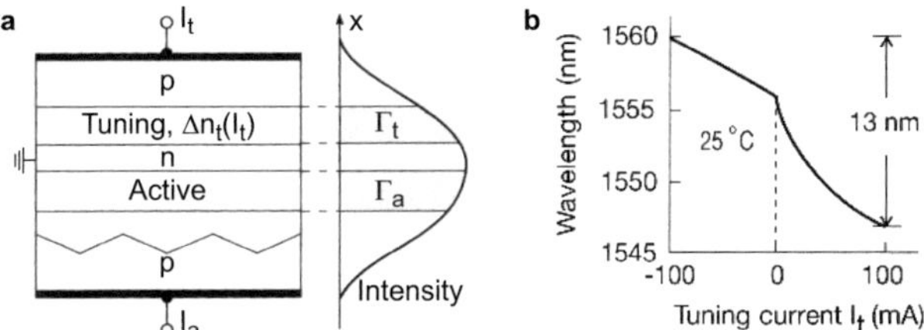

Abb. 2.10: (a) Prinzipieller Aufbau eines TTG DFB-Lasers mit einem Kontakt für die Kontrolle der Emissionswellenlänge und einem Kontakt für die Erzeugung der Besetzungsinversion in der aktiven Schicht. (b) Messung der Laserwellenlänge eines TTG DFB-Lasers in Abhängigkeit des Steuerstromes I_t (aus Ref. [3]).

Eine weitere Methode zur quasikontinuierlichen Durchstimmung anorganischer Laser stellen DBR-Laser mit Übergittern (engl. *superstructure-grating (SSG) DBR laser*) dar [3, 123]. Diese Laser weisen eine komplexere laterale Strukturierung als TTG DFB-Laser auf. Im Wesentlichen bestehen SSG

DBR-Laser aus Gitterreflektoren unterschiedlicher Länge, in denen die Gitterperiode durch eine Übermodulation ebenfalls periodisch variiert wird (s. Abbildung 2.11a). Aufgrund des Vernier-Effektes bei der Überlagerung der beiden unterschiedlichen, Kamm-artigen Reflektionsprofile der Gitterreflektoren
ist nur eine Wellenlänge in der DBR-Konfiguration resonant. Die Steuerströme
I_f und I_r erlauben dabei eine Veränderung der effektiven Brechungsindizes in
den Gitterreflektoren und damit eine Veränderung der spektralen Reflektionsprofile. Durch eine Phasenanpassung über einen weiteren Steuerstrom I_p kann
so die resonante Laserwellenlänge variiert werden. Dies erlaubt eine quasikontinuierliche Variation der Emissionswellenlänge, wie in Abbildung 2.11b zu
sehen ist. Eine Durchstimmbarkeit über $62,4\,\mathrm{nm}$ wurden für solche Bauteile
erzielt [124]. Allerdings erfordern die vielen Steuergrößen die Verwendung eines vorher kalibrierten Steuerprotokolls für die schnelle, gezielte Ansteuerung
einzelner Wellenlängen.

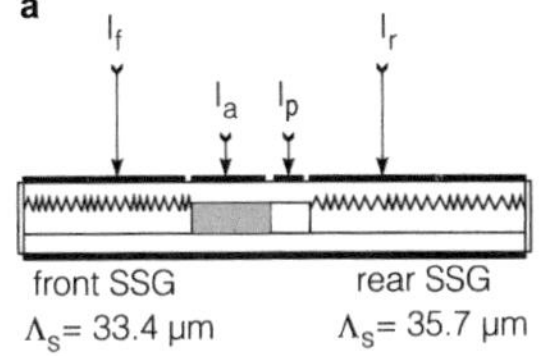

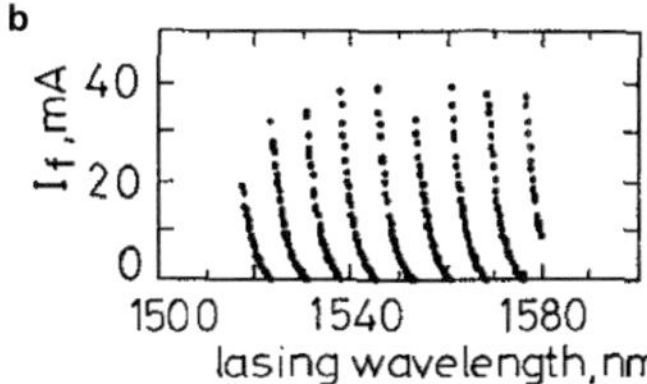

Abb. 2.11: (a) Prinzipielle Probenstruktur für einen DBR-Laser mit einer Überstruktur in den
Gitterreflektoren sowie den verschiedenen Steuerströmen zur Manipulation der
Laserwellenlänge (aus Ref. [3]). (b) Messung der Laserwellenlänge eines SSG
DBR-Lasers in Abhängigkeit des Steuerstroms für den vorderen Gitterreflektor I_f
(aus Ref. [124]).

Eine weitere Möglichkeit zur Brechungsindexmanipulation in optoelektronischen Bauteilen besteht in der Benutzung von Flüssigkristallen (s. Abschnitt 2.4) und Anlegen eines elektrischen Feldes zur Kontrolle der Orientierung der Flüssigkristalle. Maune et al. haben dazu mittels Lithografie ein photonisches Kristallgitter in eine Halbleiterschicht mit Quantentopf aus InGaAsP
strukturiert [125]. Dies wurde mit Flüssigkristallen beschichtet, was dann mit
einer weiteren Elektrode als Deckel abgeschlossen wurde. Durch Anlegen ei-

ner Spannung konnte die Wellenlänge dieses optisch angeregten Lasers von 1587 nm auf 1588, 2 nm verändert werden.

Während diese Ansätze die Herstellung durchstimmbarer, anorganischer Halbleiterlaserdioden mit spektralen Durchstimmbarkeiten ermöglichen, die für Anwendungen relevant sind, so ist deren Emissionswellenlänge bisher auf den infraroten Bereich beschränkt. Des Weiteren ist die Strukturierung, je nach Konzept lateral oder vertikal, komplex und damit die Herstellung und die Integration aufwändig und kostenintensiv. Organische Lasermaterialien können hier eine gute Ergänzung darstellen, da sie eine Emission im gesamten sichtbaren Spektralbereich und eine vergleichsweise einfache Herstellung dünner Schichten ermöglichen.

2.3 Organische DFB-Laser

Durchstimmbare organische Laser auf Basis verteilter Rückkopplung in einem Wellenleiter bilden den Schwerpunkt dieser Arbeit. Daher werden die zugrundeliegenden theoretischen Konzepte zur Beschreibung solcher DFB-Laser in den folgenden Abschnitten genauer erläutert.

2.3.1 Planare Wellenleiter

Optische Wellenleitung ist ein grundlegendes Prinzip für die Funktionsweise organischer DFB-Laser. Zusätzlich ist sie für die Herstellung von integrierten optischen Systemen von großer Bedeutung. Es handelt sich dabei um eine Dünnschichtstruktur, die Licht in der Kernschicht führt. Einfache planare Wellenleiter bestehen aus einem Stapel dünner, dielektrischer Schichten, wie in Abbildung 2.12 mit einer Kern- und zwei Mantelschichten dargestellt. Für die homogenen und isotropen Brechungsindizes n_1, n_2, n_3 gelte, dass $n_2 > n_1, n_3$.

Die Berechnung der im Wellenleiter lokalisierten Lösungen erfolgt mit Hilfe der Wellengleichungen für das elektrische und magnetische Feld

$$\triangle \vec{E}(\vec{r},t) = \frac{n^2(\vec{r})}{c^2} \frac{\partial^2 \vec{E}(\vec{r},t)}{\partial t^2},$$

(2.6)

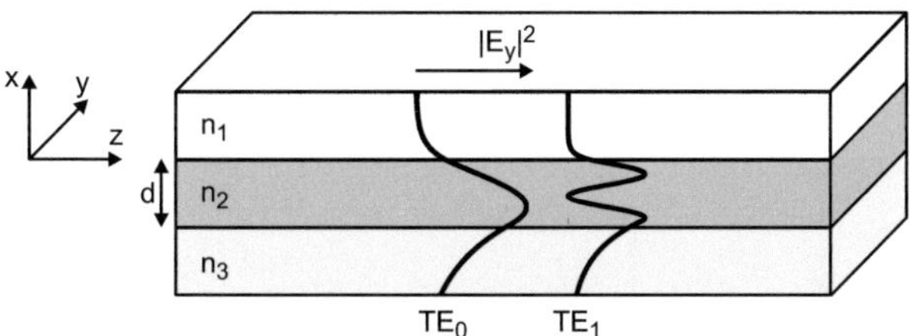

Abb. 2.12: Schemazeichnung einer Wellenleiterstruktur, die aus drei Schichten besteht. Ebenfalls eingezeichnet ist das Intensitätsprofil der geführten TE_0- und TE_1-Moden in solch einem Wellenleiter.

$$\triangle \vec{H}(\vec{r},t) = \frac{n^2(\vec{r})}{c^2} \frac{\partial^2 \vec{H}(\vec{r},t)}{\partial t^2}. \tag{2.7}$$

Aufgrund der Translationsinvarianz in die y- und z-Richtung werden alle Ableitungen $\partial_y(\vec{E},\vec{H}) = 0$ gesetzt. Die Propagationsrichtung des Lichts sei im Folgenden in z-Richtung. Für planare Wellenleiter ergeben sich zwei unabhängige Lösungssätze. Die Lösungen des ersten Lösungssatzes, der die Feldkomponenten E_y, H_x und H_z miteinander verknüpft, werden als transversal elektrische (TE) Moden bezeichnet. Die Lösungen aus den Komponenten H_y, E_x und E_z werden entsprechend transversal magnetische (TM) Moden genannt. Hat man eine Feldkomponente mit Hilfe der Gleichung 2.6 oder 2.7 gefunden, lassen sich die anderen Komponenten des entsprechenden Lösungssatzes mit den Maxwellgleichungen berechnen. Daher wird im Folgenden nur der Lösungsweg für die stationären Moden der elektrischen Feldkomponente E_y angegeben, der Weg für die anderen Komponenten ist analog. Der Ansatz zum Lösen der TE-Moden sei

$$E_y(x,z,t) = E_y(x)e^{i(\omega t - \beta z)}, \tag{2.8}$$

wobei $c \cdot k_0 = \omega$ gelte. Mit dem Brechungsindexprofil

$$n(\vec{r}) = n(x) = \begin{cases} n_1 & \text{für } 0 < x < \infty \\ n_2 & \text{für } -d \leq x \leq 0 \\ n_3 & \text{für } -\infty < x < -d \end{cases}, \tag{2.9}$$

lässt sich dann als Ansatz für die geführten Moden

$$E_y(x) = A \cdot \begin{cases} e^{-qx} & \text{für } 0 < x < \infty \\ \cos hx - \frac{q}{h}\sin hx & \text{für } -d \leq x \leq 0 \\ \left(\cos hd + \frac{q}{h}\sin hd\right) e^{p(x+d)} & \text{für } -\infty < x < -d \end{cases} \qquad (2.10)$$

mit

$$h = \sqrt{n_2^2 k_0^2 - \beta^2}, \qquad (2.11)$$

$$q = \sqrt{\beta^2 - n_1^2 k_0^2} \qquad (2.12)$$

und

$$p = \sqrt{\beta^2 - n_3^2 k_0^2} \qquad (2.13)$$

annehmen [126]. Aus den Stetigkeitsbedingungen an den Grenzflächen folgt daraus die implizite Gleichung

$$\tan hd = \frac{p+q}{h^2 - pq}, \qquad (2.14)$$

deren Lösungen für gegebene Brechungsindizes n_i, Schichtdicke d und Wellenzahl $k_0 = 2\pi/\lambda$ die Propagationskonstanten β_i der verschiedenen TE-Moden ergeben. Daraus wiederum folgt die Feldverteilung der diskreten TE-Moden mit Gleichung 2.10. In Abbildung 2.12 sind die Intensitätsprofile der TE_0- und der TE_1-Mode dargestellt. Die Propagationskonstante der Mode ist β_i. Mit Hilfe von β_i lässt sich der effektive Brechungsindex $n_{\text{eff},i} = \beta_i/k_0$ der Mode in dem Wellenleiter beschreiben. Es gilt, dass $n_1, n_3 < n_{\text{eff},i} < n_2$. Abbildung 2.13 zeigt die Abhängigkeit von n_{eff} von der Schichtdicke bzw. vom Mantelbrechungsindex für einen symmetrischen Wellenleiter, d.h. $n_1 = n_3$, bei einer Wellenlänge von $\lambda = 630\,\text{nm}$ und einem Kernbrechungsindex von $n_2 = 1,75$. Ein Wellenleiter wird dann als monomodig bezeichnet, wenn es für eine Polarisation bei gegebener Schichtdicke, Brechungsindizes und Wellenlänge nur eine Lösung der Gleichung 2.14 gibt. Die entsprechende Mode TE_0 bzw. TM_0 bezeichnet man als Grund- oder Fundamentalmode.

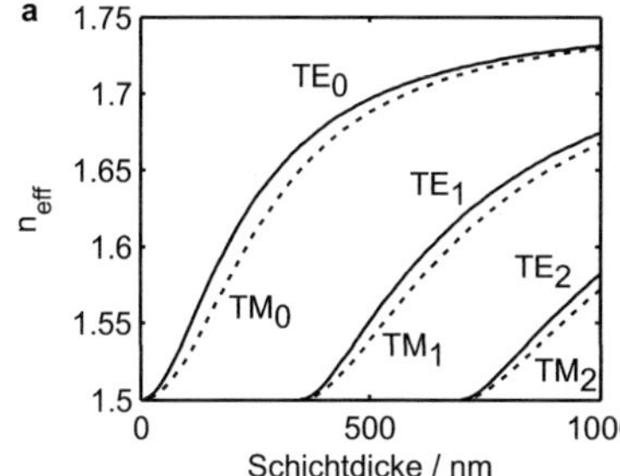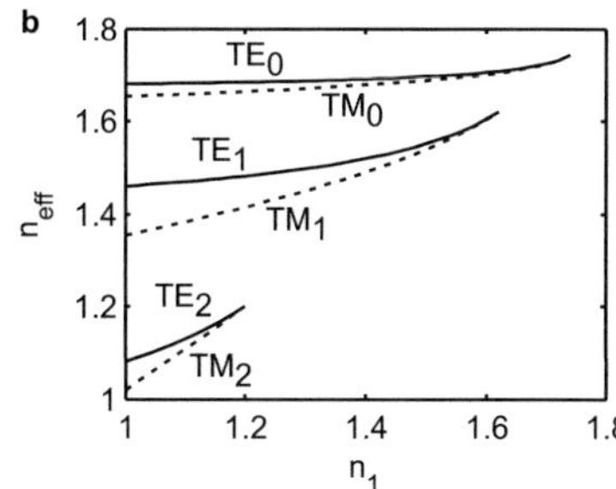

Abb. 2.13: (a) Abhängigkeit des effektiven Brechungsindexes n_{eff} mehrerer TE-Moden in einem symmetrischen Wellenleiter ($n_1 = n_3 = 1{,}5$; $n_2 = 1{,}75$; $\lambda = 630\,\mathrm{nm}$) von der Schichtdicke. (b) Abhängigkeit des effektiven Brechungsindexes n_{eff} mehrerer TE-Moden in einem symmetrischen Wellenleiter ($n_1 = n_3$; $n_2 = 1{,}75$; $\lambda = 630\,\mathrm{nm}$) von dem Brechungsindex im Mantel bei einer Schichtdicke von $d = 500\,\mathrm{nm}$.

Ein weiterer wichtiger Parameter geführter Moden im Zusammenhang mit organischen Lasern ist der Füllfaktor

$$\Gamma = \frac{\int_{-d}^{0} \left| E_y^2(x) \right| dx}{\int_{-\infty}^{\infty} \left| E_y^2(x) \right| dx}. \tag{2.15}$$

Er gibt an, welcher Bruchteil der geführten Mode mit dem Kernmaterial, zum Beispiel dem organischen Lasermaterial, überlappt und damit wechselwirkt. Generell gilt, dass der Füllfaktor von TE-Moden größer ist als der von äquivalenten TM-Moden. Dies ist daran erkennbar, dass der effektive Brechungsindex für die TE-Moden bei gleicher Schichtdicke größer ist als für TM-Moden.

2.3.2 Modellierung von DFB-Lasern: Bragg-Streuung

Das Funktionsprinzip von DFB-Lasern beruht auf der konstruktiven Interferenz periodisch gestreuter Moden in einem Schichtwellenleiter. Abbildung 2.14 zeigt verschiedene, in dieser Arbeit realisierte Querschnitte von DFB-Lasern.

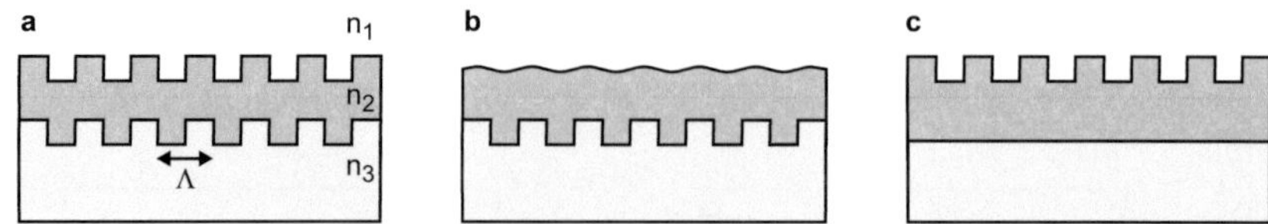

Abb. 2.14: Verschiedene Querschnitte für DFB-Laser mit einer periodischen Schichtdicken-modulation. Dies hat eine effektive Brechungs- und Verstärkungsmodulation für die propagierende Mode zur Folge. Dargestellt sind Schichtdickenmodulationen, wie sie durch (a) thermisches Aufdampfen des Verstärkermaterials (n_2), (b) lösungs-basierte Prozessierung des Verstärkermaterials oder (c) durch Nanostrukturtransfer erzeugt werden können.

Prinzipiell kann die Modulation mit Periode Λ durch eine Variation des Brechungsindexes, eine Variation der Modenverstärkung oder aber durch eine Mischung der beiden erzeugt werden. Für geführte Moden kann sich ungefähr dann konstruktive Interferenz in der Schicht für eine Wellenlänge λ_{Bragg} ausbilden, wenn die Bragg-Bedingung

$$\lambda_{\mathrm{Bragg,i}} = \frac{2}{m} n_{\mathrm{eff,i}} \Lambda, \qquad m = 1, 2, \dots \tag{2.16}$$

für eine Mode erfüllt ist. Die Bragg-Ordnung wird mit m beschrieben. Der in Abschnitt 2.3.1 eingeführte effektive Brechungsindex $n_{\mathrm{eff,i}}$ beschreibt die geführte Mode. Der Index i berücksichtigt die verschiedenen Moden unterschiedlicher Polarisation, die es in einem Wellenleiter bei gegebener Konfiguration geben kann. Der effektive Brechungsindex hängt von der Schichtdicke d, den Brechungsindizes n_i der einzelnen Schichten und der Wellenlänge λ_{Bragg} ab. Eine Abschätzung der DFB-Laserwellenlänge kann dann durch $\lambda_{\mathrm{Laser}} \approx \lambda_{\mathrm{Bragg}}$ gegeben werden, wobei die Laserwellenlänge λ_{Laser} der entsprechenden Ordnung auch im spektralen Verstärkungsprofil $g(\lambda)$ des verwendeten Materials liegen muss. Im Gegensatz zu Lasern auf Basis von Fabry-Pérot- oder FGM-Resonatoren lässt sich mit DFB-Lasern aufgrund von Gleichung 2.16 verhältnismäßig einfach monochromatisches Licht erzeugen. In anorganischen DFB-Laserdioden kann die Linienbreite bei Dauerstrichbetrieb weniger als 10 MHz betragen [127].

Für DFB-Laser erster Ordnung ($m = 1$) tritt das resonante, geführte Licht nur aus den Stirnflächen des Wellenleiters aus. Dies ist für integrierte Anwendungen organischer DFB-Laser von großem Interesse, da die Laseremission so direkt in angrenzende Wellenleiter eingekoppelt werden kann [128, 129]. Bei Lasern zweiter Ordnung ($m = 2$) findet man zusätzlich zu der Auskopplung der Emission in Schichtebene konstruktive Interferenz für eine senkrechte Auskopplung aus dem Wellenleiter. Diese senkrechte Auskopplung entspricht gerade der ersten Ordnung (s. Abbildung 2.15) und stellt für das Laserbauteil einen Verlustkanal dar, eignet sich aber auch für die Verwendung des Laserlichts in Freistrahl-Anwendungen. In dieser Arbeit wurden hauptsächlich DFB-Laser zweiter Ordnung verwendet. Neben DFB-Lasern ausschließlich erster oder zweiter Ordnung lassen sich diese Ordnungen auch derart kombinieren, dass in der Mitte das Gitter in zweiter Ordnung resonant ist, während die umgebenden Gitterbereiche die halbe Periode aufweisen und somit in erster Ordnung resonant sind. Dies kombiniert die niedrigen Verluste und damit niedrigen Laserschwellen von Bauteilen erster Ordnung mit der senkrechten Strahlauskopplung von DFB-Lasern zweiter Ordnung [130, 131].

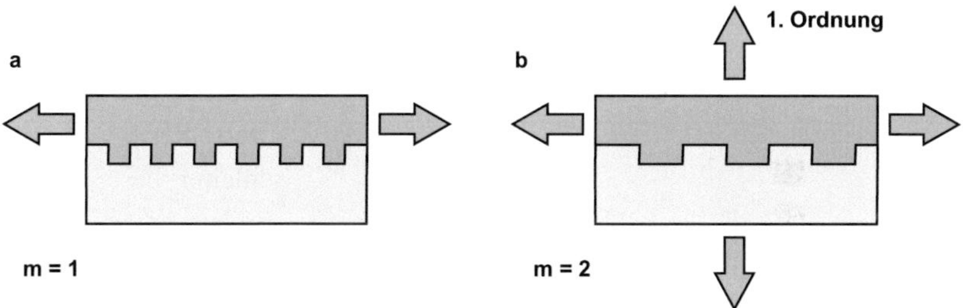

Abb. 2.15: Darstellung der Lichtauskopplung in einem DFB-Laser mit Modenrückkopplung in (a) erster und (b) zweiter Ordnung.

Anhand von Gleichung 2.16 und der Abhängigkeit $n_{\text{eff,i}} = f(d, n_i, \lambda_{\text{Laser}})$ kann man gut erkennen, dass zum Durchstimmen der Laserwellenlänge die Gitterperiode Λ, die Schichtdicke d oder die einzelnen Brechungsindizes der Schichten n_i verändert werden müssen. Dagegen gibt diese Gleichung keinen Aufschluss darüber, wie das Gitter bzw. die periodische Struktur im

Detail aussehen muss, um einen optimalen Betrieb, zum Beispiel niedrige Laserschwellen, zu gewährleisten.

Darüber hinaus kann das Gitter bei optisch gepumpten organischen DFB-Lasern auch genutzt werden, um das Pumplicht effizient in die Wellenleiterstruktur einzukoppeln und somit die Absorption des Pumplichts zu vergrößern. Dies lässt sich durch Anpassung des Winkels, unter dem das Pumplicht einfällt, oder aber durch Einbringen einer weiteren Modulationsperiode in photonischen Kristall-Lasern realisieren [132, 133]. Das Modell der Bragg-Streuung kann dann auch dazu genutzt werden, die optimale Anregekonfiguration, d.h. Gitterperiode sowie den Einfallswinkel und die Wellenlänge des Anregelichts aufeinander abzustimmen.

2.3.3 Modellierung von DFB-Lasern: Theorie der gekoppelten Moden

Nach Kogelnik und Shank

Eine detailliertere Analyse von DFB-Lasern ist mit der von Kogelnik und Shank 1972 publizierten Theorie der gekoppelten Moden möglich [68]. Auch wenn ihr Ansatz eine starke Vereinfachung realistischer Bauteile ist, lassen sich damit bereits grundlegende Zusammenhänge zwischen Gitterstruktur und Emissionscharakteristiken erkennen. Die Herleitung wird dabei im bis auf die periodische Störung homogenen Material, d.h. ohne Wellenleiter, durchgeführt, wie es auch in Abbildung 2.16a veranschaulicht ist. Die Berücksichtigung von Moden mit dem Feldprofil $E_y(x)$ in einer Wellenleiterstruktur kann unter Verwendung der effektiven Größe $n_{\mathrm{eff}} = f(z)$ und der effektiven Verstärkung $\Gamma \cdot g$ erfolgen.

Die räumliche Variation des Brechungsindexes in Propagationsrichtung der Mode sei durch

$$n(z) = n + \Delta n \cos(\frac{2\pi}{\Lambda}z) \tag{2.17}$$

gegeben und die der optischen Verstärkung durch

$$g(z) = g + \Delta g \cos(\frac{2\pi}{\Lambda} z).$$ (2.18)

Mit Gleichung 2.6, der Ersetzung $n \to n + igc/\omega$ und dem Ansatz $E_{xy}(z,t) = E_{xy}(z)e^{i\omega t}$ erhält man die Helmholtzgleichung

$$\partial_z^2 E_{xy} + k^2 E_{xy} = 0.$$ (2.19)

Dabei sind die Beziehungen 2.17 und 2.18 in k bereits durch

$$k^2 = \beta^2 + ig\beta + 4\kappa\beta \cos(\frac{2\pi}{\Lambda} z)$$ (2.20)

mit $\beta = n\omega/c = nk$ und den Annahmen, dass $\Delta n \ll n$, $g \ll \beta$ und $\Delta g \ll \beta$ sei, berücksichtigt. Die Größe

$$\kappa = \pi\frac{\Delta n}{\lambda} + i\frac{\Delta g}{2}$$ (2.21)

wurde von Kogelnik und Shank Kopplungskoeffizient genannt. Der wesentliche Punkt der Theorie der gekoppelten Moden besagt nun, dass sich das elektrische Feld $E_{xy}(z)$ aus einer vorwärts und einer rückwarts laufenden, ebenen Welle zusammensetzt.

Die Amplituden $S(z)$ und $R(z)$ der vorwärts und rückwärts laufenden Moden sind über

$$\partial_z R + (g - i\delta)R = i\kappa S,$$
$$-\partial_z S + (g - i\delta)S = i\kappa R$$ (2.22)

miteinander gekoppelt. Es ist dabei $\delta \approx \beta - \pi/\Lambda$ die Abweichung der Wellenlänge von der Braggwellenlänge. Es wurde angenommen, dass sich die Amplituden nur langsam ändern, so dass Terme der Art $\partial_z^2...$ vernachlässigt werden können. Aus den Differentialgleichungen 2.22 erhält man für eine Modulation der Länge L die Oszillationsbedingung

$$\kappa = \pm i\frac{\gamma}{\sinh \gamma L},$$ (2.23)

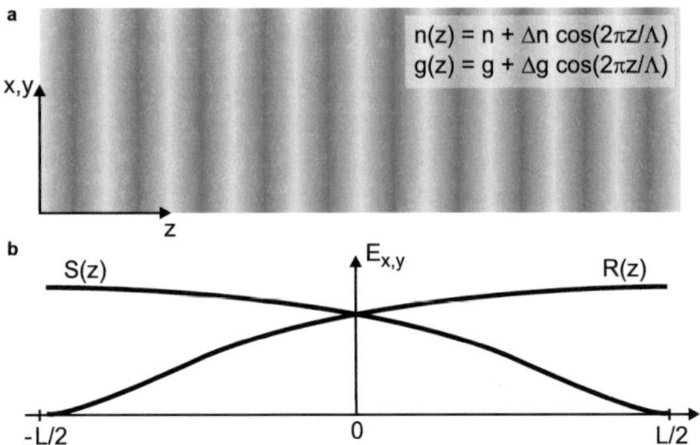

Abb. 2.16: (a) Darstellung der modellhaften Brechungsindex- bzw. Verstärkungsmodulation für die Theorie der gekoppelten Moden nach Kogelnik und Shank. (b) Räumliche Abhängigkeit der Amplituden der vorwärts und rückwärts laufenden Wellen R(z) und S(z) (aus Ref. [67]).

wobei γ die komplexe Propagationskonstante einer Mode ist. Jede Lösung der impliziten Gleichung 2.23 beschreibt eine solche vorwärts und rückwärts laufende ebene Welle, wobei die Propagationskonstante $\beta_l \approx \pi/\Lambda + \delta_l$ der ebenen Welle l sowie die nötige Verstärkung $g_{l,th}$ unter Kenntnis von γ_l mit

$$\gamma_l^2 = \kappa^2 + (g_{l,th} - i\delta_l)^2 \tag{2.24}$$

bestimmt werden kann. Beziehung 2.24 beschreibt damit implizit eine Schwellbedingung, da für das Ausbilden einer stehenden Welle mit Wellenzahl β eine bestimmte Verstärkung g notwendig ist. Mit Hilfe dieses Ergebnisses lassen sich bereits einige wichtige Zusammenhänge ableiten. Die Wellenlängen, die sich aus den β_l ergeben, stimmen mit den lokalen, spektralen Transmissionsmaxima der periodischen Struktur im passiven Zustand überein [134]. Die Amplitudenprofile der vorwärts und der rückwarts laufenden Welle in einem DFB-Laser sind in Abbildung 2.16b für eine Lösung von Gleichung 2.23 dargestellt.

Für eine reine Indexmodulation, d.h. $\Delta g = 0$, findet man ein zur Braggwellenlänge symmetrisches Modenspektrum, wobei keine Eigenschwingung bei der

Braggwellenlänge λ_{Bragg} selbst auftreten kann. Es entsteht ein so genanntes Stoppband oder auch Bandlücke der Breite

$$\Delta\lambda_{\text{Stopp}} \approx \frac{\kappa\lambda_{\text{Bragg}}^2}{\pi n} \tag{2.25}$$

in dem es keine Modenausbreitung gibt. Man findet auch, dass sich die Schwellbedingung zu

$$\frac{\exp(2g_{l,th}L)}{g_{l,th}^2 + \delta_l^2} = \frac{4}{\kappa^2} \tag{2.26}$$

vereinfacht [126]. Moden mit gleichem $|\delta_l|$ haben demnach die gleiche Schwellverstärkung. Dies bedeutet, dass es in DFB-Lasern mit reiner Indexmodulation zwei Moden mit der gleichen, niedrigsten Laserschwelle gibt, so dass es auch zwei Moden gibt, die gleichzeitig anschwingen. Alle weiteren Moden liegen $\Delta\lambda \approx \lambda^2/(2nL)$ voneinander entfernt, was dem freien Spektralbereich in einem Fabry-Pérot-Resonator entspricht.

Im Fall reiner Verstärkungsmodulation, d.h. $\Delta n = 0$, ergibt sich kein Ausbilden eines Stoppbandes um die Braggwellenlänge, so dass es eine Mode mit $\lambda = \lambda_{\text{Bragg}}$ gibt, welche die niedrigste Schwelle aufweist. Die Modenseparation beträgt auch hier wieder $\Delta\lambda \approx \lambda^2/(2nL)$.

In realen Bauteilen wird sich in den meisten Fällen eine Mischung aus Index- und Verstärkungsmodulation ergeben. Dies wird komplexe Modulation oder komplexe Kopplung genannt. Darüber hinaus ist die Modulation nicht immer rein sinusförmig wie in den Annahmen 2.17 und 2.18. In DFB-Lasern spielt die genaue Geometrie des Gitters, d.h. Gitterform, Gitterhöhe und Tastverhältnis eine wesentliche Rolle.

Nach Streifer et al.

Einen geschlosseneren Ansatz zur Analyse von DFB-Lasern haben Streifer et al. 1977 veröffentlicht [135]. Bei der Herleitung wird allerdings nur eine Indexmodulation angenommen, da üblicherweise $k \cdot \Delta n \approx 10^4\,\text{cm}^{-1} \gg \Delta g \approx 10 - 100\,\text{cm}^{-1}$. Dabei befindet sich die Modulation nur an einer der

Grenzflächen der Kernschicht zur benachbarten Mantelschicht. Der Übersicht halber wird hier ein symmetrisches Rechteckgitter, wie in Abbildung 2.17 dargestellt, angenommen, für das die TE_0-Mode in p-ter Ordnung resonant ist. Die ursprüngliche Herleitung ist allgemeiner gefasst und erlaubt die Modellierung beliebiger Gitterprofile.

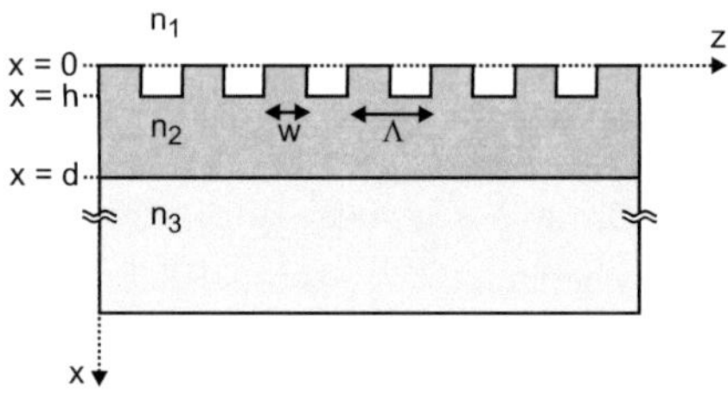

Abb. 2.17: Modellstruktur des DFB-Lasers für die Analyse der gekoppelten Moden nach Streifer et al.

In der Helmholtzgleichung wird die Brechungsindexmodulation in z-Richtung durch eine Fourier-Entwicklung gemäß

$$\partial_z^2 E_y(x,z) + \partial_x^2 E_y(x,z) + k_0^2 n^2(x) E_y(x,z)$$
$$+ k_0^2 E_y(x,z) \cdot \sum_{q=-\infty,q\neq 0}^{q=\infty} A_q(x) \exp(i2\pi qz/\Lambda) = 0, \qquad (2.27)$$

mit dem in z-Richtung konstanten Anteil des Brechungsindexprofils

$$n^2(x) = \begin{cases} n_1^2 & x < 0 \\ n_2^2 + (1-\xi)n_1^2 + \xi n_2^2 & 0 \leq x < h \\ n_2^2 - i2\frac{g n_2}{k_0} & h \leq x < d \\ n_3^2 & d < x \end{cases} \qquad (2.28)$$

und den Fourierkoeffizienten des Gitters

$$A_q = \begin{cases} \frac{n_2^2-n_1^2}{q\pi}\sin(\pi q\xi) & 0 \leq x < h \\ 0 & \text{sonst} \end{cases} \tag{2.29}$$

berücksichtigt. Hierbei ist $\xi = w/\Lambda$ das Tastverhältnis des Gitters, h die Gitter-höhe und $d - h$ die Dicke der organischen Schicht. Bei der Berücksichtigung der Verstärkung g in der organischen Schicht wurde bereits ausgenutzt, dass $g^2 \ll k_0^2 n_{\text{eff}}^2$ gilt. Die formale Lösung dieser Differentialgleichung ist ein Floquet-Ansatz

$$E_y(x,z) = \sum_m E_y^{(m)}(x,z)e^{i\beta_m z} \tag{2.30}$$

mit $\beta_m = \beta_0 + 2\pi m/\Lambda$ und der Propagationskonstante der Mode β_0. Einsetzen von Ansatz 2.30 in die Helmholtzgleichung 2.27 liefert nach Zusammenfassen aller Terme mit gleichen Faktor $\exp(i\beta_m z)$

$$\partial_z^2 E_y^{(m)} + i2\beta_m \partial_z E_y^{(m)} - \beta_m^2 E_y^{(m)} + \partial_x^2 E_y^{(m)} + k_0^2 n^2 E_y^{(m)}$$
$$+ k_0^2 \sum_{q=-\infty, q\neq m}^{q=\infty} A_{m-q} E_y^{(q)} = 0. \tag{2.31}$$

Für die Lösung dieser Differentialgleichung wird angenommen, dass im resonanten Fall, d.h. $\beta_0 = \frac{\pi}{\Lambda}p$, der Fourierkoeffizient A_{-p} die resonanten Lösungen $E_y^{(0)}$ und $E_y^{(p)}$ miteinander koppelt, da $\beta_0 = -\beta_{-p}$ und alle anderen Feldamplituden $E_y^{(m)}$ von diesen beiden Komponenten erzeugt werden. Als Ansatz wird analog zu dem Ansatz von Kogelnik und Shank (s. Abschnitt 2.3.3) eine Überlagerung aus vorwärts und rückwärts laufender Welle angenommen, die sich aus der Lösung E_0 des ungestörten Wellenleiters ergibt:

$$\begin{aligned} E_y^{(0)}(x,z) &= R(z)E_0(x), \\ E_y^{(p)}(x,z) &= S(z)E_0(x). \end{aligned} \tag{2.32}$$

Im resonanten Fall sind dann alle Partialwellen $E_y^{(m)}$ mit $0 < m < p$ radiative

Moden, während alle mit $m < 0$ und $m > p$ evaneszente Moden beschreiben. Diese können im Vergleich zu den hauptsächlich geführten Moden $E_y^{(0)}$ und $E_y^{(p)}$ vernachlässigt werden. Einsetzen in Gleichung 2.31 für $m = 0$ und $m = p$, Vernachlässigung von Termen der Art $\partial_z^2(R, S)$, Multiplikation mit $E_0(x)$ und Integration über x von $x = -\infty$ bis $x = \infty$ liefert dann die korrigierten Gleichungen der gekoppelten Moden

$$\partial_z R + (-\bar{g} - i\delta - i\zeta_1)R = i(\kappa_p + \zeta_2)S,$$
$$-\partial_z S + (-\bar{g} - i\delta - i\zeta_1)S = i(\kappa_p + \zeta_2)R. \tag{2.33}$$

Dabei ist

$$\bar{g} = \frac{k_0}{\beta_0 P} \int_h^d n_2 g E_0^2(x)\, dx \approx \frac{n_2}{n_{\text{eff}}} \Gamma g \tag{2.34}$$

die effektive modale Verstärkung,

$$\kappa_p = \frac{k_0^2}{2\beta_0 P} \int_0^h A_{-p} E_0^2(x)\, dx \tag{2.35}$$

eine Kopplungskonstante und

$$P = \int_{-\infty}^{\infty} E_0^2(x)\, dx \tag{2.36}$$

ein Normierungsfaktor. Die Gleichungen 2.33 haben große Ähnlichkeit zu denen in vorherigen Abschnitt, s. Gleichung 2.22, sind aber um die Korrekturterme ζ_1 und ζ_2 ergänzt. Diese berechnen sich aus

$$\zeta_1 = \frac{k_0^2}{2\beta_0 P} \sum_{q=-\infty, q\neq 0, -p}^{\infty} \int_0^h A_q E_{-q}^0(x) E_0(x)\, dx \tag{2.37}$$

und

$$\zeta_2 = \frac{k_0^2}{2\beta_0 P} \sum_{q=-\infty, q\neq 0, -p}^{\infty} \int_0^h A_q E_{-q}^p(x) E_0(x)\, dx. \tag{2.38}$$

Dabei beschreibt ζ_1 den Einfluss von radiativen und evaneszente Moden auf diejenige Grundmode, die diese Partialmoden ursprünglich erzeugt hat. Da radiative Moden Energie aus dem Wellenleiter wegtragen, muss der Imaginärteil von ζ_1 positiv sein, da dies dann die Schwellverstärkung $\bar{g}$ in Gleichung 2.33 erhöht. Für DFB-Laser mit einer resonanten Ordnung $p \geq 2$ findet man, dass es aufgrund der Periodizität dieser radiativen Verluste neben der Brechungsindexmodulation auch eine Verstärkungs- bzw. Verlustmodulation gibt. Dies führt dazu, dass die Modenstruktur und die Schwellverstärkungen anders als in Gleichung 2.26 nicht mehr symmetrisch um die Bragg-Wellenlänge liegen, so dass es eine longitudinale Mode gibt, die die geringste Schwellverstärkung aufweist. Dies bedeutet, dass bereits ohne Einbringen eines Defektes die Symmetrie stark gebrochen ist und eine Lasermode, meistens eine mit $\delta + \mathrm{Re}(\zeta_1) < 0$, d.h. $\lambda_{\mathrm{Laser}} > \lambda_{\mathrm{Bragg}}$, zuerst anschwingt [136, 137]. Der Realteil von ζ_1 ist eine Korrektur zu der Abweichung der resonanten Wellenlänge von der Bragg-Wellenlänge. Der Faktor ζ_2 beschreibt den Einfluss der radiativen und evaneszenten Moden, die von der vorwärts laufenden Grundmode erzeugt wurden, auf die rückwärts laufende Grundmode, und umgekehrt. Damit drückt ζ_2 eine Korrektur der komplexen Kopplung von vorwärts- und rückwärtslaufender Welle aus. Demnach lässt sich auch ein effektiver Kopplungskoeffizient

$$\kappa_{\mathrm{eff}} = \kappa_p + \zeta_2 \tag{2.39}$$

definieren, dessen Real- und Imaginärteil den Grad der Index- bzw. Verstärkungskopplung unter Berücksichtigung radiativer und nicht resonanter Ordnungen beschreibt.

Mit Hilfe von Gleichung 2.33 lässt sich für einen DFB-Laser der Länge L die implizite Schwellbedingung

$$\gamma_l^2 = -\kappa_{\mathrm{eff}}^2 \sinh^2(\gamma_l L) \tag{2.40}$$

finden, deren Lösungen jeweils eine Mode mit der jeweiligen Schwellverstärkung $\bar{g}_{l,th}$ und der Abweichung δ_l von der Bragg-Wellenlänge durch

$$\gamma_l^2 = (\bar{g}_{l,th} + i\delta_l + i\zeta_1)^2 + \kappa_{\text{eff}}^2 \qquad (2.41)$$

definiert. Zum Lösen von Gleichung 2.40 wurde für den Real- und Imaginärteil von γ_l jeweils das Newtonsche Iterationsverfahren verwendet [138]. Damit lassen sich die Amplituden der vorwärts bzw. rückwärts laufenden Moden in einem DFB-Laser mit

$$\begin{aligned}
R(z) &= B \cdot \sinh\left[\gamma(z + L/2)\right], \\
S(z) &= B \cdot \sinh\left[\gamma(z - L/2)\right]
\end{aligned} \qquad (2.42)$$

berechnen.

Mit Hilfe des Minimums der verschiedenen Schwellverstärkungen $min(\bar{g}_{l,th}) \equiv \bar{g}_{th}$ kann durch

$$N_{th} \approx \frac{E_{p,th} \cdot A}{h\nu_p \cdot d \cdot F} \equiv \frac{2 \cdot \bar{g}_{th} \cdot n_{\text{eff}}}{\sigma_{\text{SE}}(\lambda) \cdot \Gamma \cdot n_2} \Rightarrow E_{p,th} \approx \frac{2 \cdot \bar{g}_{th} \cdot n_{\text{eff}} \cdot d \cdot F}{\sigma_{\text{SE}} \cdot \Gamma \cdot A} \cdot \frac{h\nu_p}{n_2} \qquad (2.43)$$

die benötigte Schwellpumpenergie $E_{p,th}$ bei optischer Anregung ausgedrückt werden, wobei das Anregungsprofil und damit das Strahlprofil des Pumpspots als konstant über die Anregungsfläche F angenommen wird. Die Größe A beschreibt den schichtdickenabhängigen und wellenlängenabhängigen Bruchteil des tatsächlich absorbierten Pumplichts mit der Frequenz ν_p. Für eine genauere Analyse der Laserschwelle und der Effizienz muss die Dynamik des Lasers in Form von Ratengleichungen mitberücksichtigt werden, wozu neben dem Brechungsindex, dem stimulierten Emissionsquerschnitt und der Absorption auch die Zeitkonstanten der einzelnen Zustände als Materialkonstanten berücksichtigt werden müssen.

Für die Berechnung von ζ_1 und ζ_2 werden nach den Gleichungen 2.37 und

2.38 noch die Feldamplituden $E_m^{(0)}$ und $E_m^{(p)}$ benötigt. Diese sind durch die Differentialgleichung

$$\partial_x^2 E_m^{(i)}(x) + [k_0^2 n^2(x) - \beta_m^2] E_m^{(i)}(x) = -k_0^2 A_{m-i}(x) E_0(x), \forall m \neq i, i = 0, p \quad (2.44)$$

definiert, die besagt, dass alle Partialmoden durch die Grundmode des Wellenleiters, E_0, in Kombination mit den Fourier-Komponenten des Gitters erzeugt werden. Dies bedeutet, dass die gegenseitige Wechselwirkung einzelner Partialmoden gegenüber der Wechselwirkung mit den hauptsächlich geführten Moden $E_y^{(0)}$ und $E_y^{(p)}$ vernachlässigt wird. Das zur Lösung der Differentialgleichung 2.44 verwendete Verfahren stammt aus Referenz [139].

Für eine Analyse des dynamischen Verhaltens von DFB-Lasern ist es notwendig, die Verluste α_{rad} zu quantifizieren, die es aufgrund von radiativer Abstrahlung in einem DFB-Laser gibt. Aus den vorherigen Überlegungen (s. Gleichung 2.33) folgt direkt, dass

$$\alpha_{\text{Ausk.}} = 2 \cdot \text{Im}(\zeta_1). \quad (2.45)$$

Der Faktor 2 rührt daher, dass $\zeta_{1,2}$ Korrekturen der Felder und nicht der Intensitäten beschreiben. Dies ist analog auch für die Schwellverstärkung gültig – in Bezug auf Intensitäten bzw. optischen Leistungen, wie sie auch in tatsächlichen Messungen relevant sind, ist die Schwellverstärkung $2\bar{g}_{th}$ [3, 140, 141]. DFB-Laser erster Ordnung weisen keine radiativen Verluste aus der Oberfläche auf. Dann ist $\text{Im}(\zeta_{1,2}) = 0$ und es handelt sich um eine reine Index-Kopplung. Experimentell lassen sich um den Faktor 2 bis 10 erhöhte Schwellen bei DFB-Lasern zweiter Ordnung im Vergleich zu ansonsten baugleichen DFB-Lasern erster Ordnung beobachten, was an den erhöhten Auskoppelverlusten liegt [72, 130].

Diese von Streifer et al. entwickelte Erweiterung der Theorie der gekoppelten Moden ermöglicht es, in Abhängigkeit der verschiedenen Gitterparameter wie zum Beispiel Schichtdicke, Gitterhöhe, Tastverhältnis und Bauteillänge die Kopplungskonstante, die Schwellverstärkung und die Abweichung von der

Bragg-Wellenlänge zu bestimmen. Zusätzlich kann aus der Nahfeldverteilung $E(z) \simeq R(z) + S(z)$ über eine Fourierentwicklung das winkelabhängige Fernfeld $E(\theta)$ bestimmt werden [73, 142, 143]. Darüber hinaus kann diese Theorie auch dazu verwendet werden, die Auskoppeleffizienz von passiven Strukturen mit periodischer Modulation zu berechnen.

2.4 Flüssigkristalle

Für durchstimmbare Laser sind vor allem Elemente oder Materialien von großem Interesse, die es erlauben, durch Anlegen eines Stroms oder einer Spannung die optischen Eigenschaften einzelner Schichten zu manipulieren. Für organische DFB-Laser eignen sich Flüssigkristalle besonders, da diese ein manipulierbares doppelbrechendes Verhalten zeigen und bei geeigneter Handhabung vielseitig einsetzbar sind sowie nur geringe optische Verluste aufweisen. Aufgrund der Entwicklungsarbeiten im Bereich der Display-Technologie gibt es eine Vielzahl von Flüssigkristallsystemen, die für die Anwendung in der Optik optimiert wurden. In diesem Abschnitt wird genauer auf die Eigenschaften von Flüssigkristallen eingegangen.

Im Jahr 1888 entdeckte Friedrich Reinitzer bei Experimenten mit Cholesterin-Benzoat-Lösungen (s. Abbildung 2.18a), dass diese auch noch in der flüssigen Phase eine Vorzugsorientierung und damit doppelbrechende Eigenschaften zeigten [144]. Dies war bis dahin nur für Kristalle in fester Form bekannt und wurde von Otto Lehmann, der diese Erscheinungsformen als fließende Kristalle bezeichnete, ausführlich beschrieben [145]. Flüssigkristalle sind Substanzen, die diese flüssige Zwischenphase besitzen, in der die Moleküle noch eine Orientierungsordnung besitzen, also anisotrop orientiert sind.

Bei thermotropen Flüssigkristallen hängt die Art der Ordnung von der Temperatur ab. Unterhalb der materialabhängigen Schmelztemperatur T_m sind Flüssigkristalle fest und zeigen eine nahezu perfekt kristalline Anordnung. Oberhalb dieser Temperatur wird das Material flüssig, behält aber kristalline Eigenschaften mit einer temperaturabhängigen Ordnungsart. Oberhalb der sogenann-

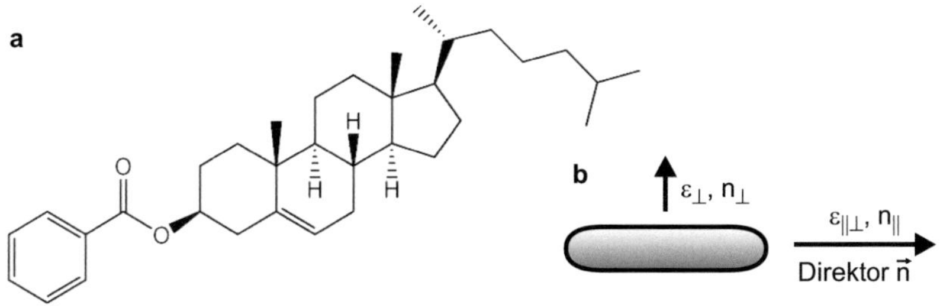

Abb. 2.18: (a) Strukturformel von Cholesterin-Benzoat. (b) Anisotrope optische und elektrische Eigenschaften des Flüssigkristalls relativ zum Direktor.

ten „Clearing"-Temperatur T_C verliert das Material schließlich seine kristallinen Eigenschaften und die Moleküle sind isotrop orientiert. Bis zu dieser Temperatur besitzen Flüssigkristallschichten einen anisotropen Brechnungsindex mit einer außerordentlichen (engl. *extraordinary*) Achse entlang der langen Achse der zylinderförmigen Flüssigkristall-Moleküle und der ordentlichen (engl. *ordinary*) Achse senkrecht dazu. Die Orientierung von Flüssigkristallen wird auch mit Hilfe des Direktors $\vec{n}$ beschrieben, was in Abbildung 2.18b dargestellt ist. Mit der Anisotropie des Brechungsindexes geht eine Anisotropie der dielektrischen Konstante einher, so dass sich die Orientierung der Flüssigkristalle mit Hilfe eines extern angelegten elektrischen Feldes kontrollieren lässt. Damit stellen Flüssigkristalle elektrooptisch aktive Materialien dar, die sich für die Manipulation optoelektronischer Bauteile verwenden lassen.

Die Zwischen- oder auch Mesophase von Flüssigkristallen oberhalb der Schmelztemperatur und unterhalb der „Clearing"-Temperatur kann in zwei grundsätzliche Varianten unterteilt werden. In der nematischen Phase besitzen die Moleküle eine Orientierungsordnung aber keine Fernordnung. Solche nematische Flüssigkristalle werden in der Displaytechnik verwendet. Die smektische Phase bildet sich bei niedrigeren Temperaturen als die nematische Phase und ist in der Art ihrer Ausprägung vielfältiger. Im Wesentlichen liegt in der smektischen Phase eine schichtweise Ordnung vor, wie auch in Abbildung 2.19 zu sehen ist. Je nach Art der Verschiebung und der Orientierung der Flüssigkristalle in diesen Schichten werden verschiedene

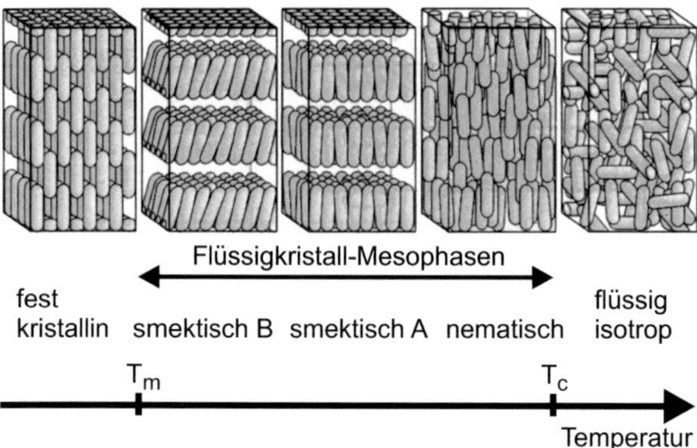

Abb. 2.19: Temperaturabhängige Darstellung der verschiedenen Phasen von Flüssigkristallen (aus Ref. [146]).

Untergruppen smektischer Flüssigkristalle klassifziert, auf die hier aber nicht eingegangen werden soll. Zusätzlich weisen manche Flüssigkristalle noch die cholesterische (engl. *chiral nematic*) Phase auf. Diese ist eine Sonderform der nematischen Phase. Die Orientierung ändert sich schichtweise um einen kleinen Winkel, insgesamt wird eine Schraube geformt. Die Periode dieser helikalen Überstruktur beträgt einige hundert Nanometer, so dass cholesterische Flüssigkristalle auch für die Rückkopplung in organischen DFB-Lasern verwendet werden können.

Die Ausrichtung von Flüssigkristallen in einer Zelle, beschrieben durch das Direktorprofil $\vec{n}(\vec{r})$ lässt sich nach Oseen und Frank durch Minimierung der freien Energie F bestimmen. Für stationäre Probleme setzt sich die freie Energie aus einem elastischen Anteil

$$F_{El} = \frac{1}{2}k_1(\nabla\vec{n})^2 + \frac{1}{2}k_2(\vec{n}\cdot\nabla\times\vec{n})^2 + \frac{1}{2}k_3(\vec{n}\times\nabla\times\vec{n})^2 \tag{2.46}$$

und einem elektromagnetischen Anteil

$$F_{EM} = \frac{1}{2}\vec{E}\cdot\vec{D} \tag{2.47}$$

zusammen [147]. Das Direktorprofil $\vec{n}(\vec{r})$ wird dabei je nach Problem bzw. Zell-Art relativ zu der Richtung des extern angelegten elektrischen Feldes $\vec{E}$ oder einer Vorzugsorientierung, etwa gegeben durch eine Ausrichtungsschicht, definiert. Die k_i beschreiben die grundsätzlichen Deformationsarten von Flüssigkristallen, Spreizen (k_1), Verdrehen (k_2) und Biegen (k_3), wie auch in Abbildung 2.20 dargestellt. Diese müssen nicht immer gleichzeitig auftreten.

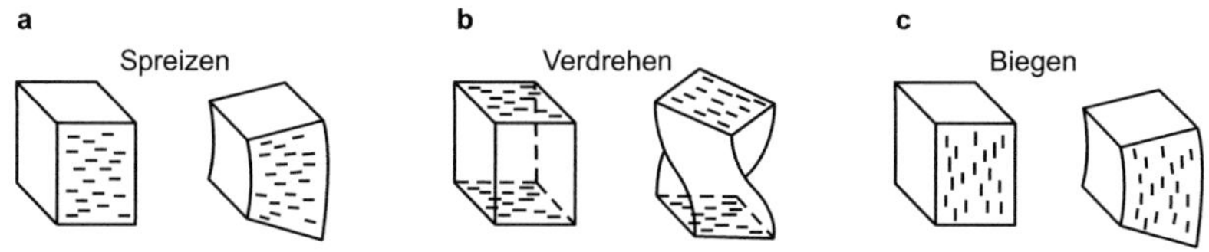

Abb. 2.20: Illustrierung der verschiedenen Deformationsarten von Flüssigkristallen: (a) Spreizen (k_1), (b) Verdrehen (k_2) und (c) Biegen (k_3) (aus Ref. [147]).

Das System aus Flüssigkristallen stellt sich immer so auf eine Störung bzw. Veränderung ein, dass die freie Energie

$$F = \int_V F_{El}[\vec{n}(\vec{r})] + F_{EM}[\vec{n}(\vec{r})]\, d^3r \qquad (2.48)$$

unter Berücksichtigungen der Randbedingungen minimiert wird. Dies geht mit einer Neuorientierung $\vec{n}'(\vec{r})$ der Flüssigkristalle innerhalb der Zelle einher, was das spannungsgesteuerte Schalten von Flüssigkristallen ermöglicht. Ausrichtungsstrukturen an den Rändern der Flüssigkristallzelle sowie Oberflächenverankerungseffekte bilden dabei die Randbedingungen für die Minimierung. Allgemein unterscheidet man dabei zwischen homogener, d.h. paralleler Ausrichtung der Flüssigkristalle an der Randschicht und homeotroper Ausrichtung, bei der die Flüssigkristalle senkrecht auf der Grenzfläche stehen. Außerdem findet man bei der spannungsgesteuerten Orientierung, dass Flüssigkristalle in einer Zelle erst ab einer Schwellspannung U_{th} auf das äußere Feld reagieren und sich ein neues Ausrichtungsprofil ergibt. Dies wird als Fréedericksz-Übergang bezeichnet [148, 149] und ist in Abbildung 2.21 für eine Zelle mit senkrecht zum elektrischen Feld ausgerichteten Flüssigkristallen (engl. *VA cell*) und einer homeotropen Ausrichtung an den Randbereichen rechts und links dargestellt. Durch das Ausrichten der Flüssigkristalle ändert sich der effektive Brechungsindex für Licht, das die Zelle durchquert.

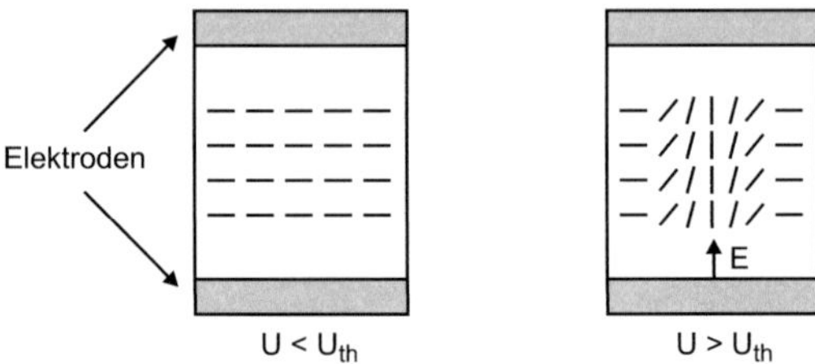

Abb. 2.21: Schemazeichnung der Direktorverteilung in einer VA-Zelle bei Spannungen unterhalb und oberhalb der Schwellspannung (aus Ref. [147]).

3 Herstellungsprozesse

In diesem Kapitel wird ein Überblick über die verschiedenen Fabrikationsmethoden gegeben, die im Rahmen dieser Arbeit für die Herstellung organischer Festkörperlaser angewendet wurden. Die Herstellung von organischen DFB-Lasern, in denen die verteilte Rückkopplung durch eine periodische Brechungsindexmodulation erzeugt wird, kann dabei in zwei Phasen unterteilt werden. Es müssen die rückkoppelnden Oberflächenstrukturen erzeugt werden. In dieser Arbeit wurden solche Oberflächengitter durch Laserinterferenzlithografie, Elektronenstrahllithografie und Nanoreplikations- oder Transfertechniken hergestellt. Weiterhin müssen diese Strukturen mit einer dünnen Schicht des aktiven organischen Materials kombiniert werden. Im Rahmen dieser Arbeit wurden die organischen Materialien je nach Klasse entweder aufgedampft oder mit Hilfe eines lösungsbasierten Verfahrens prozessiert.

3.1 Laserinterferenzlithografie

Die Laserinterferenzlithografie (LIL) ist ein Strukturierungsverfahren, mit dem großflächige Substrate mit nahezu beliebigen zweidimensionalen, periodischen Oberflächenmustern mit einem oder wenigen Belichtungsschritten hergestellt werden können.

Die Prozessierung kann grob in folgende Teilschritte aufgeteilt werden: Lackbeschichtung, Belichtung, Entwicklung und Ätzen. Es wurden hauptsächlich im sichtbaren Spektralbereich transparente Substrate aus Objektträgerglas (Kalk-Natron-Flachglas) oder Quarzglas (GE124) mit den Ausmaßen 25 mm × 25 mm × 1 mm verwendet. Die Beschichtung mit einem positiven Fotolack (AR-P 3170, Fa. Allresist) der Schichtdicke 200 nm erfolgt per Aufschleudern. Um die Auswirkung von Streueffekten und stehenden Wellen im Substrat zu vermeiden, werden die Kanten und die Rückseiten der belackten Proben vor der Belichtung schwarz gefärbt.

Der Aufbau für die LIL-Belichtung am LTI besteht aus einem Argon-Ionen-Dauerstrichlaser (Innova Sabre TSM 5, Fa. Coherent), der bei einer Wellenlänge von 363.8 nm eine spektrale Bandbreite von $\Delta v = 3\,\mathrm{MHz}$ besitzt und damit mit einer Kohärenzlänge von etwa $l = c/\Delta v = 100\,\mathrm{m}$ emittiert [150]. Das Laserlicht wird mit einem Strahlteiler aufgeteilt, die zwei Strahlen jeweils auf einen einstellbaren Drehspiegel gelenkt und durch einen Strahlaufweiter und einen Raumfilter geführt. Diese beiden Teilstrahlen werden dann auf der Probe wieder überlagert (s. Abbildung 3.1a). Es entsteht durch die Interferenz beider Strahlen ein periodisch variierendes Intensitätsmuster, wie in Abbildung 3.1b dargestellt, welches in den UV-sensitive Fotolack auf dem Substrat durch Belichtung abgebildet wird.

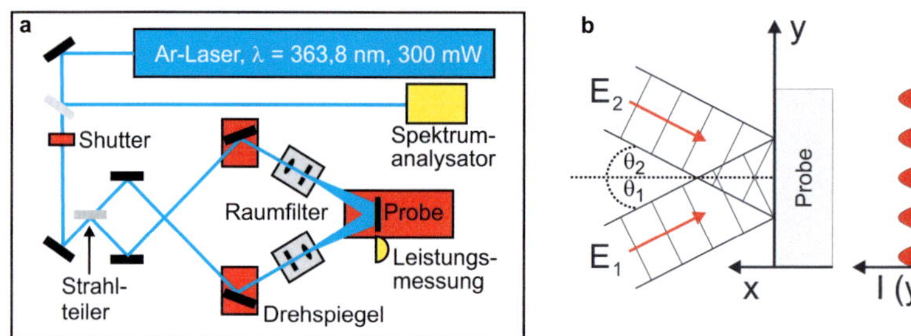

Abb. 3.1: (a) Schematische Zeichnung des Aufbaus für die Interferenzbelichtung. Rote Elemente sind elektrisch gesteuert. (b) Überlagerung zweier ebener Wellen, was aufgrund der konstruktiven Interferenz zu einer Intensitätsmodulation führt (aus Ref. [150]).

Die Periode Λ dieser Interferenz kann dabei über die Einfallswinkel $\theta_1 = \theta_2 \equiv \theta$ der Teilstrahlen relativ zur Probennormalen durch

$$\Lambda = \frac{\lambda}{2\sin(\theta)} \tag{3.1}$$

eingestellt werden (s. Abbildung 3.1b). Dies ermöglicht prinzipiell minimale Strukturgrößen von 182 nm, was sich in der Praxis aufgrund der Anordnung von Probenhalter und Drehspiegel zu einander und wegen mechanischer Vibrationen und Fotolack-Belichtungstoleranzen allerdings nicht umsetzen ließ. Die kleinsten periodischen Strukturen, die in dieser Arbeit realisiert wurden, hatten eine Periode von $\Lambda = 300\,\mathrm{nm}$. In Ref. [150] ist zu dem am LTI befindlichen Aufbau eine genauere Beschreibung zu finden.

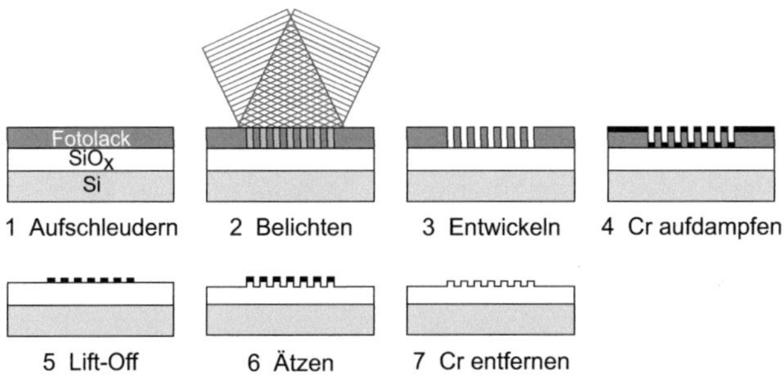

Abb. 3.2: Detaillierter Prozessablauf für die Herstellung von Oberflächengittern mittels Laserinterferenzlithographie und anschließendem Trockenätzen.

Nach der Belichtung mit einer Dosis von etwa $30\,\mathrm{mJ\,cm^{-2}}$ wird der Fotolack ca. 30 s entwickelt und die belichteten Bereiche entfernt. Anschließend wird eine 50 nm dicke Chromschicht (Cr) senkrecht auf das Substrat mit der entwickelten Struktur aufgedampft. Ein anschließender, sogenannter Lift-off-Prozess mit Aceton entfernt den übriggebliebenen Fotolack mit der Metallschicht, so dass nur noch an den zuvor beim Entwickeln freigelegten Stellen das Metall auf dem Wafer zurückbleibt. Diese Metallstruktur, die im Vergleich zu der tatsächlich belichteten Struktur invertiert ist, dient dann als Ätzmaske für das anschließenden reaktive Ionenätzen. Dazu wird ein reaktives Plasma, bei silizium- oder glasbasierten Wafern basierend auf Fluoroform (CHF_3) oder Schwefelhexafluorid (SF_6), erzeugt, welches das Substratmaterial selektiv und anisotrop an den nicht geschützten Stellen entfernt. Dieser Prozess kann durch ein simultanes Plasmaätzen mit Argongas unterstützt werden. Mit einer dünnen Metallschicht als Ätzmaske können deutlich tiefere Strukturtiefen realisiert werden, als dies mit einer Ätzmaske aus Fotolack der Fall ist, da beim reaktiven Ionen- oder auch Plasmaätzen die Ätzrate des Fotolacks weit größer als jene des Metalls ist. Allerdings muss darauf geachtet werden, dass das Lösemittel im Lift-off-Schritt den Lack erreicht, um diesen samt dem darauf haftenden Metall abzulösen. Daher darf die Metallschicht nicht dicker als der Fotolack sein. Des Weiteren muss vermieden werden, dass sich das Metall auf den Seitenwänden der Strukturen niederschlägt, da in beiden Fällen das Abheben nicht durchgeführt werden kann. Das Metall kann dann in einem letzten Schritt mit Hilfe einer geeigneten Metallätzlösung, zum Beispiel Chrome Etch 18 (Fa. Microresist Technology), entfernt werden. Dieser Prozessablauf ist in Abbildung 3.2 zu sehen. Da diese Oberflächengitter in das Substratmaterial übertragen werden, lassen sie sich je nach späterer Verwendung reinigen und damit mehrmals verwenden. Abbildung 3.3 zeigt eine Rasterkraftmikroskopie(AFM)-Aufnahme eines so hergestellten eindimensionalen Oberflächengitters in Quarz sowie eine Fotografie von mehreren solcher Proben.

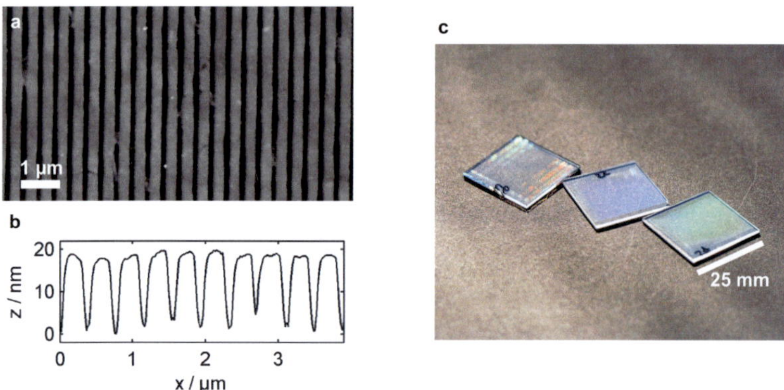

Abb. 3.3: (a),(b) AFM-Aufnahme eines Oberflächengitters in Quarzglas. (c) Fotografie mehrerer Proben. Die winkelabhängige Beugung bestimmter Wellenlängen je nach Lage des Gitters zur Lichtquelle ist zu erkennen.

3.2 Elektronenstrahllithografie

Die Elektronenstrahllithografie ist eine weitverbreitete Methode für die lithografische Herstellung von Strukturen mit Ausdehnungen im Mikrometerbereich bis zu einigen wenigen Nanometern. Vor der eigentlichen Elektronenstrahlbelichtung wird ein Substrat, in dieser Arbeit ein oxidierter Siliziumwafer, mit einer 50 − 80 nm dicken Fotolackschicht aus Polymethylmethacrylat (PMMA) mittels Aufschleudern beschichtet. Während der Belichtung wird ein Elektronenstrahl mit magnetischen Linsen auf das Substrat fokussiert. Die gewünschten Strukturen werden dann seriell durch Ablenkung dieses Strahls in den Resist geschrieben. Dies ermöglicht das Herstellen von beliebig gearteten zweidimensionalen Nanostrukturen mit großer lateraler Ausdehnung. Aufgrund der seriellen Natur der Belichtung von Strukturen per Elektronenstrahl geht dies allerdings mit einem großen Zeitaufwand einher. Darüber hinaus sind Maschinen für die Elektronenstrahlbelichtung durch Anschaffung und Wartung kostenintensiv. In dieser Arbeit wurde auf den Elektronenstrahlbelichter (Vistec VB6) des IMT zurückgegriffen.

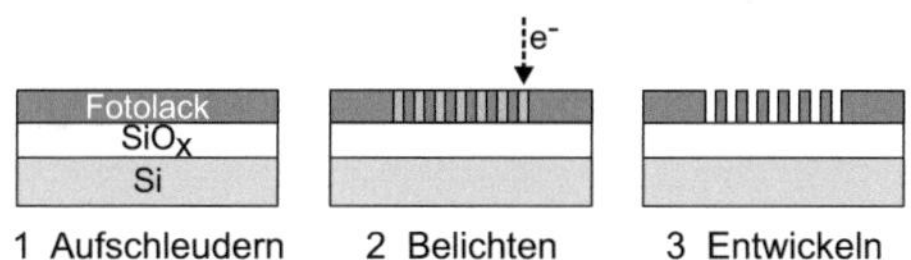

Abb. 3.4: Prozessablauf für die Herstellung von Gittern in Fotolack mit Elektronenstrahlbelichtung.

Nach dem Belichten der Strukturen werden im Entwicklungsschritt bei dem hier verwendeten positiven Fotolack die belichteten Bereiche entfernt. Der beschriebene Prozessablauf ist in Abbildung 3.4 dargestellt. Abbildung 3.5 zeigt eine Rasterelektronenmikroskop(REM)-Aufnahme sowie eine Fotografie solcher Gitterstrukturen.

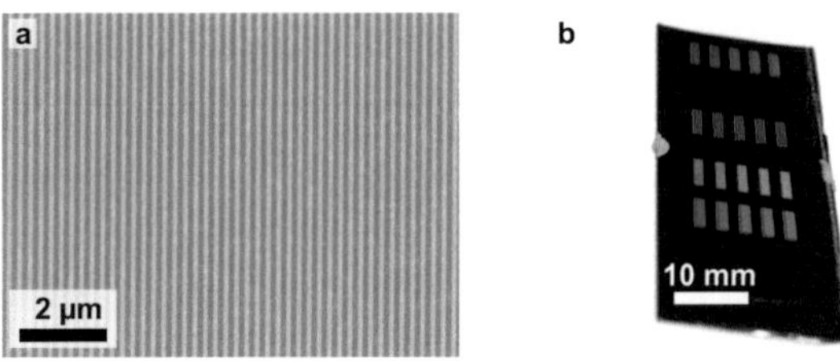

Abb. 3.5: (a) REM-Aufnahme eines Gitters in PMMA. (b) Fotografie einer Probe mit mehreren Gitterfeldern in PMMA. Man sieht deutlich die Beugung des Umgebungslichts durch die verschiedenen Gitterperioden.

3.3 Nanoreplikation durch Heißprägen

Im Bereich der Mikrometer- und sub-Mikrometer-Replikationstechniken kann auf eine Vielzahl von Methoden und dazu verwendeten Materialien zurückgegriffen werden. Die zwei im Bereich der organischen Laser geläufigsten Replikationstechniken sind die UV-Nanoimprint-Lithografie [151] und das Heißprägen [152, 153]. Hier soll nur auf letztere Methode eingegangen werden.

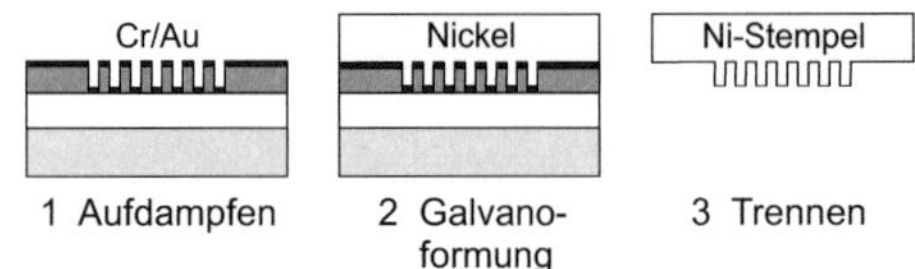

Abb. 3.6: Schema der Prozessschritte zur Herstellung eines Prägewerkzeugs aus Nickel durch Galvanoformung.

Das Heißprägen selbst ist nur einer von drei Prozessschritten, die unter dem Oberbegriff LIGA zusammengefasst werden. Der LIGA-Prozess ist eine am IMT etablierte Technologie und steht für **Li**thografie, **G**alvanik und **A**bformung. Mittels Lithografie wird hierbei die Urform hergestellt, aus der mittels Galvanik ein Stempel hergestellt wird, der dann abgeformt wird. Da für DFB-Laser Resonatorgitter mit geringen Aspektverhältnis benötigt werden, können diese Urformen ohne weiteres mit dem bereits in Abschnitt 3.2 beschriebenen Verfahren hergestellt werden.

Die strukturierten Silizium-Wafer mit dem strukturierten Fotolack werden dann in einem Galvanikprozessschritt in ein Nickelabformwerkzeug übertragen. Dazu wird die Urform mit einer 7 nm dicken Chromschicht als Haftvermittler und darauf mit einer 50 nm dicken Goldschicht als Galvanik-Startschicht bedampft. Die Galvanoformung selber findet in einem Borsäure-haltigen, Chlorid-freien Nickelsulfamat-Elektrolytbad bei einer Temperatur von 52 °C und einem pH-Wert von $3{,}4 - 3{,}6$ statt [154]. Typischerweise wird dieser Prozess beendet, wenn eine Schichtdicke von etwa $300 - 500\,\mu$m erreicht ist. Anschließend werden Silizium-Urform und Galvanik-Stempel, oder auch Formwerkzeug, entweder mechanisch oder chemisch getrennt. Die chemische Trennung erfolgt dabei durch Auflösen der Silizium-Urform in Kaliumhydroxid und Flusssäure. Fotolackreste auf dem Werkzeug können mit Aceton aufgelöst oder in einem Sauerstoffplasma verascht werden. Dieser Prozess ist in Abbildung 3.6 abgebildet. Prinzipiell ist es möglich, auch kleinere, strukturierte Proben, etwa Oberflächengitter in Quarzglas, die mittels der vorgestellten Laserinterferenzlithografie (Abschnitt 3.1) hergestellt wurden, galvanisch in Metall umzukopieren.

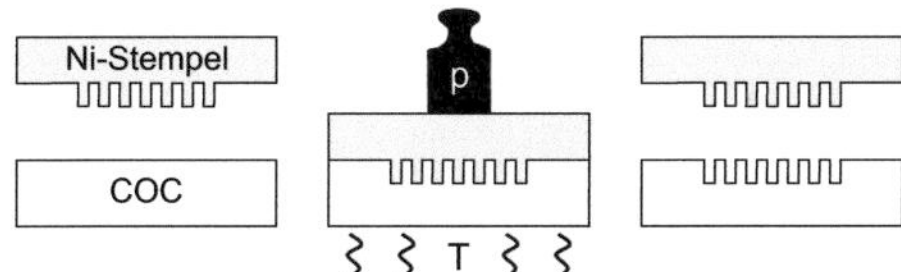

Abb. 3.7: Prozessablauf des Heißprägens in ein COC-Halbzeug.

Als letzter Schritt folgt die eigentliche Abformung der Urform in Polymere. Als Halbzeuge dienen Folien oder Platten des für das spätere Substrat gewünschten Kunststoffes. In dieser Arbeit wurde dazu hauptsächlich das Material Cyclo-Olefin-Copolymer (TOPAS® COC 8007) verwendet, dessen Glasübergangstemperatur bei $T_g \approx 78\,°$C liegt. Für die Abformung werden Formwerkzeug und Halbzeug zwischen zwei plan-parallele, heizbare Platten einer Heißprägeanlange (Jenoptik HEX 03) gelegt. Die Prägekammer wird evakuiert, um Lufteinschlüsse bei der Replikation zu vermeiden. Dann werden die

Platten in Kontakt gebracht, auf etwa 130 °C erhitzt und der Prägedruck, typischerweise etwa 2 − 3 MPa, für mehrere Minuten angelegt. In der anschließenden Abkühlphase muss der Druck aufrecht erhalten werden, um eine zu starke Verzahnung von Polymer und Stempel aufgrund unterschiedlicher thermischer Ausdehnungskoeffizienten zu vermeiden. Anschließend werden Stempel und Polymer voneinander getrennt. Abbildung 3.7 veranschaulicht die einzelnen Prozessschritte des Abformens. In Abbildung 3.8 sind Fotografien des Nickel-Stempels und von damit in COC abgeformten Gitterstrukturen sowie REM-Aufnahmen der Nanostrukturen in Urform und COC dargestellt. Man sieht, dass das Gitter weitgehend formtreu repliziert wurde. AFM-Messungen zeigen darüber hinaus, dass die ursprüngliche Lackdicke von 60 nm, die aufgrund des Prozesses in Abbildung 3.4 die Gittertiefe bestimmt, sowohl im Formwerkzeug als auch abgeformt in COC erhalten bleibt.

Abb. 3.8: Fotografien (a) des Nickelstempels und (b) damit in COC abgeformter Strukturen (Fotografien mit freundlicher Genehmigung von C. Vannahme). (c) REM-Aufnahme eines Oberflächengitters im Nickelstempel. (d) REM-Aufnahme eines Gitters der gleichen Periode, das in COC abgeformt wurde .

3.4 Nanostrukturtransfer

Eine weitere Möglichkeit periodische Nanostrukturen für die DFB-Laser herzustellen ist der Transfer von Nanostrukturen aus organischen Halbleitermaterialien von einem flexiblen Formwerkzeug auf eine planare Schicht eines organischen optoelektronischen Bauteils [155]. Als flexibles Formwerkzeug dient hier COC, das vorher durch Heißprägen (s. Abschnitt 3.3) großflächig mit einem DFB-Gitter strukturiert wurde und auf das eine dünne Schicht eines Teflon® Fluoropolymers (AF1601, DuPont) zur Verringerung der Adhäsionskraft aufgeschleudert wird. Anschließend wird das organische Material, in dieser Arbeit 35 nm Alq_3 und 15 nm NPB[1], thermisch aufgedampft. Weiterhin wird ein unstrukturiertes Glassubstrat mit 200 nm Alq_3:DCM beschichtet.

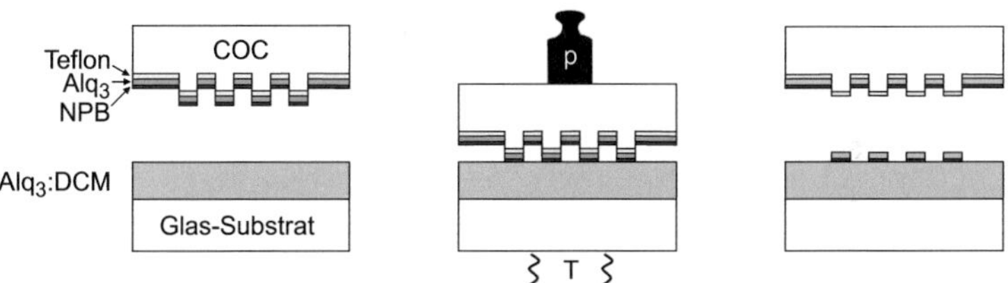

Abb. 3.9: Schematische Prozessfolge für die Übertragung von periodischen Nanostrukturen mittels Nanotransfer.

Das nanostrukturierte und mit Teflon, Alq_3 und NPB beschichtete Formwerkzeug wird mit Hilfe der Heißprägeanlage bei 55 °C und 5 MPa für 10 Minuten auf das unstrukturierte Bauteil gepresst. Da die Adhäsionskräfte zwischen Alq_3:DCM und NPB größer sind als zwischen Alq_3 und Teflon können die Nanostrukturen aus Alq_3 und NPB auf die planare Probe übertragen werden. Abbildung 3.9 zeigt den prinzipiellen Prozessablauf. In Abbildung 3.10 sind so übertragene Gitterstrukturen in Form von zwei REM-Aufnahmen (a,b) und einer Fotografie (c) zu sehen.

3.5 Aufdampfen

Eine weit verbreitete Methode zur Abscheidung dünner Schichten ist die Aufdampftechnik. Dabei wird das Material in einer Quelle erhitzt, verdampft bzw. sublimiert ab einer bestimmten Temperatur und resublimiert auf dem

---

[1]NPB: 4,4'-bis[N-(1-naphthyl)-N- phenylamino]biphenyl

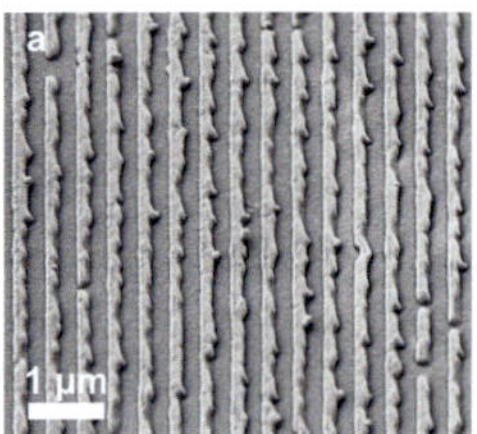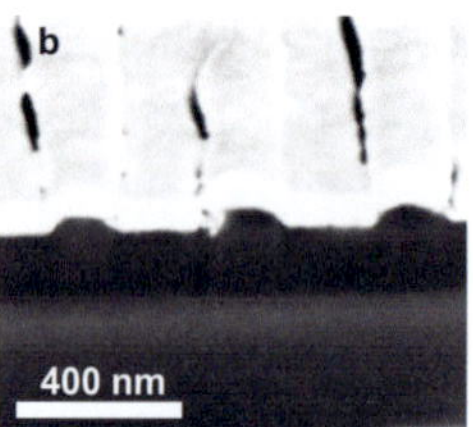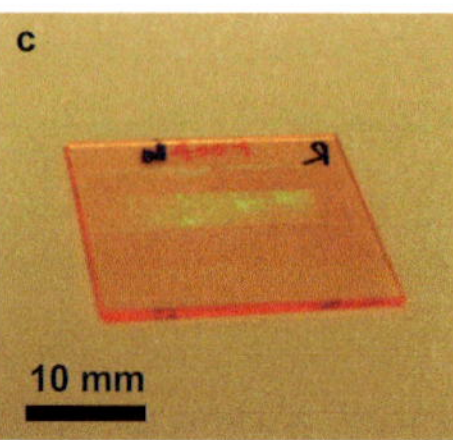

Abb. 3.10: (a) REM-Aufnahme eines mit Nanostrukturtransfer übertragenen Gitters mit einer Periode von ca. 400 nm. (b) REM-Aufnahme des Querschnitts der gleichen Probe. Der Schnitt durch die Struktur wurde durch einen fokussierten Ionenstrahl (FIB, engl. *focused ion beam*) erzeugt. Die verschiedenen Schichten können aufgrund der schlechten Leitfähigkeit von NPB bzw. Alq$_3$ nicht ausreichend gut aufgelöst werden. Die vertikalen Linien unterhalb der Gitterstegkanten entstehen durch den Prozess des Schneidens per FIB. (c) Fotografie des übertragenen Oberflächengitters. Man sieht die durch das Gitter hervorgerufene Beugung des Lichts.

über der Quelle befindlichen Substrat. Damit dieser Prozess ungehindert stattfinden kann und Verunreinigungen in den Schichten vermieden werden, muss im Hochvakuum bei $10^{-4} - 10^{-6}$ Pa aufgedampft werden. Dieses Verfahren bietet die Möglichkeit, dünne Schichten organischer Materialien, Metalle oder Dielektrika aufzudampfen, was die Herstellung dotierter Schichten oder Legierungen mittels Co-Verdampfen oder von Mehrschichtsystemen ermöglicht. Mit Hilfe kalibrierter Schwingquarze wird die Aufdampfrate und damit die Schichtdicke in situ kontrolliert.

Am LTI gibt es zwei Anlagen, die für die Deposition von organischen Materialien, Dielektrika und Metallen benutzt wird. Dabei wird ein Tiegel mit einer Heizwendel erhitzt. Bei diesem Verfahren ist die Tiegeltemperatur auf etwa 300 °C begrenzt. Eine dieser Anlagen am LTI (Fa. Kurt J. Lesker) verfügt über vier Quellen für organische Materialien und zwei Quellen für Metalle, die alle computergesteuert oder manuell betrieben werden können. Während des Aufdampfens wird der Substrathalter rotiert, was eine homogene Schichtverteilung ermöglicht. Abbildung 3.11 zeigt eine schematische Illustration dieser Aufdampfanlage. Dabei wird der Probenhalter und damit auch die Probe rotiert, um Inhomogenitäten in der Schichtdicke aufgrund von räumlich variierenden Aufdampfraten zu vermeiden.

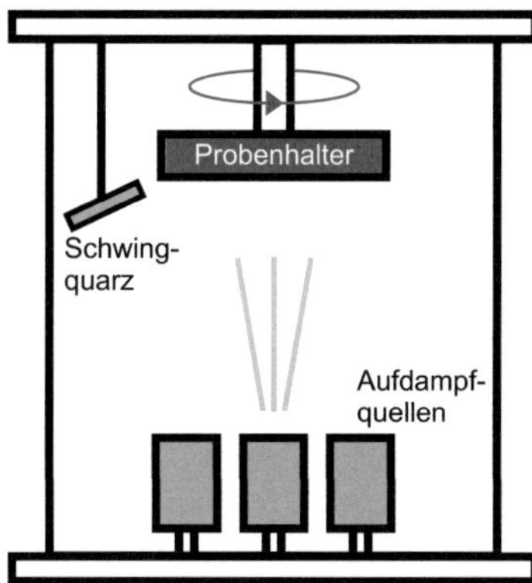

Abb. 3.11: Schematischer Querschnitt durch die Aufdampfkammer.

Eine weitere Aufdampfanlage mit Heizwendel wird für das Aufbringen dünner Schichten aus Chrom oder Lithiumfluorid (LiF) verwendet. Diese Anlage verfügt über keinen rotierenden Probenhalter, allerdings ist der Abstand von Quelle zu Substrat ausreichend groß, so dass auch hier eine homogene Beschichtung gewährleistet ist.

3.6 Lösungsbasierte Prozessierung

Ein großer Vorteil von vielen organischen Materialien liegt in ihrer Prozessierbarkeit in gelöster Form. Dies ermöglicht die großflächige Herstellung dünner Schichten mit verschiedenen Verfahren, wie z.B Aufschleudern, Rakeln, Tintenstrahldrucken oder Tauchbeschichten. Alle haben gemeinsam, dass es erst eine Beschichtungsphase und dann eine Verdunstungsphase gibt, in der das Lösungsmittel verdunstet und lediglich der Feststoff zurückbleibt und eine dünne Schicht formt. Ein Nachteil bei der Prozessierung aus der Flüssigphase mit Hilfe von Lösungsmitteln ist eine erschwerte Kombinierbarkeit mehrerer Schichten. Nur bei Verwendung von orthogonalen Lösungsmitteln oder photovernetzbaren Materialien können mehrere Schichten übereinander aufgebracht werden, da ansonsten die bereits aufgebrachten Schichten beim anschließenden Prozess wieder angelöst würden.

3.6.1 Aufschleudern

Beim Aufschleudern wird das zu beschichtende Substrat mit Unterdruck an einen Halter gesaugt, mit der Lösung, typischerweise $50 - 150\,\mu l$ bei einer Substratgröße von $25\,\text{mm} \times 25\,\text{mm}$, benetzt, und anschließend mit hoher Geschwindigkeit gedreht. Die Lösung verteilt sich abhängig von ihrer Viskosität und der verwendeten Drehgeschwindigkeit gleichmäßig auf dem Substrat und überflüssige Lösung wird heruntergeschleudert, wie in Abbildung 3.12 dargestellt. Es sei hier erwähnt, dass die Menge an heruntergeschleudertem und danach in der Regel nicht wiederverwertbarem Material nicht zu vernachlässigen ist – nur der wenigste Teil der aufgebrachten Lösung verbleibt auf dem Substrat. Nach dem Verdunsten des Lösungsmittels erhält man eine dünne Schicht, deren Dicke sich sowohl über die Rotationsgeschwindigkeit, typischerweise 500-5000 Umdrehungen pro Minute, als auch über die Konzentration der Lösung einstellen lässt. Das Verdunsten des Lösungsmittels kann mit Hilfe einer thermischen Nachbehandlung beschleunigt werden. Dieses Verfahren wird sowohl für die Beschichtung mit Fotolacken in der Lithografie als auch für das Aufbringen von organischen Materialien verwendet. Ein Nachteil dieses Verfahrens ist, dass das komplette Substrat benetzt wird, so dass eine laterale Strukturierung nicht ohne weiteres möglich ist.

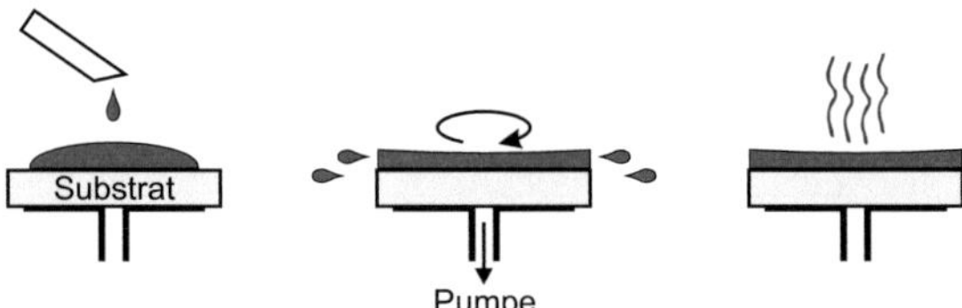

Abb. 3.12: Schematischer Ablauf für die Herstellung dünner Schichten aus der Lösung mittels Aufschleudern.

4 Verwendete Materialien

In diesem Kapitel werden die für die Herstellung der durchstimmbaren organischen Halbleiterlaser verwendeten Materialien vorgestellt. Für die aktiven organischen Materialien wird jeweils ein Überblick über die wichtigsten Eigenschaften vor allem in Bezug auf ihre Nutzbarkeit als Lasermaterial sowie die jeweilige Prozessierungsart gegeben. Sofern nicht anders angegeben wurden alle Photolumineszenzmessungen durch Anregung mit einer Anregewellenlänge von 355 nm und einer Anregepulsdauer von 0,5 ns gewonnen. Des Weiteren werden in diesem Kapitel die Flüssigkristalle vorgestellt, die für die Herstellung durchstimmbarer organischer Laser verwendet wurden.

4.1 Das Gast-Wirt-System Alq_3:DCM

Eines der ersten organischen Materialien, das im festen Zustand eine Verstärkung von Licht unter optischer Anregung gezeigt hat, war ein Gast-Wirtsystem bestehend aus dem Metallchelat-Komplex Aluminium-tris-(8-hydroxychinolin) (Alq_3) dotiert mit dem Laserfarbstoff 4-(Dicyanomethyl)-2-methyl-6-(4-dimethyl-amino-styryl)-4-H-pyran (DCM) [12, 32, 156]. Die Strukturformeln beider Materialien aus der Klasse der kleinen Moleküle sind in Abbildung 4.1 zu sehen.

Alq_3 ist ein sehr gut untersuchtes grünes Emitter- und Elektronentransportmaterial in organischen Leuchtdioden (OLED) [10, 157, 158], das Licht aus dem Wellenlängenbereich 250 nm bis etwa 450 nm effizient absorbiert [159]. Dieses Material zeigt zumindest bei moderaten optischen Anregungsdichten keine Verstärkung, was mit der geringen Photolumineszenzquanteneffizienz (PLQE) von 35 % bei optischer Anregung erklärt wird [160]. Die Lebensdauer strahlender Zustände in Alq_3 beträgt $\tau_{Alq_3} \approx 15$ ns [161]. Wenn man Alq_3

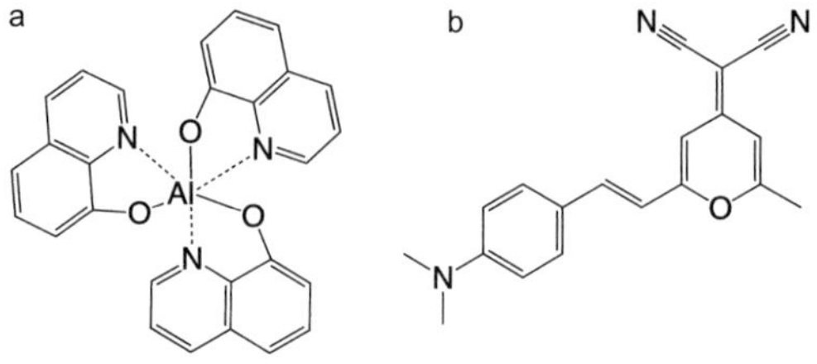

Abb. 4.1: Chemische Strukturformeln von (a) Alq$_3$ und (b) DCM.

mit etwa 1-5 Gewichts-% des roten Laserfarbstoffes DCM dotiert, erhält man jedoch ein sehr effizientes organisches Lasermaterial. Das Material DCM selber weist eine PLQE von nahezu 100 % auf [160], ist allerdings alleine für die stimulierte Emission innerhalb einer Dünnschicht ungeeignet, da die Emission durch Konzentrationsauslöschung verschlechtert wird [162]. Durch die Farbstoffdotierung von DCM in Alq$_3$ diffundiert die von dem Wirstmaterial Alq$_3$ absorbierte Energie eines Photons durch die Wirtsmatrix und wird dann durch einen Förster-Energietransfer auf das Gastmaterial DCM übertragen. Der Försterradius beträgt dabei etwa $3{,}25$ nm [160]. Dieser Energietransfer findet auf einer Zeitskala von $\tau_{Foe} = 20$ ps...2 ns statt [160], was wesentlich kürzer ist als die Lebensdauer der radiativen Zustände in DCM, τ_{DCM}, und in Alq$_3$, τ_{Alq_3}. In der Literatur wird für diesen Singulett-Singulett-Übergang in DCM eine Zeit von $\tau_{DCM} \approx 5$ ns [160] berichtet. Die exzitonischen Zustände in Alq$_3$ werden daher schnell entleert und sind für die weitere Absorption von Pumplicht verfügbar, während sich Exzitonen im ersten Singulett-Zustand von DCM akkumulieren. Rekombinieren diese Exzitonen radiativ, so werden die Grundzustände des DCM durch interne Energiekonversion wieder schnell entleert, was eine Besetzungsinversion und eine damit verbundene stimulierte Emission vereinfacht. Aufgrund der großen Stokes-Verschiebung befindet sich ein Großteil der vom DCM emittierten Photonen im spektralen Transparenzbereich von Alq$_3$, wie auch in Abbildung 4.2 gezeigt, was wiederum geringe optische Verluste durch Selbstabsorption im direkten Absorptionsübergang bedeutet. Damit ist Alq$_3$:DCM ein ideales Vier-Niveau-Lasermaterial. Dabei wird die Effizienz und spektrale Durchstimmbarkeit durch die Konzentration von DCM in Alq$_3$ be-

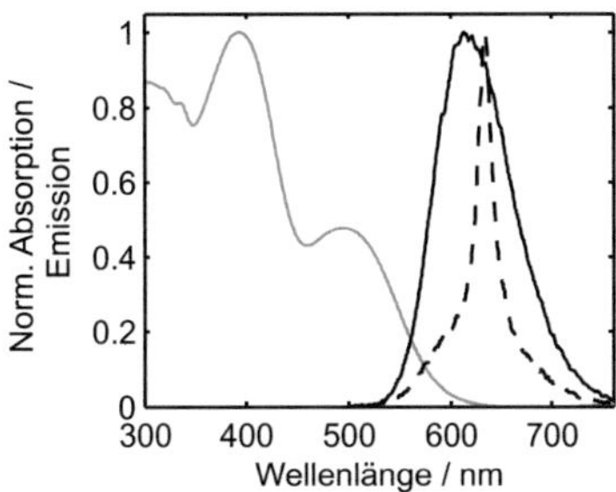

Abb. 4.2: Normiertes Absorptions- (graue Linie), Photolumineszenz- (schwarze durchgezogene Linie) und ASE-Spektrum (schwarze gestrichelte Linie) von Alq$_3$:DCM.

stimmt. Bei einer Dotierkonzentration von 2-3 % ist Lasertätigkeit über einen spektralen Bereich von 600 nm bis 725 nm möglich [128, 163]. Der Wirkungsquerschnitt der stimulierten Emission beträgt $\sigma_{SE} = 1,4 \cdot 10^{-17}$ cm^2 was bei einer Dichte angeregter Zustände von $n_{An} = 5 \cdot 10^{19}$ cm^{-3} einer optischen Verstärkung von $g = 700$ cm^{-1} bei einer Wellenlänge von 623 nm entspricht. Bei dieser Wellenlänge beträgt der Brechungsindex etwa 1,73 [46].

Dünne Alq$_3$:DCM-Schichten lassen sich über Zeiträume von 6 Monaten in Dunkelheit, bei Raumtemperatur und in Umgebungsatmosphäre ohne eine signifikante Verringerung der Lasereffizienz lagern. Des Weiteren lassen sich mit Alq$_3$:DCM und geeigneten Verkapselungsverfahren organische DFB-Laser herstellen, die bei gleicher Anregungsdichte nach etwa 2×10^7 Pumppulsen noch 10 % ihrer Ausgangsemission zeigen [164]. Allerdings wurde beobachtet, dass nach dem Aufdampfen des Materials eine weitere Probenbearbeitung bei etwa 110 °C und einem Atmosphärendruck von 500 Pa zu einer Verschlechterung der Effizienz solcher Schichten führt [165].

Im Rahmen dieser Arbeit wurden dünne Schichten des Materials durch thermisches Co-Verdampfen bei Tiegeltemperaturen von $T_{Alq_3} \approx 220$ °C und $T_{DCM} \approx 120$ °C mit einer Dotierkonzentration von etwa 2,5 Gewichts-% hergestellt. Dadurch lassen sich Schichten mit sehr gut kontrollierbarer Schichtdicke und wenigen Defekten herstellen.

4.2 Das Spiro-Bifluoren Spiro-6-Phenyl

Spiro-verlinkte Materialien stellen eine weitere Gruppe vielversprechender organischener, sublimierbarer Lasermaterialien dar. Bei Molekülen dieser Art sind die zwei Chromophore über ein Spiro-Kohlenstoff starr und senkrecht zu einander verknüpft. Die π-Elektronensysteme beider Chromophore sind weitgehend unabhängig voneinander, da das zentrale Kohlenstoffatom nicht zu dem π-Elektronensystem beiträgt. Vorteil dieser Molekülstruktur ist eine hohe Glasübergangstemperatur, wodurch der amorphe Charakter der dünnen Schichten gut erhalten bleibt, was wiederum Qualität und Langlebigkeit der Bauteile positiv beeinflusst [166–170].

Im Rahmen dieser Arbeit wurden dünne Schichten des blau emittierenden Spiro-Moleküls 2,2',7,7'Tetrakis-(Biphenyl-4-yl)-9,9'-Spirobifluoren (Spiro-6-Phenyl oder Spiro-6-Φ) bei einer Tiegeltemperatur von 320 °C thermisch aufgedampft. Die chemische Struktur von Spiro-6-Phenyl ist in Abbildung 4.3a dargestellt.

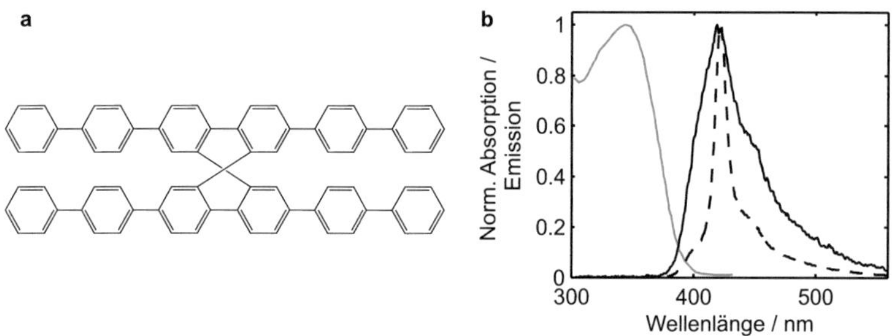

Abb. 4.3: (a) Chemische Strukturformel von Spiro-6-Phenyl. (b) Normiertes Absorptions- (graue Linie), Photolumineszenz- (schwarze durchgezogene Linie) und ASE-Spektrum (schwarze gestrichelte Linie) von Spiro-6-Phenyl (Daten für das Absorptionsspektrum aus Ref. [171])

Abbildung 4.3b zeigt die Emissions- und Absorptionseigenschaften einer 120 nm dicken Schicht zusammen mit einem ASE-Spektrum. Eine solche Schicht Spiro-6-Phenyl zeigt im spektralen Bereich von etwa 405 nm bis 450 nm optische Verstärkung [172]. Das Maximum der Verstärkung beträgt etwa $328\,\mathrm{cm}^{-1}$ bei einer Anregungsdichte von $149\,\mu\mathrm{J\,cm}^{-2}$ und einer Emissionswellenlänge von 421 nm [172]. Bei dieser Wellenlänge beträgt der Brechungsindex etwa 1,9 [171]. In Ref. [172] wurde eine PLQE von etwa 30 % bestimmt. Die Fluoreszenzlebensdauer beträgt $0,3$ ns [171]. Mehr über die elektronische Struktur und die optischen Eigenschaften von Spiro-Verbindungen ist in Ref. [168] zu finden.

4.3 Die kleine Molekül-Polymermischung PVK:CBP:BSB-Cz

Aus der Klasse der kleinen Moleküle stellen die Bis-Styrylderivate ebenfalls vielversprechende Emittermaterialien dar. Sie zeichnen sich durch eine besonders hohe PLQE aus, die im Falle des blau emittierenden 4,4'-Bis[(N-carbazol) styryl]biphenyl (BSB-Cz oder BSB4) in einer Matrix aus 4,4'-Di(N-carbazolyl)biphenyl (CBP) als Wirtsmaterial bis zu 100 % beträgt. Dies führt zu einer bemerkenswert geringen ASE-Schwelle von $0,3\,\mu\mathrm{J\,cm}^{-2}$ bei einer Wellenlänge von 461 nm und Anregungswellenlänge von 337 nm [173]. Die Strukturformeln von CBP und BSB-Cz sind in den Abbildung 4.4b und c gezeigt.

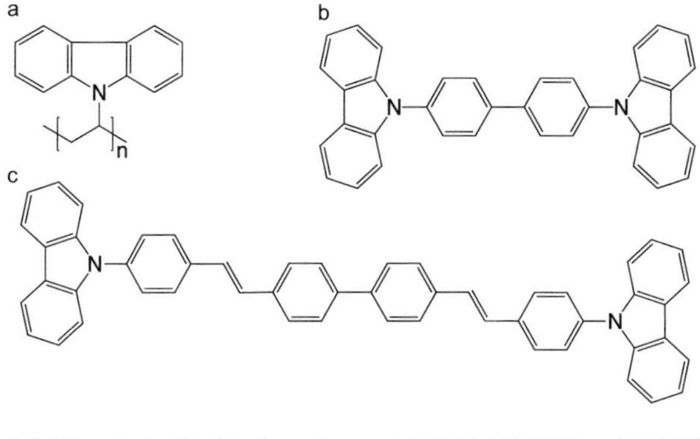

Abb. 4.4: Chemische Strukturformeln von (a) PVK, (b) CBP und (c) BSB-Cz.

Es sei an dieser Stelle erwähnt, dass in der Literatur keine Arbeit gefunden wurde, in der über die tatsächliche Nutzung von CBP:BSB-Cz als Lasermaterial in organischen Festkörperlasern berichtet wird. In Kooperation mit dem Institut für Organische Chemie des KIT wurde das Material BSB-Cz synthetisiert und durch Säulenchromatographie sowie Vakuumsublimation aufgereinigt. Allerdings stellte sich die Vakuumsublimation als herausfordernd heraus, da der Temperaturunterschied zwischen Verdampfen und Zerstören des Materials klein und die Verdampfungsrate gering war. Aufgrund der geringen Aufdampfrate schied eine Deposition mittels thermischen Verdampfens aus. Sowohl BSB-Cz als auch CBP lösen sich aber in gängigen Lösungsmitteln, so dass durch Aufschleudern oder Rakeln dünne Schichten aus der Flüssigphase hergestellt werden können. Allerdings beobachtet man bei der Flüssig-Prozessierung von CBP, dass nach einiger Zeit eine Kristallisation des CBP einsetzt. Dies lässt sich durch Beimischen eines Bindermaterials wie zum Beispiel Polystyrol (PS) oder Poly(vinyl carbazol) (PVK) verhindern [174].

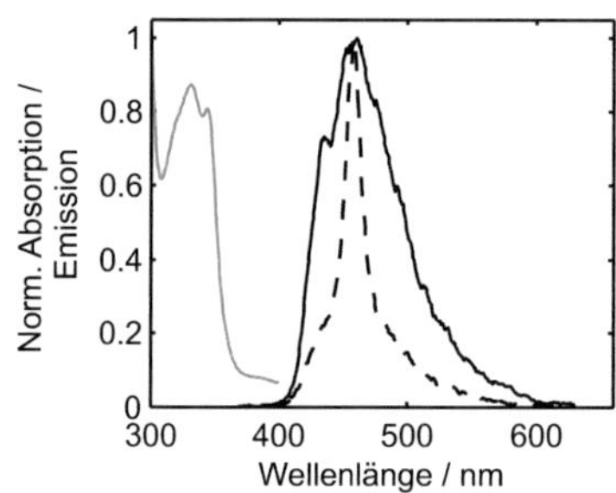

Abb. 4.5: Normiertes Absorptions- (graue Linie), Photolumineszenz- (schwarze durchgezogene Linie) und ASE-Spektrum (schwarze gestrichelte Linie) von PVK:CBP:BSB-Cz.

In dieser Arbeit wurde hauptsächlich PVK als Bindermaterial verwendet, da sich damit im Gegensatz zu PS homogenere dünne Schichten herstellen ließen. Eine Aufbereitung der Lösung aus PVK:CBP:BSB-Cz (55:37,5:7,5 Gewichts-%) in Toluol (32 mg/ml) mit einem mikroporösen Membranfilter (Porendurchmesser 450 nm) verbesserte die Qualität der dünnen Schichten wesentlich. Die Absorptions-, Emissions- und ASE-Spektren einer solchen dünnen Schicht sind in Abbildung 4.5 dargestellt. Schichten von etwa 300 nm Dicke weisen bereits bei einer Anregungsenergiedichte von etwa $50\,\mu\mathrm{J\,cm^{-2}}$ ASE-Tätigkeit bei einer Wellenlänge von 458 nm auf. Der Brechungsindex beträgt 1,78 bei dieser Wellenlänge. Abbildung 4.6 zeigt eine zeitabhängige Photolumineszenzmessung bei einer Anregung mit einem Femtosekundenpuls-Laser und einer Anregewellenlänge von 384 nm gemessen mit einer Streak-Kamera. Die gemessene Lebensdauer von ca. 0, 81 ns stimmt gut mit Werten aus der Literatur überein [173], was darauf hindeutet, dass PVK den Energietransfer auf die Gastmoleküle nicht behindert.

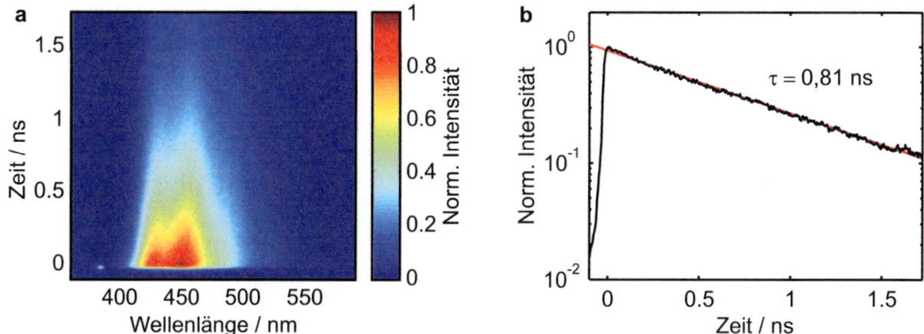

Abb. 4.6: (a) Falschfarbendarstellung der spektralen, zeitabhängigen Photolumineszenz von PVK:CBP:BSB-Cz. Ebenfalls zu sehen ist die spektrale (384 nm) und zeitliche (0 ns) Lage des Anregepulses. (b) Logarithmisch aufgetragener, zeitlicher Intensitätsverlauf bei einer Wellenlänge von 450 nm.

4.4 Der Laserfarbstoff Pyrromethen 597

Pyrromethen 597 (PM597) ist ein klassischer Laserfarbstoff für flüssigbasierte Farbstofflaser und weist in Ethanol gelöst eine PLQE von bis zu 80 % auf [175]. In dieser Arbeit wurde der Fotolack SU-8 (Fa. Microchem. Corp.) mit PM597 dotiert, damit dünne Schichten mit PM597 als aktives Material verwendet werden können, ohne dass Konzentrationsauslöschung auftritt. Die Konzentration war 6, 7 μmol pro Gramm SU-8-Feststoff [176]. Die Verwendung von SU-8 als Matrixmaterial führt dazu, dass dünne Schichten aus diesem Materialkomplex nach Vernetzung unlöslich in Wasser und den meisten Lösungsmitteln sind. Abbildung 4.7 zeigt die normierte Absorption von PM597 gelöst in Ethanol sowie ein PL-Spektrum einer 240 nm dicken Schicht aus

SU-8 dotiert mit PM597. Das Absorptionsmaximum liegt bei 522 nm und das Emissionsmaximum bei 572 nm. Aufgrund des Absorptionsspektrums lässt sich PM597 nicht effizient mit einem UV- oder blau-emittierenden Laser anregen, sondern man muss die frequenzverdoppelte Emissionslinie eines Nd:YAG- oder Nd:YVO$_4$-Lasers bei 532 nm verwenden.

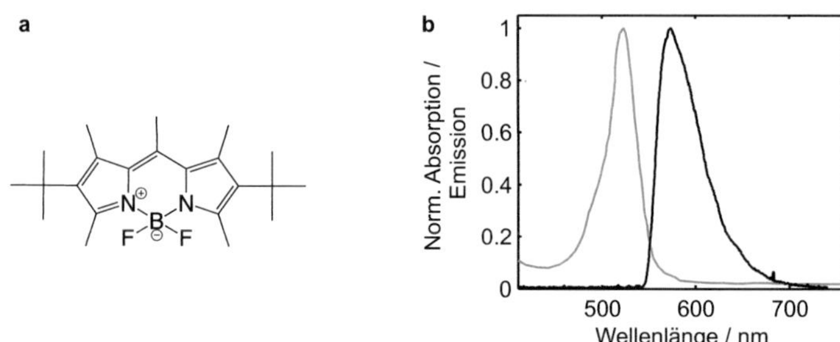

Abb. 4.7: (a) Chemische Strukturformeln von PM597. (b) Normiertes Absorptions- (graue Linie) und Photolumineszenzspektrum (schwarze durchgezogene Linie). Die Daten für das Absorptionsspektrum wurden aus Ref. [177] entnommen.

4.5 Das konjugierte Polymer F8BT

Das grün-gelb emittierende konjugierte, alternierende Co-Polymer Poly(9,9-dioctylfluorene-co-benzo-thiadiazol) (F8BT oder PFO-BT), ein Derivat der auch für OLEDs vieluntersuchten Polyfluorene, zeichnet sich durch eine für konjugierte Polymere hohe PLQE von etwa 50 % im festen Zustand und eine Fluoreszenzlebensdauer von 2 ns aus [51, 178]. Aus der Flüssigphase hergestellte dünne Schichten weisen geringe Dünnschicht-Wellenleiterverluste von 7,6 cm^{-1} auf, was auf eine homogene und amorphe Schichtstruktur schließen lässt [51].

Abbildung 4.8a zeigt die Strukturformel von F8BT. In Abbildung 4.9a ist das Absorptions- sowie das Photolumineszenz- und ASE-Spektrum zu sehen. F8BT weist eine starke Absorption bei 440 nm und eine starke photoinduzierte Emission bei 540 nm auf. Der stimulierte Wirkungsquerschnitt

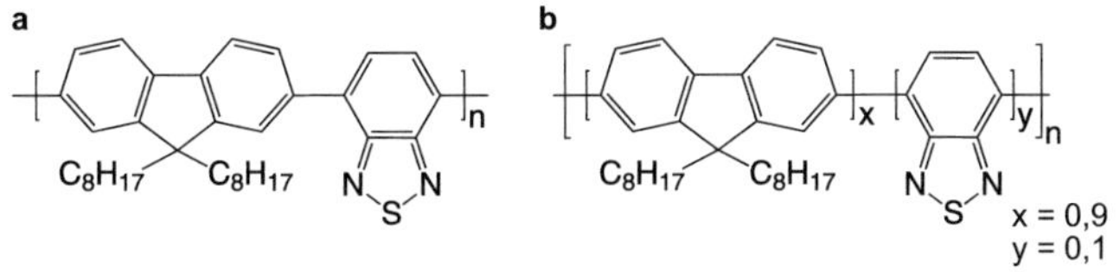

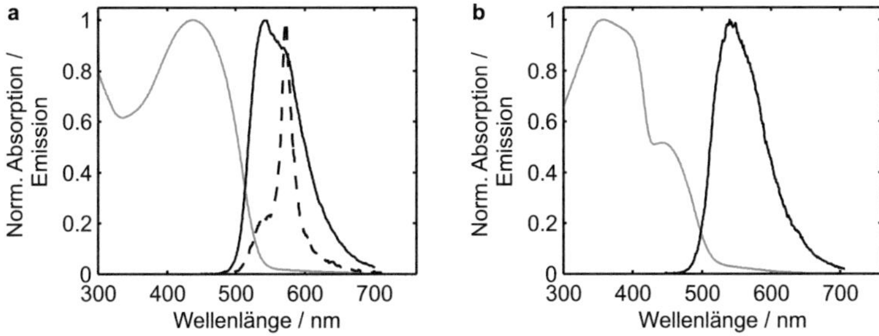

Abb. 4.8: Chemische Strukturformeln von (a) F8BT und (b) $F8_{0,9}BT_{0,1}$.

für den vibronischen Übergang 0-1 beträgt $7,1 \times 10^{-16}\,\mathrm{cm}^2$, was bei einer Anregungsdichte von $486\,\mu\mathrm{J\,cm}^{-2}$ mit Anregungspulsen der Wellenläge 440 nm zu einer optischen Verstärkung von $328\,\mathrm{cm}^{-1}$ bei einer Wellenlänge von 576 nm führt [51]. Bei dieser Wellenlänge hat F8BT einen Brechungsindex von etwa 1,94 [179]. Das Spektrum optischer Verstärkung von F8BT erstreckt sich von etwa 530 nm bis 600 nm [180].

Abb. 4.9: Normiertes Absorptions- (graue Linie), Photolumineszenz- (schwarze durchgezogene Linie) und ASE-Spektrum (schwarze gestrichelte Linie) von (a) F8BT und (b) $F8_{0,9}BT_{0,1}$ (ohne ASE).

In dieser Arbeit wurde neben dem F8BT mit alternierenden F8- und BT-Einheiten auch das Block-Co-Polymer $F8_{0,9}BT_{0,1}$ verwendet, dessen Strukturformel in Abbildung 4.8b dargestellt ist. Obwohl $F8_{0,9}BT_{0,1}$ aus den gleichen Blöcken wie F8BT besteht, sind seine photophysikalischen Eigenschaften doch unterschiedlich – die Absorption mit einem Maximum bei 360 nm wird deutlich von den F8-Monomeren dominiert [51] (s. Abbildung 4.9b). Exzitonen, die durch Absorption in den F8-Segmenten erzeugt werden, diffundieren zu den niederenergetischeren Zuständen der BT-Segmente, wo sie radiativ rekombinieren [181]. Dies kann als Förster-Energietransfer innerhalb der Polymerkette betrachtet werden. Im Fall von F8BT lassen sich die energetischen Zustände der einzelnen Blöcke nicht so klar trennen – es entstehen neue Zustände, so dass es keinen Energietransfer und damit auch eine im Vergleich zu $F8_{0,9}BT_{0,1}$ geringere Stokes-Verschiebung gibt. Die PLQE von $F8_{0,9}BT_{0,1}$ beträgt aufgrund dieses verbesserten Energietransfers 80 % und die Lebensdauer des Singulett-Singulett-Überganges nur etwa 1 ns [121]. Der Brechungsindex von $F8_{0,9}BT_{0,1}$ dürfte aufgrund der Mehrzahl der F8-Monomere auch deutlich näher am Brechungsindex von reinem F8 bzw. PFO liegen, also auch deutlich niedriger als F8BT sein. Allerdings wurde die genaue Brechungsindexdispersion von $F8_{0,9}BT_{0,1}$ noch nicht bestimmt. $F8_{0,9}BT_{0,1}$ wurde bereits erfolgreich als Verstärkermaterial in organischen DFB-Lasern verwendet, die mit einer anorganischen LED im gepulsten Betrieb optisch angeregt wurden [121]. Dünne Schichten aus Polymeren lassen sich aufgrund des großen Molekülgewichts nicht durch thermisches Verdampfen herstellen. Daher werden Polymere ausschließlich aus der Flüssigphase prozessiert. Dazu wurden sowohl für F8BT als auch für $F8_{0,9}BT_{0,1}$ hauptsächlich Lösungen mit einer Konzentration von 30 mg/ml in Toluol verwendet.

4.6 Die konjugierte Polymermischung F8BT:MEH-PPV

Neben den bisher vorgestellten Energietransfer-Systemen bestehend aus kleinen Molekülen sowie einzelnen Blöcken in konjugierten Co-Polymeren lassen sich auch unterschiedliche konjugierte Polymere mischen, um Absorptions- und Emissionseigenschaften der daraus hergestellten Bauteile den Anforderungen anzupassen und die Effizienz zu verbessern [33, 182, 183]. In dieser Arbeit wurden dazu zu F8BT bzw. $F8_{0,9}BT_{0,1}$ geringe Mengen des orange-rot emittierenden PPV[1]-Derivats MEH-PPV[2] hinzugefügt. MEH-PPV war das erste konjugierte Polymer, mit dem Lasertätigkeit, allerdings in Lösung, gezeigt wurde [184]. Mit PPV wurde 1996 das erste Mal überhaupt Lasertätigkeit mit

---

[1] Poly(p-phenylen-vinylen)
[2] Poly[2-methoxy-5-(2'-ethyl-hexyloxy)-1,4-phenylen-vinylen]

Polymeren in Form eines dünnen Films nachgewiesen [11]. Die chemische Strukturformel von MEH-PPV ist in Abbildung 4.10 zu sehen.

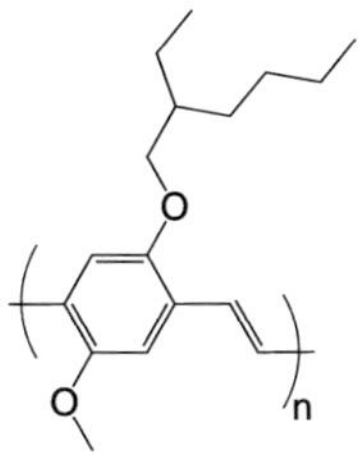

Abb. 4.10: Chemische Strukturformel von MEH-PPV.

Die optischen Eigenschaften von MEH-PPV hängen im festen Zustand stark von der Morphologie des Films ab. So bilden sich je nach Prozessierung und Lösungsmittel Molekülaggregate, in denen sich die exzitonischen Wellenfunktionen über zwei oder mehr Polymerketten erstrecken können. Diese Aggregate bilden einen neuen dominanten radiativen Zerfallskanal, der die optische Verstärkung und die PLQE negativ beeinträchtigt [185, 186]. Die Entstehung von Aggregaten wird vor allem durch eine parallele Ausrichtung der Polymerketten begünstigt. Bei geeigneter Wahl des Lösungsmittels verdampft das Lösungsmittel bei der Herstellung dünner Schichten jedoch schneller als sich die Polymere parallel ausrichten können [185, 187]. So lassen sich organische Dünnschichtlaser mit MEH-PPV als verstärkendes Medium realisieren [188–191]. Außerdem lässt sich MEH-PPV als Gastmaterial in eine F8BT-Matrix einbringen, was zum einen die Bildung von Aggregaten unterbindet und zum anderen aufgrund des Förster-Transfers von F8BT- auf MEH-PPV-Moleküle die Stokes-Verschiebung und die Emissionseffizienz erhöht. Eine solche Polymermischung wurde ebenfalls in dieser Arbeit verwendet. Bei einem Gewichtsverhältnis von 0,85:0,15 von F8BT zu MEH-PPV gelöst in Toluol lassen sich dünne Schichten herstellen, die bei einer Wellenlänge von 640 nm und einer Anregungsenergiedichte von $5,2\,\mu\mathrm{J\,cm^{-2}}$ eine optische Verstärkung von etwa $100\,\mathrm{cm^{-1}}$ aufweisen [20]. Bei dieser Wellenlänge beträgt der Brechungsindex von MEH-PPV 1,87 [192] und der von F8BT 1,85 [179]. Abbildung 4.11 zeigt die Absorptions- und Emissionseigenschaften dünner Filme aus F8BT:MEH-PPV(a) und $F8_{0,9}BT_{0,1}$:MEH-PPV(b).

Der spektrale Bereich der optischen Verstärkung dieses Polymergemisches liegt zwischen 592 nm und 690 nm, ist also ähnlich breit wie im Fall von Alq_3:DCM. Da die Transferrate in einem solchen Förster-System im Vergleich zu den radiativen und anderen nichtradiativen Zerfallsraten groß ist, kann angenommen werden, dass die Fluoreszenzlebensdauer von F8BT:MEH-PPV bzw. $F8_{0,9}BT_{0,1}$:MEH-PPV der von MEH-PPV, d.h. etwa $0,2$ ns entspricht [20]. Für diesen Materialkomplex auf Polymerbasis wurden Konzentrationen von 20 mg/ml oder 30 mg/ml in Toluol verwendet.

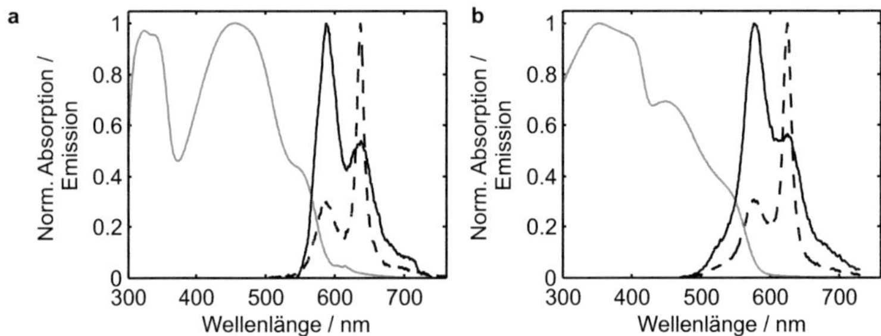

Abb. 4.11: Normiertes Absorptions- (graue Linie), Photolumineszenz- (schwarze durchgezogene Linie) und ASE-Spektrum (schwarze gestrichelte Linie) von (a) F8BT:MEH-PPV und (b) $F8_{0,9}BT_{0,1}$:MEH-PPV.

4.7 Die Flüssigkristalle MLC-3007

Im Rahmen dieser Arbeit wurden die nematischen Flüssigkristalle MLC-3007 (Fa. Merck KGaA) verwendet. Hierbei handelt es sich um Flüssigkristalle, die für das Schalten in der Ebene des elektrischen Feldes entwickelt wurden. Diese Flüssigkristalle weisen einen ordentlichen Brechungsindex von $n_o = 1,485$ und einen außerordentlichen Brechungsindex von $n_{eo} = 1,585$ bei der Wellenlänge 589 nm und Raumtemperatur auf. Die entsprechenden dielektrischen Konstanten betragen $\varepsilon_{||} = 11,2$ und $\varepsilon_{\perp} = 3,2$ bei einer Frequenz des elektrischen Feldes von 1 kHz. Die Elastizitätskoeffizienten betragen $k_1 = 12,6$ pN und $k_3 = 15,4\,$pN. Für k_2 waren keine Daten von der Herstellerfirma verfügbar. Die "Clearing"-Temperatur liegt bei $85\,^\circ C$.

5 Durchstimmbare organische Halbleiterlaser – Variation der Resonatorgeometrie

Dieses Kapitel umfasst die Ergebnisse, die im Rahmen dieser Arbeit bei der Durchstimmung der Emissionswellenlänge organischer DFB-Laser durch eine diskrete oder kontinuierliche Variation der Resonatorgeometrie erzielt wurden. Zu Beginn wird das Durchstimmen organischer Laser mittels Veränderung der Gitterperiode diskutiert. In Abschnitt 5.2 werden die Ergebnisse zur kontinuierlichen Durchstimmbarkeit durch eine Schichtdickenvariation vorgestellt. Als letztes folgt eine Diskussion der vorgestellten Ergebnisse.[1]

Organische, aktive Materialien sind aufgrund ihres breiten Verstärkungsspektrums sehr gut geeignet, Laser mit großer Durchstimmbarkeit zu realisieren. DFB-Festkörperlaser auf Basis organischer Halbleitermaterialien können eine flexible Alternative zu Farbstofflasern, Titan-Saphir-Lasersystemen oder Lasern basierend auf optischen parametrischen Oszillatoren mit ähnlich spektral breiten und durchstimmbaren Emissionseigenschaften darstellen. Deswegen wurden verschiedene Methoden zur Herstellung von breitbandig durchstimmbaren organischen DFB-Lasern untersucht.

5.1 Variation der Gitterperiode

Die Emissionswellenlänge eines DFB-Lasers der Ordnung m kann wie bereits beschrieben gut durch die Bragg-Bedingung $\lambda_{\text{Laser}} \approx 2\Lambda n_{\text{eff}}/m$ mit $n_{\text{eff}} = f(d, n_i)$ approximiert werden. Dabei sind die Modulationsperiode Λ und die Schichtdicke d die wesentlichen geometrischen Faktoren, die die Laserwellenlänge beeinflussen. Die genaue Gittergeometrie bzw. -form hat

---

einen untergeordneten Einfluss. Der Einfluss der Brechungsindizes n_i wird im nächsten Kapitel behandelt.

5.1.1 Diskrete Variation der Gitterperiode

Die Durchstimmbarkeit über die Variation der Modulationsperiode, wie in Abbildung 5.1 dargestellt, ist der naheliegendste Ansatz. Dabei gibt es vielerlei Möglichkeiten dies zu realisieren. Eine einfache Methode ist die lithografische Herstellung unterschiedlicher Perioden. Dies kann auf mehreren Substraten oder aber monolithisch realisiert werden. Eine Variation der Periode von 370 nm bis 460 nm in 10 nm-Schritten ermöglichte in Kombination mit dem breiten Verstärkungsspektrum von Alq3:DCM eine Durchstimmbarkeit 604 nm bis 724 nm, d.h. über einen spektralen Bereich von 120 nm, indem der Anregespot des Pumplasers auf die entsprechenden Gitterflächen verfahren wurde [128].

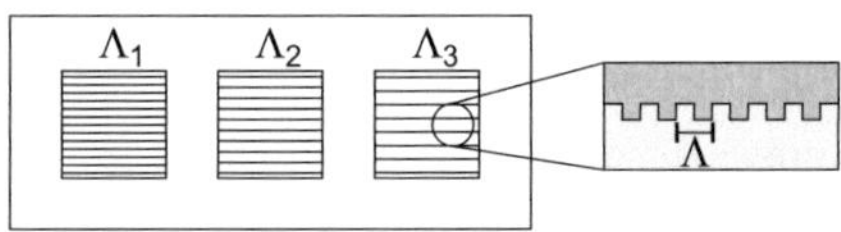

Abb. 5.1: Illustration eines DFB-Lasers mit drei Resonatorfeldern mit unterschiedlichen Gitterperiode.

Im Prinzip ist die Durchstimmbarkeit auf Basis der Periodenänderung nur durch die Breite des Verstärkungsspektrums des organischen Materials limitiert. Ist die Modulationsperiode zu groß, so dass Gleichung 2.16 nicht mehr für Wellenlängen innerhalb der Verstärkung erfüllt ist, so bleibt stimulierte Emission aus. Dabei kann es zu einem Wechsel der Polarisation der dominierenden resonanten Mode kommen. Dies liegt daran, dass der effektive Brechungsindex von TM-Moden immer etwa $0,01 - 0,05$ unterhalb dem von der entsprechenden TE-Mode liegt. Je weiter sich die resonante TE-Mode von dem spektralen Verstärkungsmaximum des Materials entfernt, desto größer ist die Laserschwelle für diese Mode. Ab einer bestimmten Grenzwellenlänge bzw. Modulationsperiode wird die Schwellverstärkung für die TM-Moden eher erreicht, und die TM-Mode ist die dominierende Lasermode. Dies geht einher mit einem Sprung der Laserwellenlänge, wie in Abbildung 5.2b gezeigt. Dazu wurde eine 120 nm dicke Schicht Spiro-6-Phenyl auf ein COC-Substrat mit Gitterflächen verschiedener Perioden thermisch aufgedampft. Das COC-Substrat wurde vorher mittels Heißprägen strukturiert. Abbildung 5.2c verdeutlicht die Entwicklung der Laserschwelle mit wachsender Gitterperiode für TE- und TM-Moden. Während bei einer Periode von 270 nm für die optischen Verstärkungen $g_{TE} \gtrsim g_{TM}$ mit $g_x = \Gamma(n_i, d, \lambda_x) \cdot \sigma_{SE}(\lambda_x) \cdot \Delta N$ gilt, ist bei einer Periode von 280 nm bereits $g_{TE} \ll g_{TM}$, so dass nur noch die TM-Mode stimulierte Emission zeigt. In Abbildung 5.2a ist eine Überlagerung mehrerer Laserspektren mit dem PL- und ASE-Spektrum von Spiro-6-Phenyl gezeigt. Man erkennt, dass sich der Bereich der tatsächlichen Lasertätigkeit deutlich über den spektralen Bereich der ASE hinaus bzw. über mehrere Vibrationsübergänge erstreckt.

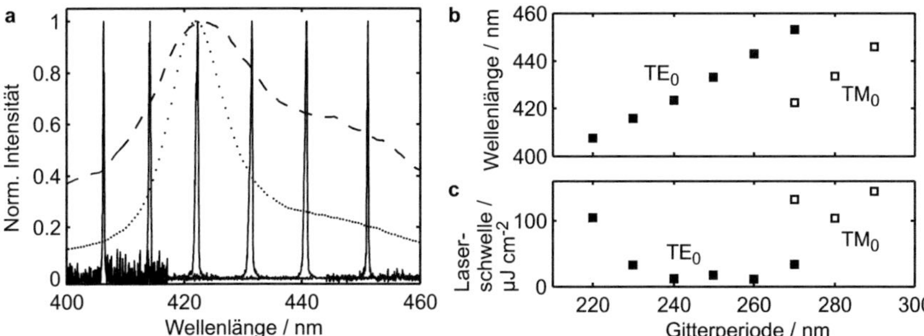

Abb. 5.2: (a) Mehrere Laserspektren von DFB-Lasern unterschiedlicher Periode mit Spiro-6-Phenyl als aktives Material. Zusätzlich ist das PL- (gestrichelte Linie) und das ASE-Spektrum (gepunktete Linie) des Materials aufgetragen. (b) Übersicht der Laserwellenlänge der TE_0- und TM_0-Moden in Abhängigkeit der Gitterperiode. (c) Zusammenfassung der Laserschwellen für die verschiedenen Gitterperioden.

5.1.2 Kontinuierliche Variation der Gitterperiode

Es ist offensichtlich, dass eine diskrete Variation der Gitterperiode bei ansonsten gleichen Parametern ein für viele Anwendungen wünschenswertes kontinuierliches Verstimmen der Laserwellenlänge nicht ermöglichen kann. Eine kontinuierliche Variation der Gitterperiode und damit der Laserwellenlänge ist aber durch andere Methoden möglich. Dies kann zum einen durch eine räumlich und kontinuierlich variierende Periodenänderung (engl. *chirp*) durch geeignete Herstellungsverfahren erfolgen. Dies wurde von Wang et al. mittels mehrerer überlagerter Elektronenstrahlbelichtungen und anschließender Lithografie erreicht [196]. Die Gitterperiode änderte sich dabei kontinuierlich um 40 nm über eine Gitterlänge von insgesamt 10 mm, was eine Variation der Laserwellenlänge zwischen 609 nm und 647 nm durch Verfahren der Anregespot-Position ermöglichte. Prinzipiell kann diese Variation der Periode genutzt werden, um das ganze Verstärkungsspektrum des verwendeten Materials abzudecken.

Eine weitere Möglichkeit der kontinuierlichen Periodenvariation besteht darin, die Probe zu dehnen bzw. zu stauchen. Damit ist es möglich, die Laserwellenlänge zu ändern, ohne das die Position der Probe bzw. des Anregespots verändert werden muss. Dazu müssen sowohl Substrat als auch die sich darauf befindlichen Schichten flexibel sein. Hierzu wird zum Beispiel das Elastomer Poly(dimethylsiloxan) (PDMS) als strukturiertes Substratmaterial verwendet, worauf das aktive Material aufgebracht wird. Die Probe wird mit Hilfe einer mechanischen Vorrichtung um etwa 1-5 % gedehnt, was eine Vergrößerung der Periode und damit eine Variation der Wellenlänge zur Folge. Dieses Verfahren wurde bereits mit mehreren aktiven Materialien durchgeführt [197–200], wobei der maximal erreichte, kontinuierliche Durchstimmbereich 24 nm betrug [198]. Eine ähnliche Methode wurde von Döring et al. veröffentlicht [201]. Sie verwendeten ein elektroaktives Polymer in Kombination mit einem darauf befestigten, flexiblen DFB-Laser. Durch Anlegen einer Hochspannung zog sich das elektroaktive Polymer zusammen, was eine Reduktion der Laserwellenlänge zur Folge hatte. So konnte mit einer maximalen Spannung von 3, 2 kV eine Durchstimmbarkeit von 47 nm erreicht werden.

Weiterhin besteht die Möglichkeit, durch eine konstruktive Überlagerung zweier Pumpstrahlen eine periodische Verstärkungsmodulation in der aktiven Schicht zu erzeugen [202]. Der Winkel dieser beiden Pumpstrahlen bestimmt dabei die Periode, so dass durch eine Variation des Winkels die Laserwellenlänge kontrolliert werden kann [203, 204]. Diese Methode bietet ebenfalls die

Möglichkeit, das ganze Verstärkungsspektrum des organischen Materials auszunutzen.

5.2 Variation der Schichtdicke

5.2.1 Stand der Technik

Der effektive Brechungsindex n_{eff} einer Wellenleitermode hängt, wie bereits in Abschnitt 2.3.1 beschrieben, unter anderem von der Dicke der Kernschicht ab. Damit lassen sich mit DFB-Lasern mit variierender Schichtdicke im Kern verschiedene Wellenlängen erzeugen, wie auch bereits von Riechel et al. für mehrere DFB-Laser mit unterschiedlichen Schichtdicken gezeigt wurde [50]. Es gibt auch mehrere Prozessierungsmöglichkeiten, die es erlauben eine dünne Schicht mit einem Schichtdickengradienten auf einer einzigen Probe herzustellen, wobei hier deutlich unterschieden werden muss, ob das Material aufgedampft oder aus der flüssigen Phase prozessiert wird.

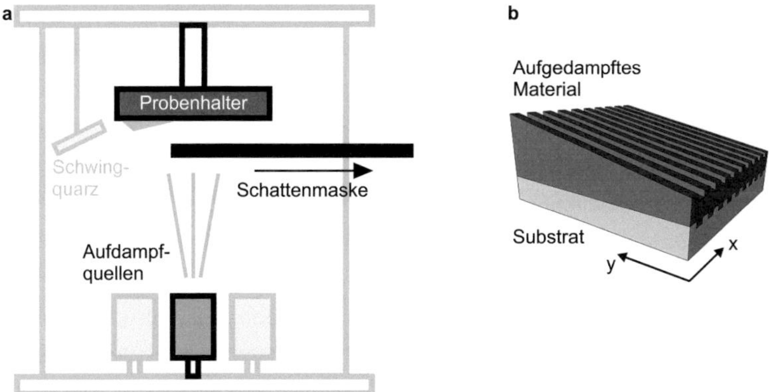

Abb. 5.3: (a) Schematischer Querschnitt durch die Aufdampfkammer. Eine Schattenmaske zwischen Aufdampfquelle und Substrat wird stückweise umpositioniert, so dass ein Schichtdickengradient auf der Probe entsteht. (b) Illustration eines DFB-Lasers mit variierender Schichtdicke. Durch das gerichtete Aufdampfen und eine Schichthöhe von nur etwa einer Größenordnung über der Gittertiefe bleibt die Gitterstruktur auf der Oberfläche weitestgehend erhalten.

Für aufdampfbare Materialien ist die Verwendung einer Schattenmaske zwischen Aufdampfquelle und Substrat ein möglicher Ansatz. Dabei wird, wie in Abbildung 5.3 dargestellt, die Position der Schattenmaske während des Aufdampfens verändert, so dass der bedampfte Bereich des Substrats entweder vergrößert oder verkleinert wird und man erhält eine variierende Schichtdicke auf einem Substrat. Neben organischen Lasermaterialien kann dadurch auch ein Schichtdickengradient mit Hochindex-Dielektrika erzeugt werden. Diese Hochindexschicht dient als Zwischenschicht, auf die ein organisches Lasermaterial mit homogener Schichtdicke entweder aufgedampft oder aufgeschleudert werden kann [205]. Letzteres ist interessant, da dies indirekt die Möglichkeit bietet, durchstimmbare organische Laser auf Basis einer Schichtdickenvariation durch Prozessierung aus der Flüssigphase herzustellen.

5.2.2 Schichtdickenvariation durch Aufdampfen mit einer rotierenden Schattenmaske

Häufig treten bei der Vakuumsublimation inhomogene, räumlich variierende Aufdampfraten innerhalb einer Aufdampfkammer aufgrund des von der Quelle ausgehenden Aufdampfkegels auf. Dies ist vor allem dann kritisch, wenn die Quellen nicht auf einer Achse mit der Mitte des Probenhalters bzw. der Probe liegen. Deswegen wird die Probe in Aufdampfkammern rotiert, was homogene Schichten gewährleistet, wenn die Dauer des Aufdampfsprozesses sehr viel größer als die einer Probenrotation ist. Allerdings schließt dies eine Herstellung von Schichtdickengradienten durch lineares Verschieben einer Schattenmaske aus, da sich dadurch lediglich die effektive Aufdampfrate für den kompletten Probenbereich ändert, nicht aber nur für einzelne Bereiche der Probe. Eine elegante Methode zur Herstellung variierender Schichtdicken auf einem Substrat stellt das Aufdampfen durch rotierende Schattenmasken dar. Dies wurde bisher für die Herstellung spezieller dielektrischer Spiegel für die Strahlprofilmanipulation verwendet [206]. Dabei wird entweder das Substrat oder eine Schattenmaske mit besonders geformten Öffnungen, wie in Abbildung 5.4 dargestellt, um eine gemeinsame Achse rotiert. Dieses Verfahren wurde in dieser Arbeit zum ersten

mal dazu verwendet, um dünne Schichten organischer Halbleiter mit kontinuierlich variierender Schichtdicke auf DFB-Laser-Substrate aufzudampfen. Dazu
wurde auf die schon in der Aufdampfkammer vorhandene Rotationseinheit für
den Probenhalter zurückgegriffen, die Schattenmaske drehte sich nicht.

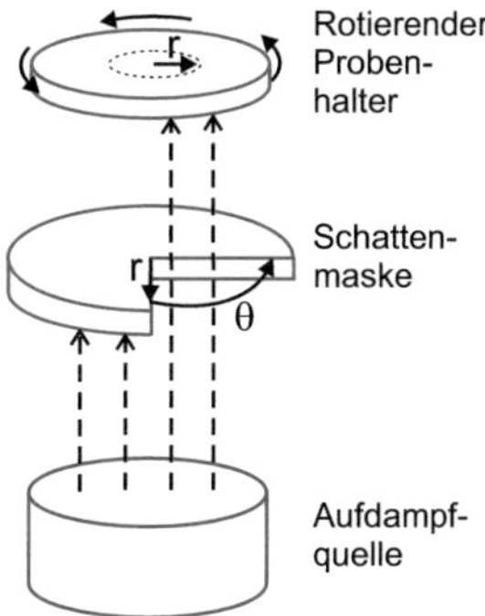

Abb. 5.4: Veranschaulichung des Bedampfens mit Hilfe einer Schattenmaske und einem
rotierenden Probenhalter.

Entwurf der Schattenmasken und Probenherstellung

Anhand von Abbildung 5.4 ist leicht zu sehen, dass die Schichtdicke d des
aufgedampften Materials auf dem Substrat gerade $d = d_0 \cdot \theta/(2\pi)$ beträgt,
wenn die Zeit des Aufdampfprozesses deutlich länger als die Zeit ist, die
für eine Rotation des Probenhalters benötigt wird. Dabei beschreibt d_0 die
Schichtdicke, die sich ohne Schattenmaske auf dem Substrat ergeben würde.
Da θ in diesem Fall unabhängig von dem Abstand r zur Rotationsachse
ist, ist auch die resultierende Schichtdicke d konstant. Demnach kann man
rotationssymmetrisch auf dem Kreis mit Radius r beliebige Schichtdicken
erreichen, indem man den Öffnungswinkel $\theta = f(r)$ mit dem Abstand r variiert.
Für ein angestrebtes linear ansteigendes Schichtdickenprofil $d(r) = m \cdot r$ ist dann
der positionsabhängige Öffnungswinkel des Maskenschnittmusters durch

$$\theta(r) = 2\pi \cdot m \cdot r/d_0 \tag{5.1}$$

gegeben.

Ein erstes Schnittmuster, das in Abbildung 5.5b zu sehen ist, wurde so entworfen, dass die Öffnungswinkeländerung für das Schnittmuster auf einer Länge von etwa 5 cm maximal ist. Zusätzlich wurde darauf geachtet, dass mehrere

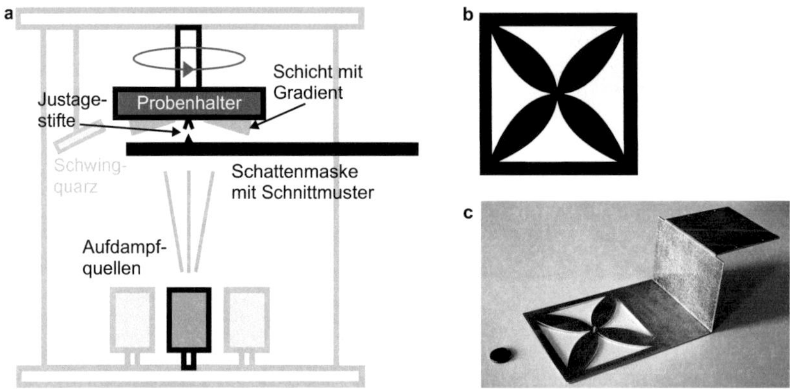

Abb. 5.5: (a) Schematischer Querschnitt der Aufdampfkammer, in die die Schattenmaske mit Schnittmuster zwischen Aufdampfquelle und rotierenden Probenhalter gebracht wird. Justagestifte gewährleisten die richtige Positionierung der Schattenmaske relativ zur Rotationsachse des Probenhalters. (b) Entworfenes Schnittmuster und (c) damit hergestellte Aufdampfmaske.

Öffnungen verwendet werden, um den Einfluss von Inhomogenitäten im Aufdampfkegel zu minimieren. Des Weiteren ist es wichtig darauf zu achten, dass die Symmetrieachse des Schnittmusters und die Rotationsachse des Probenhalters während des Aufdampfens kollinear verlaufen. Dazu wurden Justagestifte auf Probenhalter und Schattenmaske verwendet, die auch in Abbildung 5.5a dargestellt sind. Die damit hergestellte Maske, zu sehen in Abbildung 5.5c, konnte erfolgreich benutzt werden, um eine lineare Schichtdickenvariation auf Substraten zu erzeugen. Dazu wurde das in Abschnitt 4.1 vorgestellte Lasermaterial Alq_3:DCM aufgedampft. Die Fotografie in Abbildung 5.6a zeigt die räumlich variierenden Interferenzerscheinungen für eine so hergestellte Probe aufgrund der keilförmigen dünnen Schicht sowie die gebogene Symmetrie der Schichtdickenvariation aufgrund der Rotation. Die entsprechende Messung der positionsabhängigen Schichtdicke ist in Abbildung 5.6b dargestellt. Dazu wurde die Schichtdicke einer Referenzprobe mit einem Profilometer (Dektak 8000, Fa. Veeco Instruments) entlang der Probenmitte gemessen. Die Schichtdicke va-

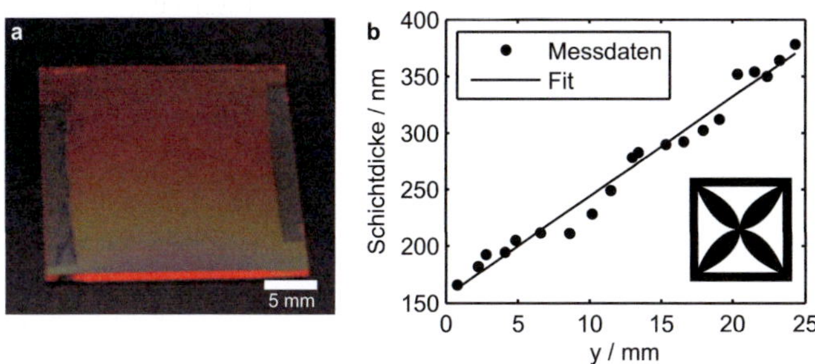

Abb. 5.6: (a) Fotografie einer Probe, die mit der Schattenmaske bedampft wurde. (b) Ergebnisse der positionsabhängigen Schichtdickenmessung.

riierte von 160 nm bis 380 nm entlang der Gerade in der Mitte bei $x = 12,5$ mm auf einer Länge von etwa 25 mm, was einer Steigung von etwa $8,8$ nm mm^{-1} entspricht. Dies weicht deutlich von der theoretisch mit Gleichung 5.1 ermittelten Steigung von $13,5$ nm mm^{-1} für dieses Schnittmuster und einer Gesamtschichtdicke $d_0 = 750$ nm ab. Der Hauptgrund für diese Abweichung ist die nicht axiale Anordnung von Aufdampfquellen und Rotationsachse sowie die Tatsache, dass das Aufdampfprofil keineswegs ausschließlich senkrecht verläuft, wie in Abbildung 5.4 vereinfachend dargestellt, sondern eine winkelabhängige Verteilung aufweist. Daher hängt die Verringerung des Schichtdickengradienten direkt mit der Anzahl der Kanten in dem Schnittmuster zusammen. Die Optimierung der Aufdampfkammer wäre weit kostenintensiver als eine Verbesserung des Schnittmusters, daher wurde letzteres optimiert.

Mit einer weiteren Maske mit schneckenförmigen Schnittprofil konnten größere Gradienten erzeugt werden. Das Schnittmuster sowie die damit hergestellte Aufdampfmaske sind in den Abbildungen 5.7a und b zu sehen. Das damit erzeugte Schichtdickenprofil in Abbildung 5.8b zeigt eine Variation von 100 nm bis 440 nm auf einer Länge von 20 mm, was einer Steigung von $17,0$ nm mm^{-1} entspricht. Dies liegt wesentlich näher an der theoretisch

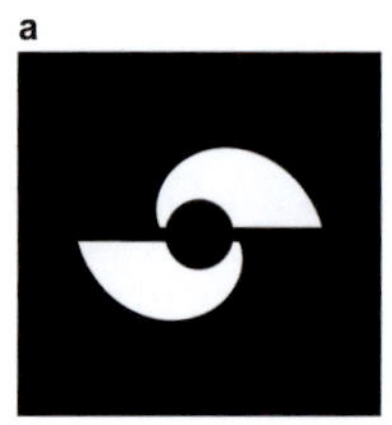

Abb. 5.7: (a) Optimiertes Schnittmuster und (b) damit hergestellte Schattenmaske.

erwarteten Steigung von etwa $17,6\,\mathrm{nm\,mm^{-1}}$. Am Anfang verläuft das Schichtdickenprofil nicht linear, da hier die Öffnungsdimensionen in Bezug auf die reale Probenlänge von $25\,\mathrm{mm}$ zu knapp bemessen waren. Dadurch, dass die Lage der Aufdampfquellen nicht genau mit der Rotationsachse übereinstimmt, kommt es aufgrund von Abschattungseffekten zu Abweichungen des radialen Schichtdickenprofils im Vergleich zu Gleichung 5.1. Der verbesserte Gradient ist hauptsächlich dadurch begründet, dass ein schneckenförmiges Schnittprofil es eher ermöglicht, innerhalb von einer Probenlänge den Öffnungswinkel von $0°$ auf fast $360°$ zu ändern, so dass innen das verdampfte Material die Maske nahezu ungehindert passieren kann, während am äußeren Rand der Öffnung nahezu kein Material mehr durchkommt.

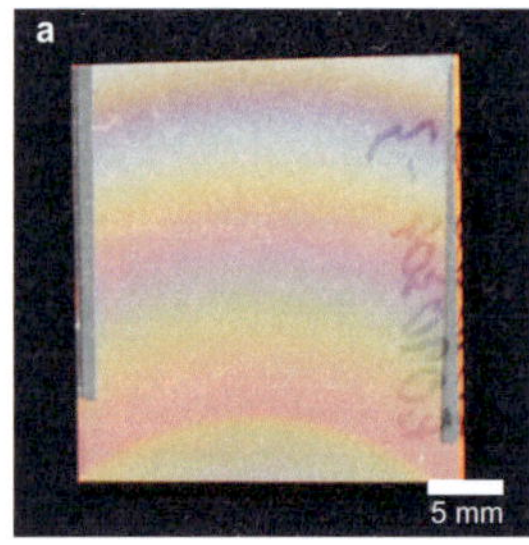
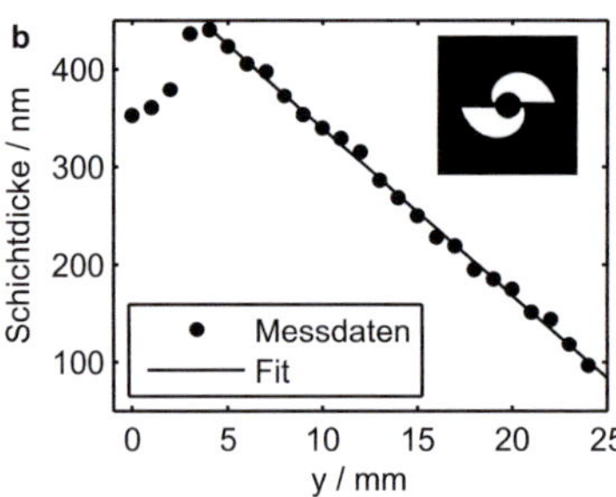

Abb. 5.8: (a) Fotografie einer Probe, die mit der optimierten Schattenmaske bedampft wurde. (b) Ergebnisse der positionsabhängigen Schichtdickenmessung.

Messaufbau für die optische Charakterisierung

Für die Realisierung der DFB-Laser zweiter Ordnung mit einer Schicht Alq$_3$:DCM mit kontinuierlich variierender Dicke wurden großflächige Oberflächengitter per Laserinterferenzlithografie und anschließendem reaktiven Ionenätzen in quadratische, 1 mm dicke Substratträgerglasproben (Kalk-Natron-Flachglas) mit einer Kantenlänge von 25 mm strukturiert. Die Periode der Oberflächengitter betrug 400 nm, die Gittertiefe 15 nm und das Tastverhältnis 0,7. Die Proben wurden so in die Aufdampfkammer eingebracht, dass der resultierende Schichtdickengradient senkrecht zu den Gitterlinien orientiert war, um eine möglichst konstante, lokale Schichtdicke im Bereich der Rückkopplung durch das Gitter zu gewährleisten.

Nach dem Bedampfen wurden die Proben ortsaufgelöst charakterisiert. Der dazu verwendete Aufbau ist in Abbildung 5.9 schematisch dargestellt. Ein

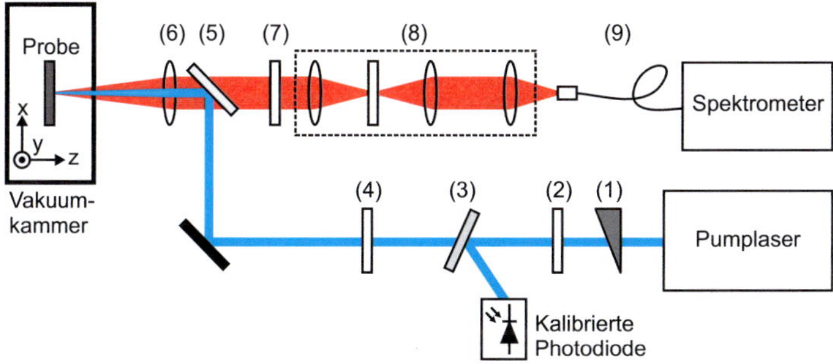

Abb. 5.9: Schematische Darstellung des Messplatzes, der für die spektral- und ortsaufgelöste Charakterisierung der DFB-Laser verwendet wurde. (1) Variabler Neutraldichtefilter, (2) Kurzpassfilter, (3) Glasplättchen als Strahlteiler, (4) optionaler Neutraldichtefilter, (5) dichroitischer Spiegel, (6) Fokussierlinse, (7) Langpassfilter, (8) Detektionsoptik, (9) Glasfaser.

aktiv gütegeschalteter, frequenzverdreifachter Nd:YVO$_4$-Laser (AOT-YVO-20QSP, Fa. Advanced Optical Technology) dient als Anregequelle für die organischen DFB-Laser. Er emittiert Lichtpulse von ca. 0,5 ns Dauer mit einer Wellenlänge von 355 nm. Die Repetitionsrate kann dabei frei zwischen 600 Hz und 25 kHz gewählt werden, wobei die meisten Messungen bei

1 kHz durchgeführt wurden. Über ein Filterrad kann die Pulsenergie der Anregung kontinuierlich variiert werden. Ein Teil des Pumpstrahls wird auf eine kalibrierte Photodiode gelenkt und erlaubt eine direkte Bestimmung der Anregepulsenergie. Die Kalibrierung wird dazu mit einem Messgerät mit Einzelpulsauflösung (LabMax-TOP, J-10MT-10kHz EnergyMax Pyroelectric Sensor, J-10Si-HE Photodiode Sensor, Fa. Coherent) durchgeführt. Das Stromsignal der Photodiode wird mit einem Operationsverstärker, der an ein Oszilloskop (TDS2024, Fa. Tektronix) angeschlossen ist, in eine Spannung umgewandelt. Das Pumplicht wird mit einer Linse ($f = 75\,\text{mm}$) auf die Probe im Vakuumrezipienten fokussiert. Der eingehende Strahlengang wird auch für die Detektion verwendet, wobei ein dichroitischer Strahlteiler (z 355 RDC, Fa. AHF Analysetechnik Tübingen) Licht oberhalb einer Wellenlänge von 375 nm transmittiert. Hinter diesem Strahlteiler befindet sich eine Detektionsoptik, die das von der Probe emittierte Licht in eine Multimode-Faser fokussiert. Diese ist an ein Spektrometersystem angeschlossen. Das Spektrometer besteht aus einem Gitter-Monochromator (SpectraPro 300i, Fa. Acton Research Corporation), der das einfallende Licht spektral zerlegt und auf eine ICCD-Kamera (PiMax 512, Fa. Princeton Instruments) projiziert. Der Monochromator verfügt über Gitter mit 150, 600 und 1800 Linien/mm. Für die Probencharakterisierung wird der Vakuumrezipient auf einen Druck $p < 10^{-3}\,\text{Pa}$ evakuiert. Der Vakuumrezipient kann in alle drei Raumrichtungen computergesteuert mit einer Schrittweite von etwa $50\,\mu\text{m}$ verfahren werden, was einerseits eine automatisierte, ortsaufgelöste spektrale Charakterisierung der Probe ermöglicht, andererseits auch eine Veränderung der Anregespotgröße durch Änderung der Probenposition relativ zur Fokusebene erlaubt. Mit Hilfe der sogenannten Rasierklingenmethode kann das Intensitätsprofil und damit der Spotdurchmesser entlang zweier senkrecht zu einander orientierter Achsen bestimmt werden [207]. Die gemessenen Spotdurchmesser D_i entlang der beiden Achsen entsprechen den $1/e^2$-Breiten der Gaußschen Intensitätsverteilungen.

Experimentelle Ergebnisse der optischen Charakterisierung

Für die optische Charakterisierung wurden die Proben zunächst ortsaufgelöst mit einer Schrittweite von $250\,\mu$m abgerastert und an jedem Punkt ein Emissionsspektrum aufgenommen. Die Pumpenergie war dabei oberhalb der Schwellanregungsdichte, so dass für jeden Ort ein Laserspektrum gemessen wurde. Die Abbildungen 5.10a und b zeigen die ortsaufgelöste Laserwellenlänge für eine Probe, deren Schichtdickengradient mit Hilfe der ersten Schattenmaske erzeugt wurde. Bei dieser Probe war ab einer Schichtdicke von etwa 230 nm neben der TE_0-Mode auch Lasertätigkeit für die TM_0-Mode zu messen. Die Rotationssymmetrie, die durch die Aufdampftechnik zu erwarten ist, spiegelt sich deutlich in der ortsaufgelösten Messung wieder. Die Probe zeigte eine kontinuierliche Durchstimmbarkeit von 621 nm bis 657 nm für die TE_0-Mode. Durch die Falschfarbendarstellung ist klar zu sehen, dass die Schicht sehr glatt und frei von Welligkeiten und die Schichtdickenvariation damit sehr homogen ist. Das Abrastern einer ähnlichen Probe, deren Schichtdickenvariation mit der op-

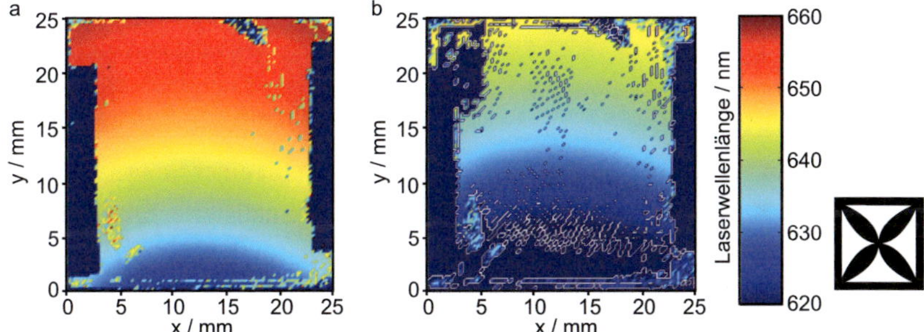

Abb. 5.10: Falschfarbendarstellung der ortsaufgelösten Laserwellenlänge der resonanten (a) TE_0- und (b) TM_0-Mode. Der Schichtdickengradient wurde durch das Aufdampfen durch die Schattenmaske mit dem dargestellten Schnittmuster hergestellt.

timierten Schattenmaske hergestellt wurde, ist in Abbildung 5.11 zu sehen. Der Variationsbereich der Laserwellenlänge erstreckt sich von 606 nm bis 661 nm für die TE_0-Mode, was eine kontinuierliche Durchstimmbarkeit der Laserwellenlänge über eine Bandbreite von 55 nm durch Verfahren der Probe relativ zum

Anregespot erlaubt. Dies ist damit wie zu erwarten größer als die Durchstimmbarkeit von 36 nm, die mit Hilfe der ersten Schattenmaske erzeugt wurde. Diese Probe zeigte nur an wenigen Stellen gleichzeitig Lasertätigkeit der TE_0- und der TM_0-Mode. In der Region $x, y \lesssim 10$ mm konnte bei dieser Probe ausschließlich Lasertätigkeit für die TM_0-Mode festgestellt werden. Der Grund hierfür ist unbekannt, hängt aber vermutlich mit einer herstellungsbedingten Variation der Gittertiefe zusammen, was zu einer Bevorzugung der TM_0-Mode geführt haben könnte. Mit Hilfe des in Abschnitt 5.2.2 gemessenen Schichtdi-

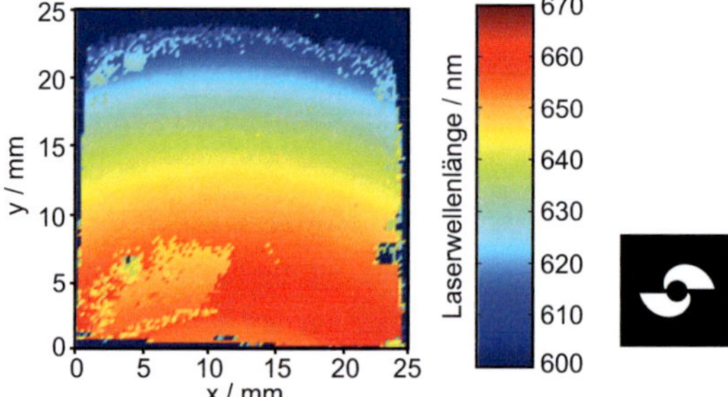

Abb. 5.11: Falschfarbendarstellung der ortsaufgelösten Laserwellenlänge der resonanten TE_0-Mode. Der Schichtdickengradient wurde durch das Aufdampfen durch die Schattenmaske mit dem dargestellten, optimierten Schnittmuster hergestellt.

ckenprofils konnte jedem Ort eine Schichtdicke zugeordnet werden. Die Abhängigkeit der Laserwellenlänge von der Position entlang des Gradienten an der Stelle $x = 12,5$ mm und damit von der Schichtdicke ist in den Abbildungen 5.12a und b gezeigt. Die gemessenen Laserwellenlängen der TE_0- und TM_0-Moden lassen sich für die verschiedenen Schichtdicken mit der Bragg-Bedingung $\lambda_{\mathrm{Laser}} \approx n_{\mathrm{eff}}(d, \lambda_{\mathrm{Laser}}) \cdot \Lambda$ im ungestörten Schichtwellenleitermodell gut annähern (s. Abbildung 5.12b). Die dispersionsfreien Brechungsindizes der aktiven Schicht und des Substrats wurden als Fit-Parameter genommen und ergaben $n_2 = 1,72$ und $n_3 = 1,51$, was gut mit den Literaturwerten der entsprechenden Materialien übereinstimmt.

In Abbildung 5.13 sind einige Laserspektren für verschiedene Positionen entlang der Mitte der Probe mit einem Abstand der Anregeposition von etwa 2 mm

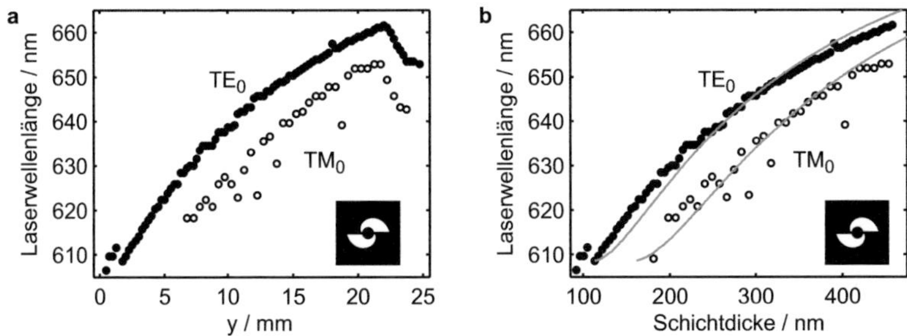

Abb. 5.12: Übersicht der (a) positionsabhängigen und (b) schichtdickenabhängigen Laserwellenlänge von TE$_0$- und TM$_0$-Mode für das gezeigte Schnittmuster.

dargestellt. Es wurde eine maximale Linienbreite von $0,5$ nm gemessen. Es wurden ebenfalls die Laserkennlinien an verschiedenen Positionen gemessen. Eine solche Kennlinie ist in Abbildung 5.14a für die Laserwellenlänge bei $626,0$ nm mit der niedrigsten Laserschwelle von $13,3$ nJ pro Puls gezeigt. Auf die Anregungsfläche von $300\,\mu$m $\times$ $190\,\mu$m bezogen ergibt dies eine minimale Schwellanregungsdichte von $29,7\,\mu$J cm^{-2}. Eine Zusammenfassung der Laserschwel-

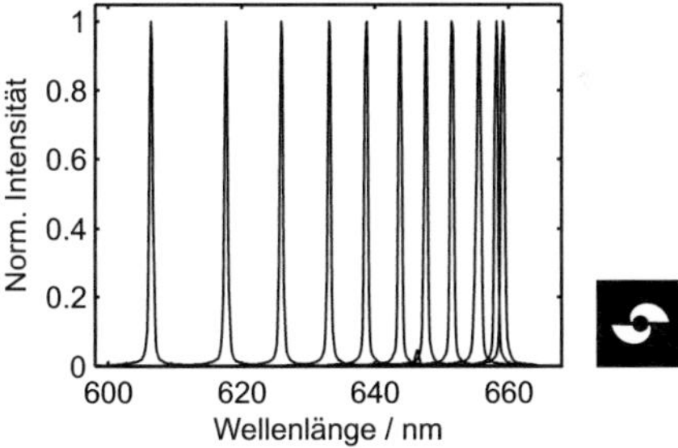

Abb. 5.13: Zusammenfassung einzelner Laserspektren. Der Abstand der einzelnen Messpunkte betrug etwa 2 mm entlang des Schichtdickengradienten.

len als Funktion der Schichtdicke ist in Abbildung 5.14b für die TE$_0$- und TM$_0$-Moden aufgetragen. Man sieht, dass sich die Laserschwelle der TE$_0$-Mode ab einer Schichtdicke von etwa 150 nm kaum ändert.

Mit Hilfe der Theorie der gekoppelten Moden nach Streifer und Glei-

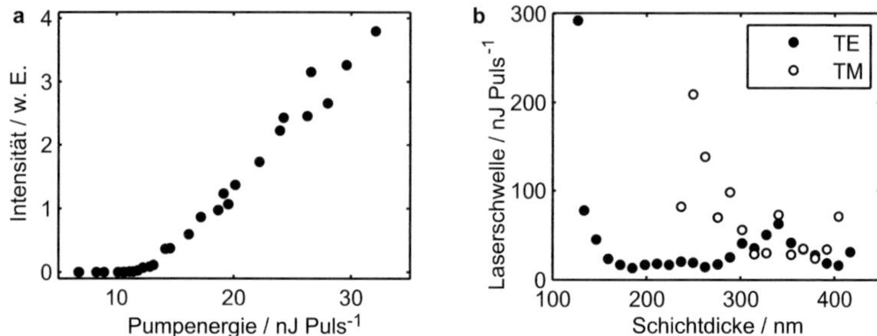

Abb. 5.14: (a) Kennlinie des DFB-Lasers bei einer Schichtdicke von 185 nm bzw. einer Laserwellenlänge von 626,0 nm. (b) Zusammenfassung aller Laserschwellen aufgetragen gegen die entsprechende Schichtdicke.

chung 2.43 kann der schichtdickenabhängige Schwellenverlauf für die TE_0-Mode unter Berücksichtigung der gemachten Annahmen gut nachvollzogen werden, wie auch in Abbildung 5.15 gezeigt ist. An dieser Stelle sei erwähnt, dass sich eine mathematische Untersuchung der Laserschwelle von organischen DFB-Lasern in der Literatur typischerweise auf eine Analyse der Kopplungskonstante bzw. des qualitativen Verlaufs der Schwellverstärkung beschränkt, ohne Messdaten direkt mit dem theoretischen Modell zu vergleichen. Es ist daher beachtlich, dass die berechneten Werte zum einen teilweise sehr genau die tatsächlich gemessenen Werte widerspiegeln. Zum anderen werden auch gewisse Merkmale wie die gemessene Erhöhung der Schwelle bei einer Schichtdicke von 340 nm gut reproduziert. Die für die Berechnung nötigen Werte des stimulierten Emissionsquerschnitts wurden aus Ref. [50] entnommen. Die Länge des DFB-Lasers betrug in dieser Rechnung $L = 300\,\mu$m und die Gittertiefe 30 nm, und nicht 15 nm, um zu berücksichtigen, dass in dem Modell das Gitter nur an der Grenzfläche von Organik-Luft vorhanden ist, während in der Probe aufgrund des Aufdampfens eine Höhenmodulation an beiden Grenzflächen zu finden ist.

Mit dieser Aufdampfmethode lassen sich organische DFB-Laser herstellen, die über einen weiten Bereich kontinuierlich durchstimmbar sind und zugleich konstant geringe Schwellen aufweisen.

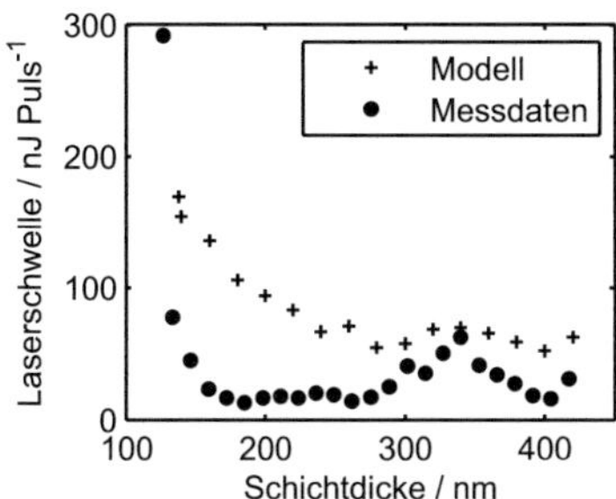

Abb. 5.15: Mit Hilfe der korrigierten Theorie der gekoppelten Moden berechneter Verlauf der Laserschwelle der TE_0-Mode für variierende Schichtdicke im Vergleich zu den entsprechenden Messdaten.

5.2.3 Schichtdickenvariation durch horizontale Tauchbeschichtung

Ein besonderer Vorteil zahlreicher organischer Halbleiter ist die lösungsbasierte Herstellung dünner Schichten. Während längst nicht alle organischen Halbleitermaterialien aufgedampft werden können, so können viele Materialien aus der flüssigen Phase prozessiert werden. Demnach ist es wünschenswert, analog zu den verschiedenen Aufdampftechniken zur Herstellung dünner organischer Schichten mit kontinuierlich variierender Filmdicke, Methoden zu entwickeln, die eine direkte Fabrikation von Schichtdickengradienten auf Basis von organischen Materialien in Lösung ermöglichen.

Die horizontale Tauchbeschichtung (engl. *horizontal dipping*) eignet sich dafür. Dabei handelt es sich um ein Herstellungsverfahren für dünne Schichten aus der Kategorie der vordosierten, lösungsbasierten Meniskus-Beschichtungsverfahren [208]. Vordosiert bedeutet in diesem Fall, dass die Menge der applizierten Lösung auch der Menge entspricht, die auf dem gesamten Substrat verbleibt. Im Gegensatz dazu wird zum Beispiel beim Aufschleudern ein beträchtlicher Teil der Lösung durch die schnelle Drehung wieder von dem Substrat geschleudert. Bei der horizontalen Tauchbeschichtung wird eine zylindrische Beschichtungsstange aus Edelstahl wie in Abbildung 5.16c dargestellt in einem definierten Abstand von etwa $h = 1\,\mathrm{mm}$ parallel über das zu beschichtende, horizontal gelagerte Substrat gebracht. Der schmale Zwischenbereich zwischen Stange und Substrat wird mit einer Pipette mit der zu beschichtenden Lösung mit Hilfe der Kapillarkraft gefüllt, wobei eine geringe Menge von etwa 25 μl bei einem Substrat der Kantenlänge 25 mm ausreicht. Zwischen Substrat und Beschichtungsstange bildet sich aufgrund der Oberflächenspannungen zwischen Lösung und Stahlstange sowie Lösung und Substrat ein Meniskus mit Krümmungsradius R_d aus. Stange und Substrat werden nun relativ zueinander parallel zur Substratoberfläche mit einer konstanten Geschwindigkeit bewegt, so dass ein dünner Film der Lösung auf dem Substrat zurückbleibt. Bereits 1942 haben Landau und Levich [209] gezeigt, dass die Dicke d_0 eines Films in so einem Depositionsprozess durch

$$d_0 = 1,34 \cdot \left(\frac{\mu v}{\sigma}\right)^{2/3} \cdot R_d \tag{5.2}$$

bestimmt werden kann. Hierbei beschreiben μ und σ die Viskosität und Oberflächenspannung der Lösung und v die Geschwindigkeit der Beschichtungsstange parallel zur Substratoberfläche (s. Abbildung 5.16a). Der Krümmungsradius R_d des Meniskus hängt vom Abstand h von Stange zu Substratoberfläche und dem Durchmesser der Stange D ab. Nachdem das Lösungsmittel, gegebenenfalls unter Verwendung eines anschließenden Heizschrittes, verdampft ist, bleibt eine Schicht der Dicke $d < d_0$ des organischen Materials zurück. Der gesamte Beschichtunsprozess ist in Abbildung 5.16c dargestellt.

Ein Aufbau zur Verwendung dieses Beschichtungsverfahrens wurde am LTI im Rahmen dieser Arbeit konstruiert [210]. Dazu wurde ein Schrittmotor (SM42051, Fa. Emis GmbH) über eine Spindel mit einer Verfahreinheit verbunden. Der Schrittmotor wurde mit einer Steuerkarte (TMCM-310, Fa. Trinamic GmbH) und einem PC angesteuert. Mit diesem Schrittmotor und der Steuereinheit konnte eine maximale horizontale Translationsgeschwindigkeit von etwa 20 mm s^{-1} erreicht werden. Auf die Verfahreinheit wurde eine vertikale Verschiebeeinheit mit der Beschichtungsstange aus rostfreien Stahl und 6, 4 mm Durchmesser befestigt. Mit dieser Einheit konnte die vertikale Lage der Beschichtungsstange, d.h. der Abstand zwischen Stange und Probenoberfläche,

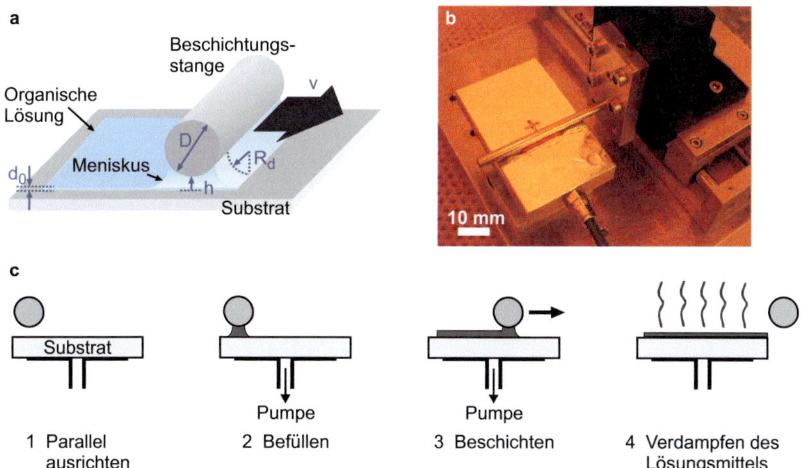

Abb. 5.16: (a) Illustration der einzelnen Parameter, die für die horizontale Tauchbeschichtung relevant sind (mit freundlicher Genehmigung von X. Liu). (b) Fotografie des konstruierten Beschichtungsaufbaus im Reinraum. (c) Schematische Abfolge der einzelnen Prozessschritte für die Herstellung dünner Schichten.

genau eingestellt werden. Für die Platzierung der Probe unterhalb dieser Beschichtungsstange wurde ein statischer Probentisch mit einer Einrichtung für die Vakuumansaugung auf der Basisplatte befestigt. Zusätzlich konnte dieser Tisch noch um zwei Achsen geneigt werden, um Beschichtungsstange und Probenoberfläche über die komplette Probenlänge parallel ausrichten zu können. In Abbildung 5.16b ist eine Fotografie dieses Aufbaus zu sehen.

Dieses Verfahren eignet sich im Gegensatz zu herkömmlichen Aufschleudern gut für die homogene Beschichtung von großflächigen DFB-Laser-Substraten mit Ausmaßen von 20 mm × 50 mm [211]. Ein weiterer Vorteil ist die vergleichsweise geringe Menge an Lösung, die für die Beschichtung eines Substrates benötigt wird.

Gemäß Gleichung 5.2 gilt für die Dicke d einer Schicht, die mit dieser Methode hergestellt wird, dass $d \propto v^{2/3}$, wobei v die Geschwindigkeit der Beschichtungsstange relativ zur Probe beschreibt. Durch eine Beschleunigung der Beschichtungsstange erhält man eine zeit- und damit ortsabhängige Beschichtungsgeschwindigkeit und somit eine Schichtdickenvariation entlang der Beschleunigungsstrecke. Eine schematische Darstellung dieses Beschichtungsverfahrens ist in Abbildung 5.17 dargestellt. In der vorgestellten Arbeit wurde dieses Verfahren zum ersten Mal dazu verwendet, um kontinuierlich durchstimmbare, organische DFB-Laser herzustellen. Im Folgenden wird die Fabrikation

Abb. 5.17: (a) Schematischer Prozessablauf der Herstellung dünner Schichten mit Schichtdickengradienten durch die Beschleunigung der Beschichtungsstange bei der horizontalen Tauchbeschichtung. (b) Darstellung des hergestellten Schichtdickengradienten auf einer Gitterprobe. Im Gegensatz zum Aufdampfen bleibt die Gitterstruktur an der Grenzfläche aktives Material-Luft nicht erhalten.

von Schichtdickengradienten mit Hilfe der horizontalen Tauchbeschichtung mit beschleunigter Beschichtungsstange beschrieben. Anschließend folgen die Ergebnisse der optischen Charakterisierung der damit hergestellten durchstimmbaren DFB-Laser.

Herstellung von Schichtdickengradienten

Die maximale Geschwindigkeit der Positioniereinheit in dem Aufbau für die horizontale Tauchbeschichtung betrug $v_f = 20\,\mathrm{mm\,s^{-1}}$, was bei einer Probenlänge inklusive Überhang von etwa $27\,\mathrm{mm}$ und einer linearen Beschleunigung von $0\,\mathrm{mm\,s^{-1}}$ auf v_f innerhalb dieser Probenlänge eine maximal einstellbare Beschleunigung von etwa $7,3\,\mathrm{mm\,s^{-2}}$ bedeutet. Dies stellt die obere Grenze für die Schichtdickenvariation durch Veränderung der Translationsgeschwindigkeit dar. Abbildung 5.18a zeigt eine Probe, die mit dieser Beschleunigung und einem Abstand von $0,8\,\mathrm{mm}$ zwischen Probenoberfläche und Beschichtungsstange beschichtet wurde. Als Material für die Beschichtung wurde das Polymergemisch $\mathrm{F8_{0,9}BT_{0,1}}$:MEH-PPV mit einer Konzentration von $20\,\mathrm{mg\,ml^{-1}}$ verwendet. Man sieht räumlich variierende Interferenzerscheinungen aufgrund der keilförmigen dünnen Schicht im mittleren Bereich der Probe. Am Rand kommt es auf einer Länge von jeweils etwa 5 mm zu nicht kontrollierbaren Schichtdicken aufgrund der Anfangsposition des Meniskus vor der Bewegung der Stange (unten) und aufgrund der Unterbrechung des Meniskus am Probenende (oben), was zu einem teilweisen Zurückfließen der Lösung führt. In Abbildung 5.18b ist das Schichtdickenprofil entlang der Mitte zweier unstrukturierter Referenzproben aufgetragen, die mit unterschiedlichen Beschleunigungen von $5,8\,\mathrm{mm\,s^{-2}}$ und $7,3\,\mathrm{mm\,s^{-2}}$ beschichtet wurden. Der Randbereich wurde bei dieser Messung nicht berücksichtigt. Die Profile stimmen gut mit dem theoretischen Modell aus Gleichung 5.2 überein, wobei $(\mu/\sigma)^{2/3} \cdot R_d$ als einheitlicher, konstanter Fit-Parameter für beide Kurven benutzt wurde. Mit Hilfe dieser Technik wurden

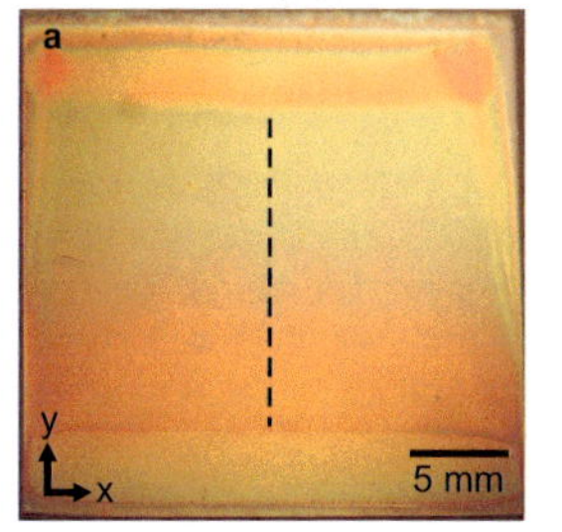

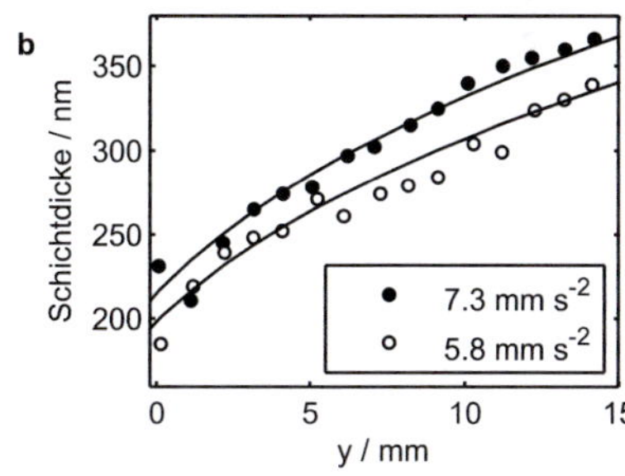

Abb. 5.18: (a) Fotografie einer Probe, die mit einer Beschleunigung bei der horizontalen Tauchbeschichtung beschichtet wurde. (b) Positionsabhängiger Schichtdickenverlauf zweier Referenzproben, die mit unterschiedlichen Beschleunigungen beschichtet wurden. Dabei wurde die Schichtdicke ohne die Randbereiche entlang der gestrichelten Linie gemessen.

verschiedene durchstimmbare organische DFB-Laser auf Basis unterschiedlicher Materialien beschichtet und ortsaufgelöst charakterisiert.

Experimentelle Ergebnisse der optischen Charakterisierung

Als Substrat wurde für das rote Emittermaterial $F8_{0,9}BT_{0,1}$:MEH-PPV Quarzglas (GE124) mit einer Kantenlänge von 25 mm verwendet, in das per Laserinterferenzlithografie und Trockenätzen ein eindimensionales Oberflächengitter mit der Periode 390 nm, einer Gittertiefe von 60 nm und einem Tastverhältnis von 0,7 strukturiert wurde. Die Konzentration der Lösung betrug $20\,\mathrm{mg\,ml^{-1}}$. Die Probe wurde mit einer Beschleunigung von $7,3\,\mathrm{mm\,s^{-2}}$ und einer Spalthöhe von $0,8\,\mathrm{mm}$ beschichtet und anschließend optisch charakterisiert.

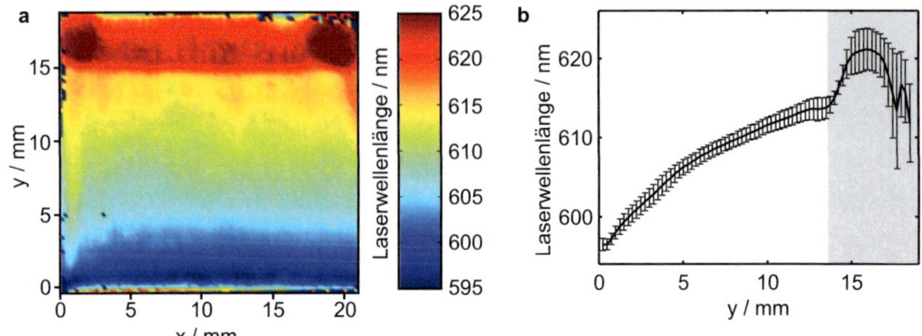

Abb. 5.19: (a) Falschfarbendarstellung der ortsaufgelösten Laserwellenlänge der resonanten $\mathrm{TE_0}$-Mode. Die Beschleunigung betrug $7,3\,\mathrm{mm\,s^{-2}}$. (b) Über die Fläche von zwei identischen Proben gemittelter, positionsabhängiger Verlauf der Laserwellenlänge mit der entsprechenden, ortsabhängigen Standardabweichung. Der graue Bereich markiert den oberen Randbereich, der durch das Zurückfließen der Lösung entsteht.

Die ortsaufgelöste Darstellung der Laserwellenlänge in Abbildung 5.19a zeigt deutlich eine kontinuierliche Variation der Laserwellenlänge entlang des hergestellten Gradienten. Man sieht auch, dass die Schichtdicke in dem oberen Randbereich, in dem der Meniskus abreißt und teilweise auf die Probe zurückfließt, einen deutlichen Sprung im Vergleich zu dem mittleren Bereich der Probe aufweist. Der Durchstimmbereich erstreckt sich von etwa 596 nm bis 615 nm, was einer Durchstimmbarkeit von 19 nm entspricht, wobei der Randbereich auch hier nicht berücksichtigt wurde.

Während die Herstellung von Schichtdickengradienten durch thermisches Bedampfen mit Hilfe der rotierenden Schattenmaske aufgrund des Vakuums in der Aufdampfkammer und der in-situ-Kontrolle der Aufdampfrate sehr reproduzierbar ist, so ist dies bei der lösungsbasierten Herstellung dünner Schichten aufgrund von Luftverwirbelungen und Temperatureffekten mit den vorhandenen Apparaturen deutlich schwieriger. Zusätzlich wirken sich Unreinheiten auf der Probe auf die gesamte Schicht auf einer Probe aus und nicht nur auf einen begrenzten Bereich, wie es beim Aufdampfen der Fall ist. Um die Reproduzierbarkeit der Schichtdickenvariation durch horizontale Tauchbeschichtung zu untersuchen, wurde daher die Laserwellenlänge von zwei identischen Proben ortsaufgelöst vermessen. Die ortsabhängige Laserwellenlänge kann wesentlich genauer bestimmt werden, als die ortsabhängige Schichtdicke, so dass dieses Verfahren eine präzise Inspektion der Homogenität einer dünnen Schicht ermöglicht. Abbildung 5.19b zeigt den ortsabhängigen Laserwellenlängenverlauf, der über die komplette Fläche von diesen zwei Proben gemittelt wurde, sowie die dazugehörige Standardabweichung der Laserwellenlänge. Die mittlere, gesamte Standardabweichung über beide Proben beträgt $1,0\,\mathrm{nm}$, während die der einzelnen Proben $0,9\,\mathrm{nm}$ bzw. $0,7\,\mathrm{nm}$ ergab. Da der verwendete Aufbau hinsichtlich der reproduzierbaren Herstellung von dünnen Schichten noch deutlich optimiert werden kann, sollte dieser Wert noch verbessert werden können.

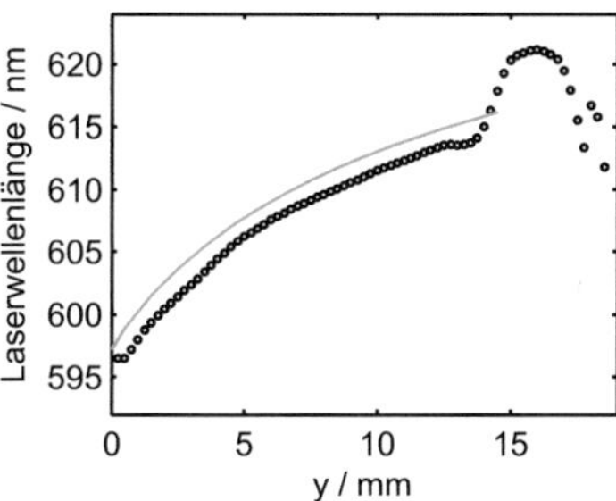

Abb. 5.20: Vergleich des gemessenen Laserwellenlängenverlauf mit dem aus der Schichtdickenmessung erwarteten Verlauf.

Aufgrund der nicht bekannten Brechungsindexdispersion des Polymergemischs ist ein Vergleich mit der erwarteten positionsabhängigen Laserwellenlänge mit Hilfe des Schichtdickenverlaufs aus Abbildung 5.18 nicht direkt möglich. Um dennoch abschätzen zu können, ob die Durchstimmbarkeit dem entspricht, was erwartet werden kann, wurde für $F8_{0,9}BT_{0,1}$ die Brechungsindexdispersion von PFO angenommen. Die Brechungsindizes dazu wurden aus Referenz [179] ermittelt. Die entsprechenden Daten für MEH-PPV wurden aus Referenz [192] entnommen und die Dispersionskurven entsprechend dem Mischungsverhältnis von 0,85:0,15 gewichtet addiert. Mit Hilfe der Bragg-Bedingung 2.16, dem gemessenen Schichtdickenverlauf aus Abbildung 5.18 und der beschriebenen Abschätzung des Brechungsindexes kann so der erwartete Laserwellenlängenverlauf mit dem gemessenen Verlauf aus Abbildung 5.19 verglichen werden. Dies ist in Abbildung 5.20 zu sehen. Man sieht trotz der Abschätzung des Brechungsindexes bis auf eine Verschiebung eine gute Übereinstimmung zwischen erwarteten und gemessenen Wellenlängenverlauf.

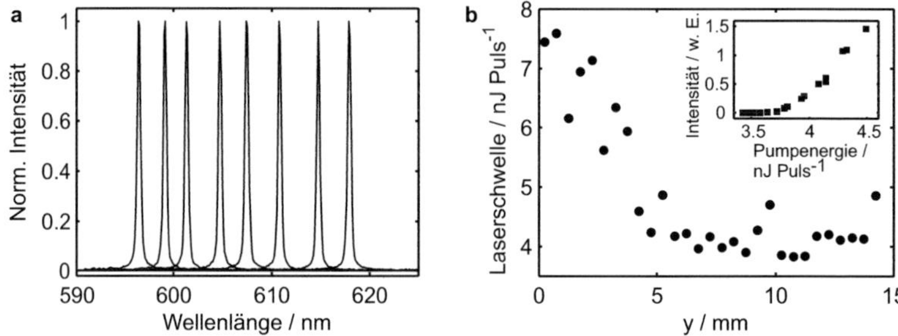

Abb. 5.21: (a) Überlagerung einzelner Laserspektren, die entlang des Schichtdickengradienten gemessen wurden. Das aktive Material war $F8_{0,9}BT_{0,1}$:MEH-PPV. (b) Zusammenfassung der positionsabhängigen Laserschwellen entlang des Schichtdickengradienten. Inset: Kennlinie des DFB-Lasers bei einer Wellenlänge von $612,6\,nm$.

Einige Laserspektren entlang des Schichtdickengradienten einer der DFB-Laser-Proben sind in Abbildung 5.21a zu sehen. Der positionsabhängige und damit schichtdickenabhängige Verlauf der Laserschwelle in Abbildung 5.21b zeigt ein Abnehmen der Schwelle für dickere Schichten, was ähnlich bereits in Abschnitt 5.2.2 beobachtet wurde. Die minimale Laserschwelle beträgt etwa $3,8\,nJ$ pro Puls was bei einer Spotgröße von $160\,\mu m \times 180\,\mu m$ einer Anregungsdichte von $16,8\,\mu J\,cm^{-2}$ entspricht. Dies ist vergleichbar mit Laserschwellen, die an organischen DFB-Lasern mit dem gleichen aktiven Material gemessen wurden [200].

Die Konzentration der Polymerlösung hat ebenso einen Einfluss auf die Viskosität und die Oberflächenspannung und damit auf den Schichtdickenverlauf. Eine weitere DFB-Laser-Probe wurde deswegen mit einer Lösung mit

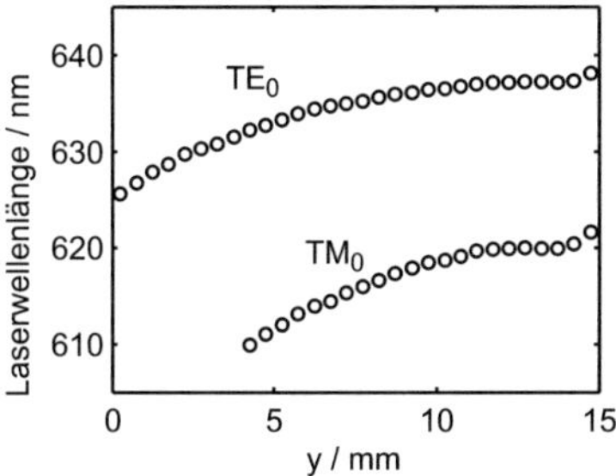

Abb. 5.22: Positionsabhängiger Verlauf der Laserwellenlänge entlang des Schichtdickengradienten. Die Konzentration der prozessierten Lösung betrug hier $30\,\mathrm{mg\,ml}^{-1}$.

$30\,\mathrm{mg\,ml}^{-1}$ des Polymergemischs bei ansonsten gleichen Parametern beschichtet. Die daraus resultierenden Schichten waren dicker als die bei geringerer Konzentration, was dazu führte, dass ab einer bestimmten Schichtdicke neben der TE_0-Mode auch die TM_0-Mode Laseraktivität zeigte. Die entsprechenden Laserwellenlängen sind in Abbildung 5.22 gegen die Position des Pumpspots in y-Richtung aufgetragen.

Weiterhin wurde eine Gitterprobe mit einem zweidimensionalen Oberflächengitter mit einer Periode von 350 nm mit einer Lösung von $30\,\mathrm{mg\,ml}^{-1}$ des grün-emittierenden konjugierten Polymers $F8_{0,9}BT_{0,1}$ in Toluol beschichtet. Das Substrat hatte eine Kantenlänge von 25 mm und die für die Beschichtung verwendete Beschleunigung betrug erneut $7,3\,\mathrm{mm\,s}^{-2}$. Der erzeugte Schichtdickengradient ermöglichte Laseremission von etwa 541 nm bis 557 nm, wie auch in den Abbildungen 5.23a und b gezeigt. Die minimale Schwelle betrug $6,5\,\mathrm{nJ}$ pro Puls bei einer Wellenlänge von 552 nm, was mit einer Spotgröße von $160\,\mu\mathrm{m} \times 180\,\mu\mathrm{m}$ eine Anregungsdichte von $28,7\,\mu\mathrm{J\,cm}^{-2}$ ergibt.

Neben Lösungen aus konjugierten Polymeren wurden auch Mischungen aus Polymeren als Matrixmaterial und kleinen Molekülen als Absorber- bzw. Emittermaterial in Form von PVK:CBP:BSB-Cz gelöst in Toluol verwendet. Dies zeigt die Vielfalt der für diese Beschichtungsmethode verwendbaren Materialien. Das dazu verwendete Oberflächengitter in SiO_2 als Substratmaterial hatte eine Periode von 270 nm, eine Gittertiefe von 90 nm und ein Tastverhält-

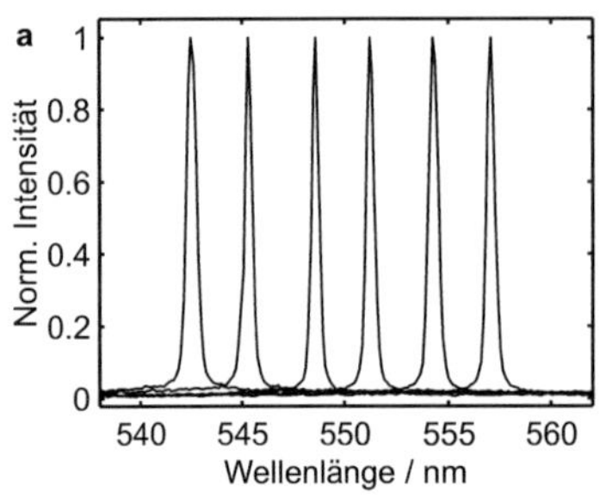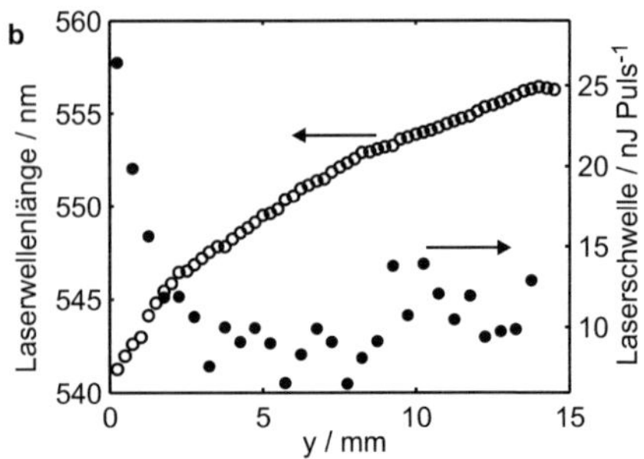

Abb. 5.23: (a) Überlagerung einzelner Laserspektren für einen Schichtdickengradienten aus F8$_{0,9}$BT$_{0,1}$. (b) Zusammenfassung des ortsabhängigen Verlauf der Laserwellenlänge und der Laserschwelle entlang des Schichtdickengradienten.

nis von 0,6. Die Ausdehnung der tatsächlichen Gitterfläche betrug allerdings nur 3 mm $\times$ 10 mm, so dass für die Beschichtung nur eine Beschleunigung von 5,8 mm s^{-2} gewählt wurde, um auf dieser kleinen Fläche ein optimales Ergebnis zu erzielen. Die erreichte Durchstimmbarkeit im blauen Spektralbereich erstreckte sich von 434 nm bis 447 nm, wie auch in Abbildung 5.24b zu sehen. Es wurde eine minimale Schwelle von 0,5 nJ pro Puls bei einer Wellenlänge von 447 nm gemessen, was aufgrund der Anregungsfläche von 70 μm $\times$ 120 μm in einer Anregungsdichte von 7,6 μJ cm^{-2} resultiert. Dieser Wert ist aufgrund des anderen Substratmaterials und der unterschiedlichen Gitter- und Pumpparameter nicht direkt mit den vorherigen vergleichbar, deutet aber auf ein sehr effizientes Lasermaterial hin.

5.3 Diskussion

Mit dem in dieser Arbeit entwickelten und umgesetzten Ansatz kontinuierlich variierender Schichtdicken für die Herstellung kontinuierlich durchstimmbarer organischer DFB-Laser können viele der Probleme anderer Ansätze vermieden werden. Die Herstellung solcher Schichten ist mit wenig Aufwand verbunden. Beim Aufdampfen mit Hilfe der Rotationsschattenmaske wird lediglich eine rotierende Einheit benötigt. Diese ist aber meistens ohnehin vorhanden,

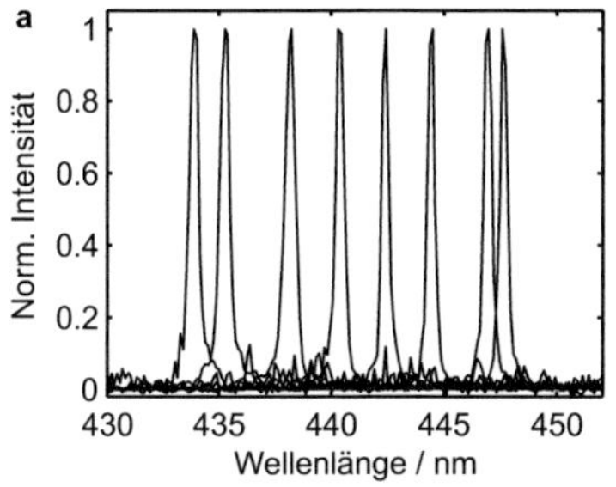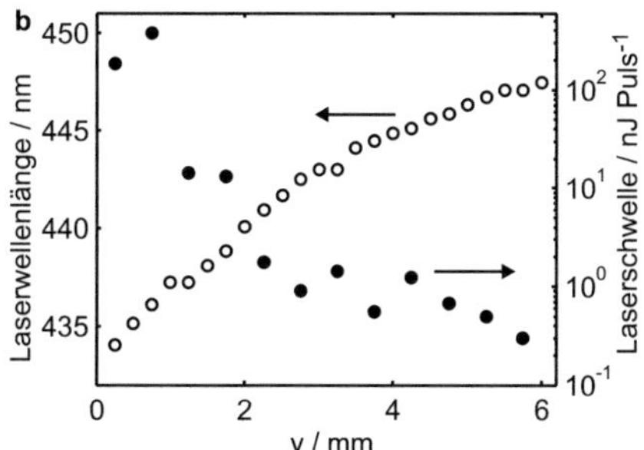

Abb. 5.24: (a) Überlagerung einzelner Laserspektren für einen Schichtdickengradienten aus dem Materialkomplex PVK:CBP:BSB-Cz. (b) Zusammenfassung des ortsabhängigen Verlauf der Laserwellenlänge und der Laserschwelle entlang des Schichtdickengradienten.

um die angesprochenen Inhomogenitäten im Aufdampfkegel zu kompensieren. Beide Methoden, sowohl das Bedampfen durch eine rotierende Schattenmaske als auch die horizontale Tauchbeschichtung, bieten die Möglichkeit zur Herstellung nahezu beliebiger Schichtdickenprofile. Dazu muss lediglich das Schnittmuster der Maske bzw. die Beschleunigungssequenz der Beschichtungsstange entsprechend angepasst werden. Aufgrund der ortsabhängigen Schichtdicke ist die Genauigkeit der Ansteuerung der gewünschten Laserwellenlänge nur von der Präzision der Positionierung abhängig und nicht zusätzlich noch von der Vorgeschichte der Probe. Darüber hinaus wurde am LTI ein Verfahren entwickelt, welches die schnelle Ansteuerung verschiedener Positionen auf einer Probe mit räumlich variierender Geometrie und damit variierender Laserwellenlängen ermöglicht [164]. Dazu wird die Probe relativ zu dem Anregespot rotiert und die Anregepulse mit der Rotationsbewegung der Probe synchronisiert. Dadurch können innerhalb von 10 ms verschiedene Stellen einer Probe reproduzierbar angesteuert und damit die Emissionswellenlänge entsprechend schnell verändert werden.

Die Durchstimmbarkeit auf Basis der Schichtdickenvariation mit nur einer Gitterperiode birgt den Nachteil, dass der Durchstimmbereich durch eine maximale Schichtdicke limitiert ist. Oberhalb dieser Schichtdicke kommt es zur Ausbildung weiterer Wellenleitermoden neben der TE_0-Grundmode, so dass auch mehrere Laserlinien gleichzeitig auftauchen können. Während TE- und TM-Moden durch Polarisationsfiltern voneinander getrennt werden können, ist dies für eine Unterscheidung von einzelnen, resonanten TE- oder TM-Moden untereinander nicht mehr möglich. Die Durchstimmbarkeit von DFB-Lasern, in denen nur die Grundmoden existieren, erstreckt sich dabei je nach Wellenlänge und Brechungsindizes über 30 − 80 nm. Bei ansonsten gleicher Konfiguration ist diese Durchstimmbarkeit größer, je größer der Brechungsindex der organischen Schicht ist. Dieses Problem der Limitierung des Durchstimmbereichs ließe sich durch die Kombination mit Gitterfeldern verschiedener Perioden umgehen, was eine quasikontinuierliche Durchstimmung der Laserwellenlänge erlauben würde. Zusätzlich werden für DFB-Laser mit Schichtdickenvariation große Gitterfelder mit einigen Zentimetern lateraler Ausdehnung benötigt. Allerdings ist die Gitterperiode über die ganze Probenfläche konstant, so dass Oberflächengitter einfach durch die Laserinterferenzlithografie und Abformtechniken, zum Beispiel UV-Nanoabformung, hergestellt werden können.

Die Variation der Modulationsperiode ermöglicht prinzipiell am ehesten die Ausschöpfung des gesamten Verstärkungsbereiches des organischen Materials. Für eine kontinuierliche Variation sind allerdings entweder aufwändige Belichtungsmethoden oder aber flexible Substrate sowie eine Apparatur zum Dehnen bzw. Stauchen der Probe notwendig. Ersteres ist nur in Kombination mit Replikationstechniken sinnvoll nutzbar, da das Gitterfeld für eine solche Periodenvariation je nach Verstärkungsbandbreite einige Zentimeter lang sein muss, was eine zeitaufwändige Belichtung mit dem Elektronenstrahlschreiber mit sich bringt. Solche Gitter mit Chirp können auch durch eine modifizierte Laserinterferenzbelichtung und anschließender Lithografie hergestellt werden, was die Belichtungszeit wesentlich verkürzt. Dies wurde bereits mit optisch angeregten, anorganischen DFB-Lasern erfolgreich umgesetzt [212]. Das Dehnen bzw. Stauchen organischer DFB-Laser birgt neben der aufwändigen notwendigen Mechanik das Problem, dass das Durchstimmverhalten eine Hysterese aufweist, so dass es schwierig ist, die Laserwellenlänge alleine durch eine Dehnung einzustellen [201]. Darüber hinaus wurde bisher noch nicht im Detail untersucht, wie schnell die Wellenlänge bei Lasern auf Basis flexibler Substrate durch Dehnung oder Stauchung verändert werden kann. Vieles deutet darauf hin, dass eine reproduzierbare Ansteuerung verschiedener Wellenlängen unterhalb einiger Sekunden aufgrund der langsamen mechanischen Relaxation der verwendeten Materialien anspruchsvoll ist [201].

6 Durchstimmbare organische Halbleiterlaser – Dynamische Brechungsindexvariation

Die Durchstimmbarkeit organischer DFB-Laser durch eine Variation der Brechungsindizes ist Thema dieses Kapitels. Dabei wird zunächst auf bereits bestehende Konzepte im Bereich organischer DFB-Laser eingegangen. Danach folgt in Abschnitt 6.2 eine Präsentation und anschließende Diskussion der Ergebnisse, die durch Aufbringen von Flüssigkeiten mit verschiedenen Brechungsindizes auf organische DFB-Laser erzielt wurden. Im anschließenden Abschnitt 6.3 werden die Ergebnisse rund um die spannungsgesteuerte Durchstimmbarkeit von organischen DFB-Lasern mit Flüssigkristallen vorgestellt. Es folgt eine Diskussion dieser Ergebnisse im Kontext anderer Methoden.[1]

Ein großer Vorteil organischer DFB-Laser besteht darin, dass sie kosteneffizient sind und vergleichsweise einfach in integrierte optische Systeme implementiert werden könnten, die in der biomedizinischen oder chemischen Analyse Anwendung finden. In solchen photonischen Systemen wird der Funktions- und damit auch Applikationsumfang deutlich vergrößert, wenn die Wellenlänge der integrierten Laserlichtquellen schnell und präzise verändert werden kann. Prinzipiell können mehrere DFB-Laser mit unterschiedlichen geometrischen Parametern an den gleichen Wellenleiter gekoppelt werden, um Licht unterschiedlicher Wellenlängen durch das Bauteil zu führen. Dies wird in anorganischen Lasern bereits umgesetzt, um mehrere Wellenlängen mit einem Bauteil bzw. mit einem Wellenleiterausgang zu ermöglichen. In Kombination mit polymeren Basismaterialien für die Chips führt dies allerdings dazu, dass die Krümmungen der Wellenleiter aufgrund der geringen Brechungsindexkontraste groß gestaltet werden müssten, um Strahlungsverluste durch Krümmungen in

---

[1]*Teile der Ergebnisse in diesem Kapitel wurden in Referenz [213] veröffentlicht.*

den Wellenleitern zu minimieren, was seinerseits zu relativ großen geometrischen Abmessungen der integrierten Systeme führt. Außerdem würde so die Einstellung der Wellenlänge durch ein mechanisches Anfahren verschiedener Resonatorfelder mit dem Anregelaser realisiert, was zum einen eine schnelle Änderung der Wellenlängen erschwert und zum anderen je nach Anwendung eine genaue mechanische Justage erfordert. Es sind daher Verfahren zur Durchstimmbarkeit wünschenswert, in denen weder das Bauteil noch der Aufbau während der optischen Anregung verfahren werden müssen und die Durchstimmung rein elektrisch erfolgt. Solche Methoden werden in diesem Kapitel behandelt.

6.1 Stand der Technik

In anorganischen Halbleiterlaserdioden kann der Brechungsindex und damit die Laserwellenlänge durch Variation der Temperatur oder der Dichte der freien Ladungsträger verändert werden. Ersteres kann auch in organischen DFB-Lasern genutzt werden. Die Durchstimmbarkeit beträgt dabei etwa $(0,01 - 0,1)\,\mathrm{nm/K}$ und ist damit vergleichbar mit dem Koeffizienten in anorganischen Laserdioden [110, 214, 215]. Allerdings beträgt damit die Durchstimmbarkeit aufgrund der Temperaturvariation typischerweise nur wenige Nanometer. Zusätzlich lässt sich die Wellenlänge so nur sehr langsam ändern, was die praktische Anwendbarkeit weiter einschränkt. Eine Variation der Dichte der freien Ladungsträger durch einen injizierten Strom ist aufgrund der damit verbundenen optischen Verluste in organischen Lasermaterialien, wie bereits in den Grundlagen in Abschnitt 2.2.4 erläutert, für die Durchstimmung ungeeignet. Daher sind Ansätze notwendig, bei denen der Brechungsindex von dielektrischen Schichten als Teil von organischen DFB-Lasern variiert werden kann.

Es wurden bereits eine Reihe von Konzepten veröffentlicht, in denen der Brechungsindex des Wellenleiterkerns in einer DFB-Laserstruktur variiert wurde. In optofluidischen DFB-Lasern ist dieser Kern nicht fest, sondern besteht aus einer Lösung mit dem Laserfarbstoff, die permanent durch einen Mikrofluidikkanal mit dem DFB-Gitter gespült wird [216]. Durch eine Variation der Konzentration bzw. des verwendeten Lösungsmittels lässt sich der Brechungsindex variieren und somit die Emissionswellenlänge des optofluidischen DFB-Lasers beeinflussen. Auf diese Art konnte eine Durchstimmbarkeit von 7 nm bei einer Wellenlänge von etwa 580 nm demonstriert werden. Allerdings weisen optofluidische Laser Schwellen auf, die deutlich größer sind als die von organischen Festkörperlasern. Arango et al. berichten von einem photonischen Kristall-Laser mit hexagonaler Gitterstruktur, dessen wellenleitende Schicht mit einem Laserfarbstoff dotiert war, und den sie mit Lösungen verschiedener Brechungsindizes benetzt haben. Damit wurde eine Durchstimmbarkeit von etwa 8 nm bei einer Emissionswellenlänge von etwa 590 nm erreicht [217]. Dazu wurde der Brechungsindex durch verschiedene Lösungen in diskreten Schritten von $n_1 = 1,33$ bis $n_1 = 1,55$ variiert, was eine Wellenlängenvariation von $\Delta\lambda / \Delta n_1 \approx 36,4$ nm pro Brechungsindexeinheit (engl. *RIU, refractive index unit*) ergibt. Die Laserschwellen lagen zwischen $100\,\mu\mathrm{J\,cm}^{-2}$ und $2\,\mathrm{mJ\,cm}^{-2}$. Andererseits ermöglicht die Variation der Wellenlänge aufgrund einer veränderten Brechungsindexumgebung auch einen empfindlichen Brechungsindexsensor. Durch eine biologische oder chemische Funktionalisierung der Oberfläche konnten bereits spezifisch und in geringen Mengen gelöste Antikörper oder Ethanolmoleküle in der Gasphase detektiert werden [218–220]. In beiden Fällen wurde der effektive Brechungsindex der resonanten Mode und damit die Laserwellenlänge beeinflusst, da es zu spezifischen Ankoppel- oder Absorptionsvorgängen der Moleküle an der Oberfläche kam.

Ozaki et al. haben eine Flüssigkristalllösung mit einem Laserfarbstoff gemischt [221]. Diese Mischung wurde auf ein DFB-Gitter erster Ordnung mit einer Tiefe von 100 nm gebracht. Dies wiederum wurde von zwei ITO-Schichten als Elektroden umgeben. Die Flüssigkristalle in dieser Sandwich-Struktur konnten durch Anlegen einer Spannung zwischen den beiden Elektroden ausgerichtet werden und somit der effektive Brechungsindex der in der flüssigen Schicht geführten Mode variiert werden. Damit wurde eine Durchstimmbarkeit von 10 nm bei einer Emissionswellenlänge von etwa 690 nm mit einer Spannung von etwa 30 V erzielt. Die geringste gemessene Laserschwelle betrug dabei etwa

$560\,\mu\mathrm{J}\,\mathrm{cm}^{-2}$. Ein ähnlicher Ansatz wurde von Buss et al. untersucht. Allerdings konnte bei dieser Arbeit trotz großer, elektrischer Felder nur eine geringe Änderung der Laserwellenlänge, d.h. nur eine geringe Änderung der Orientierung der Flüssigkristalle beobachtet werden [222]. Weiterhin kann man sich die helikale Struktur cholesterischer Flüssigkristalle zu Nutze machen [223]. Es gibt viele Ansätze, bei denen die dadurch entstehende Periodizität der Brechungsindexvariation bereits für Lasertätigkeit mit Hilfe verteilter Rückkopplung ausgenutzt wird. Zumeist wird dazu der Flüssigkristalllösung eine geringe Menge eines Laserfarbstoffes beigemischt. Durch eine Änderung der Dicke der Flüssigkristallzelle oder durch eine angepasste Oberflächenbehandlung kann die Periodizität der Helix beeinflusst werden, was die Herstellung von DFB-Lasern mit örtlich variierenden Wellenlängen ermöglicht [224, 225]. Der Durchstimmbereich solcher Laser kann bis zu 110 nm betragen, allerdings sind die Schwellen mit einigen $\mathrm{mJ}\,\mathrm{cm}^{-2}$ deutlich höher als bei herkömmlichen DFB-Lasern. Die Periode von cholesterischen Flüssigkristallen lässt sich auch durch Anlegen einer Spannung verändern [226]. Damit ließ sich Durchstimmbarkeit von 629 nm bis 643 nm durch Anlegen eines elektrischen Feldes von 10 kV/mm erreichen. Neben der kontinuierlichen Durchstimmbarkeit von DFB-Lasern können Flüssigkristalle aber auch dazu verwendet werden, die Intensität des DFB-Lasers zu modulieren [227] oder zwischen zwei diskreten Wellenlängen zu schalten [228].

6.2 Optofluidisches Durchstimmen

In integrierten optischen Systemen können Mikrofluidikkanäle dazu genutzt werden, eine Flüssigkeit mit bekannten Brechungsindex über organische DFB-Laserstrukturen zu spülen und somit eine Durchstimmbarkeit der Laserwellenlänge zu erreichen. Daher wurden Untersuchungen zur optofluidischen Durchstimmbarkeit von DFB-Lasern mit einem makroskopischen Fluidiksystem durchgeführt, um Probleme bei dieser Art der Durchstimmung zu erkennen, ohne direkt ein verhältnismäßig aufwändiges integriertes photonisches System zu entwickeln.

6.2.1 Probendesign

Als DFB-Substrat dienten Oberflächengitter mit einer Periode von 380 nm, die per Laserinterferenzlithografie und anschließendem Trockenätzen in einem Quarzglassubstrat mit 25 mm Kantenlänge hergestellt wurden. Für das aktive Material wurde der Negativ-Fotolack SU-8 (SU-8 2005, Fa. Microchem) mit dem Laserfarbstoff PM597 mit 0,25 Feststoffgewichts-% dotiert. Für die DFB-Laser wurden damit dünne Schichten von $d_1 = 240$ nm und $d_2 = 1\,\mu$m Dicke per Aufschleudern und anschließenden Ausbacken hergestellt. Da SU-8 mechanisch sehr stabil ist, kann das Aufbringen von Flüssigkeiten auf die DFB-Laseroberfläche mit Hilfe von Kanülen und einer simplen Flusszelle, die in Abbildung 6.1a schematisch dargestellt ist, realisiert werden [229]. Es mussten keine weiteren Vorsichtsmaßnahmen ergriffen werden, um ein Ab- oder Auflösen der aktiven Schicht während des Spülvorgangs zu verhindern. Abbildung 6.1b zeigt eine Fotografie der verwendeten Flusszelle. Für die Injektion der Flüssigkeiten mit verschiedenen Brechungsindizes wurden Spritzen an die Kanülen angeschlossen.

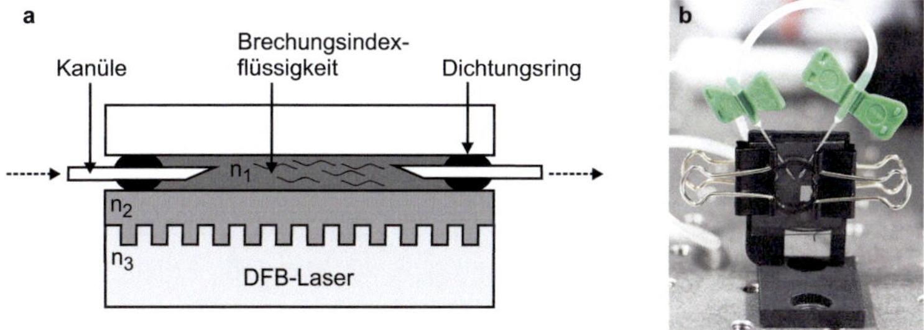

Abb. 6.1: (a) Schematische Darstellung der verwendeten DFB-Laserprobe mit einer Brechungsindexflüssigkeit in der oberen Mantelschicht in einer Flusszelle. (b) Fotografie der verwendeten Flusszelle.

6.2.2 Optische Charakterisierung

Die optische Charakterisierung wurde mit Hilfe eines Aufbaus durchgeführt, der ähnlich zu dem in Abschnitt 5.2.2 beschriebenen Aufbau war. Allerdings wurde für die optische Anregung der DFB-Laser auf Basis von PM597 ein aktiv gütegeschalteter, frequenzverdoppelter Nd:YVO$_4$-Laser (AOT-YVO-100Q, Fa. Advanced Optical Technology) verwendet. Dieser Laser emittiert kurze Lichtpulse von ca. $0,5$ ns Dauer mit einer Wellenlänge von 532 nm. Es wurde eine Wiederholrate der Anregepulse von etwa 700 Hz verwendet. Die DFB-Laser wurden durch das Glassubstrat optisch angeregt, um eine Abschwächung des Pumplichts durch Absorption oder Streuung in der Brechungsindexflüssigkeit zu vermeiden. Das von den DFB-Lasern emittierte Licht wurde mit Hilfe einer Glasfaser in ein USB-Spektrometer (HR2000CG-UV-NIR, Fa. OceanOptics) mit einer unveränderlichen Auflösung von $0,5$ nm gekoppelt.

6.2.3 Ergebnisse

Mit Hilfe der Flusszelle wurden verschiedene Flüssigkeiten auf die Oberfläche der DFB-Laser gebracht. Dazu wurde neben deionisiertem Wasser ($n_1 = 1,332$) ein Gemisch aus Wasser und Glycerin ($n_1 = 1,472$) verwendet. Die verwendeten Wasser-Glycerin-Mischungen hatten Brechungsindizes von $n_1 = 1,365$ und $n_1 = 1,400$. Diese Lösungen wurden sequentiell in die Flusszelle gebracht, während das Emissionsspektrum der DFB-Laser kontinuierlich gemessen wurde. Abbildung 6.2a zeigt den zeitlichen Verlauf des Emissionsspektrums für eine Probe mit einer 240 nm dicken, aktiven Schicht. Die Sprünge der Wellenlänge fallen mit den Zeitpunkten zusammen, zu denen die Flusszelle mit einer neuen Brechungsindexflüssigkeit gespült wurden. Diese Übergänge sind allerdings nicht abrupt, sondern erstrecken sich über etwa 2 Sekunden. Es konnte eine Wellenlängenverschiebung von insgesamt $1,6$ nm bei einer Änderung des Brechungsindexes von $n_1 = 1,332$ auf $n_1 = 1,400$ gemessen werden. Dies entspricht einer Durchstimmbarkeit von $\Delta\lambda/\Delta n_1 \approx 22,9$ nm/RIU. Eine analoge Messung mit einer aktiven Schicht, die 1 μm dick war, ergab eine Wellenlängenverschiebung von insgesamt $0,8$ nm bzw. $\Delta\lambda/\Delta n_1 \approx 11,4$ nm/RIU. Eine Berechnung der erwarteten Laserwellenlängen mit Hilfe der Bragg-Gleichung zeigt eine gute Übereinstimmung mit den gemessenen Werten (s. Abbildung 6.2b). In dieser Darstellung sind die Laserwellenlängen jeweils auf die Wellenlänge bezogen, die sich ergibt wenn Luft in der Mantelschicht ist. Die Schwelle eines solchen DFB-Lasers mit Wasser in der Mantelschicht betrug etwa 600 nJ pro Puls [230]. Die Anregespotgröße wurde in diesem Aufbau nicht vermessen und war daher unbekannt.

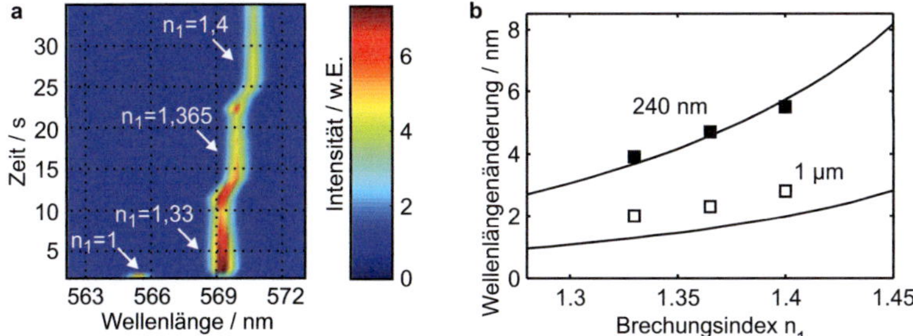

Abb. 6.2: (a) Verlauf der Laserwellenlänge während des sukzessiven Befüllens der Flusszelle mit verschiedenen Brechuungsindexflüssigkeiten. (b) Vergleich der gemessenen Laserwellenlängenänderung bezogen auf die Laserwellenlänge an Luft mit der theoretisch ermittelten Veränderung. Es wurden zwei verschiedene Schichtdicken (240 nm, s. Abb. 6.2a, und 1 μm) für die aktive Schicht verwendet.

6.2.4 Diskussion

Die in diesem Abschnitt vorgestellte Methode zur Durchstimmung organischer DFB-Laser basiert auf der Variation des Brechungsindexes in der oberen Mantelschicht durch Benetzung des DFB-Lasers mit Flüssigkeiten verschiedener Brechungsindizes. Es wurde eine Wellenlängenverschiebung um 1,6 nm erreicht. Allerdings wird für die Veränderung die Wellenlänge aufgrund der verwendeten makroskopischen Flusszelle ein Zeitraum von etwa 2 Sekunden benötigt. Dies lässt sich noch weiter optimieren, indem man Mikrofluidikkanäle und Pumpensysteme verwendet, allerdings limitiert die Diffusion der verschiedenen Flüssigkeiten die dynamische Variation der Wellenlänge in solchen DFB-Lasern. Des Weiteren werden für die kontinuierliche Variation der Wellenlänge viele Brechungsindexflüssigkeiten benötigt, was das Verfahren aufwändig macht.

6.3 Durchstimmbarkeit mit Flüssigkristallen

Wie bereits in der Einleitung dieses Kapitels beschrieben wird, besteht eine weitere Methode zur Durchstimmung organischer Halbleiterlaser darin, die spannungsabhängige Orientierung von Flüssigkristallen auszunutzen, um den effektiven Brechungsindex von Wellenleitermoden zu beeinflussen. In dieser Arbeit wurde dazu ein Konzept entwickelt und umgesetzt, dass sich einfach mit bestehenden Strategien zur Integration organischer Halbleiterlaser in integrierte optische Systeme kombinieren lässt.

6.3.1 Probenaufbau

Die Flüssigkristalle werden in die obere Mantelschicht eines DFB-Lasers gebracht, wo sie durch den evaneszenten Überlapp der geführten Mode den effektiven Brechungsindex beeinflussen. Die für die Erzeugung eines ausrichtenden elektrischen Feldes notwendigen Elektroden sind lateral neben dem aktiven Bereich angeordnet, so dass die geführte Mode keine optischen Verluste durch Absorption erfährt. Außerdem kann diese Anordnung von Elektroden leichter mit integrierten organischen Lasern kombiniert werden als bei einer vertikalen Schichtanordnung. Das Laserbauteil besteht dabei aus zwei Komponenten. Für die eigentliche DFB-Laserprobe wird ein eindimensionales Oberflächengitter mit einer Periode von 390 nm und einer Tiefe von 20 nm verwendet. Das Gitter wurde durch Laserinterferenzlithografie hergestellt und das Quarzglassubstrat hatte eine Kantenlänge von 25 mm $\times$ 12,5 mm. Auf dieses Gitter wurde eine 200 nm dicke Schicht Alq$_3$:DCM aufgedampft. In Kombination mit Alq$_3$:DCM ermöglicht diese Gitterperiode DFB-Lasertätigkeit zweiter Ordnung. Um den Anteil des Intensitätsprofils der Mode in den Mantelschichten zu erhöhen, wurde eine vergleichsweise geringe Schichtdicke gewählt. Bei einer Schichtdicke von 200 nm lassen sich mit Alq$_3$:DCM noch DFB-Laser mit geringen Laserschwellen herstellen, wie auch bereits in Abschnitt 5.2.2 gezeigt wurde. Da sich Alq$_3$:DCM in den Flüssigkristallen allerdings auflöst, wurde zusätzlich eine 20 nm dicke Schicht Lithiumfluorid (LiF) zum Schutz auf die organische Schicht gedampft, wie auch in Abbildung 6.3a dargestellt. Der Brechungsindex von LiF beträgt 1,391 bei einer Wellenlänge von 625 nm [231].

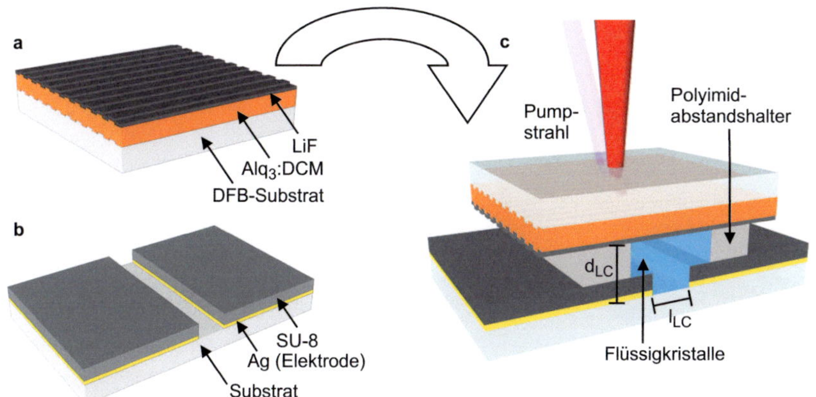

Abb. 6.3: (a) Schematische Darstellung der verwendeten DFB-Laserprobe sowie (b) des Probenteils mit zwei lateral angeordneten Strukturen. (c) Illustration der fertiggestellten, kombinierten Probe nach Infiltration der Flüssigkristalle. Der Pumpstrahl ist ebenfalls veranschaulicht.

Auf der zweiten Komponente, veranschaulicht in Abbildung 6.3b, wurden die Elektroden hergestellt. Dazu wurden 250 nm Silber (Ag) auf ein quadratisches Substratträgerglas mit der Kantenlänge 25 mm aufgedampft. Darauf wurde eine 2,5 μm dicke Schicht des Fotolacks SU-8 aufgeschleudert. Mittels UV-Fotolithographie und einem anschließenden, nasschemischen Ätzschritt wurde in die Mitte der Probe ein Streifen mit einer Länge von 25 mm und einer definierten Breite l_{LC} in das SU-8 und die Ag-Schicht strukturiert, so dass zwei Elektroden entstanden. Diese Probenkomponente wurde gedreht, auf die DFB-Laserprobe gebracht und dort fixiert (engl. *flip-chip*). Dabei wurden dünne Streifen einer Polyimidfolie zwischen die beiden Probenteile gebracht, um einen definierten Abstand d_{LC} zwischen Elektrodenprobe und DFB-Laserprobe zu erhalten. Anschließend wurden die Flüssigkristalle an der

Facette der Probe infiltriert, von wo sie durch Kapillarkräfte den kompletten Zwischenraum zwischen den beiden Proben und dem definierten Spalt zwischen den Elektroden füllten. Eine schematische Darstellung der kombinierten Probe ist in Abbildung 6.3c zu sehen. Die Elektrodenkonfiguration entspricht der bereits in Abschnitt 2.4 eingeführten VA-Flüssigkristallzelle. Abbildung 6.4 zeigt eine Fotografie einer so hergestellten Probe. Die statische Feldverteilung

Abb. 6.4: Fotografie einer fertiggestellten Probe bestehend aus der DFB-Laserprobe und der Elektrodenprobe.

in diesem Bauteil wurde für eine anliegende Spannung von 10 V berechnet, um die Homogenität des Feldes und damit die der Ausrichtung der Flüssigkristalle an der Grenzschicht zu dem DFB-Laser abschätzen zu können. Das dazu verwendete Programm *Maxwell SV* (Fa. Ansoft) basiert auf der Methode der finiten Elemente. Anhand von Abbildung 6.5 erkennt man, dass sich die Feldstärke im Bereich des Spaltes zwischen den Elektroden nur wenig an der Oberfläche der DFB-Laserprobe ändert, so dass erwartet werden kann, dass sich die Ausrichtung der Flüssigkristalle lateral nur wenig ändert.

6.3.2 Messaufbau für die optische Charakterisierung

Für die optische Charakterisierung ist es notwendig sicherzustellen, dass die Anregung und damit auch Emission des organischen DFB-Lasers aus dem Bereich zwischen den Elektroden erfolgt. Das Bauteil wird dabei durch das transparente Substrat des DFB-Lasers angeregt, um zu vermeiden, dass der Anregestrahl eine erhebliche Abschwächung durch Absorption in der Flüssigkristallschicht erfährt. Als Anregequelle dient ein aktiv gütegeschalteter, frequenz-

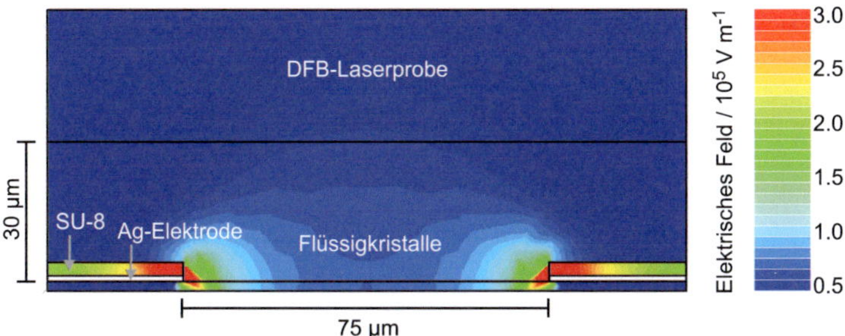

Abb. 6.5: Berechnete ortsabhängige Verteilung des elektrischen Feldes innerhalb des kombinierten Bauteils. Für die Feldverteilung wurde eine Spannung von 10 V bzw. 0 V an die Elektroden angelegt.

verdreifachter Nd:Yttrium Lithium Fluorid (YLF) Laser (Explorer Scientific, Fa. Newport), der kurze Pulse mit einer Länge von < 5 ns bei einer Wellenlänge von 349 nm und variabler Repetitionsrate emittiert. Die Anregepulsenergie wird mit Hilfe eines variablen Neutraldichtefilters eingestellt und mit einer kalibrierten Photodiode überwacht. Eine Linse fokussiert das Anregelicht auf der Probe und sammelt die emittierte Strahlung wieder ein. Über einen dichroitischen Strahlteiler und eine Linse wird das von der Probe emittierte Licht in eine Glasfaser und damit in ein Spektrometer einkoppelt. Das Spektrometersystem wurde bereits in Abschnitt 5.2.2 beschrieben. Mit Hilfe eines Mikroskopobjektivs und einer CCD-Kamera wird die Position des Anregespots auf der Probe überwacht. Eine Schemazeichnung des Messaufbaus ist in Abbildung 6.6a dargestellt. Die Fotografie in Abbildung 6.6b zeigt den Anregespot und die daraus resultierende DFB-Laseremission zwischen den beiden Elektroden. Für die spannungsgesteuerte Ausrichtung der Flüssigkristalle über die Elektroden wurde eine am LTI entwickelte Hochspannungsquelle verwendet. Mit dieser Hochspannungsquelle kann ein Rechtecksignal mit einer Spitzen-Spitzen-Amplitude von bis zu 1400 V und Frequenzen von etwa 1 kHz angelegt werden. Die Flankensteilheit beträgt bei maximaler Spannung etwa $8,75$ kV ms^{-1}. Der Strom aus diesem Gerät ist auf 3 mA begrenzt. Die anlegende Spannung wird mit einem Oszilloskop überwacht. Die Gesamtimpedanz für die Zuleitung und die Probe beträgt 140 pF bei einer Frequenz von 1 kHz und wurde mit einem Impedanz-analysator gemessen. Sämtliche Geräte sind mit einem PC verbunden, so dass die relevanten Daten mit einem Messprogramm ausgelesen werden können.

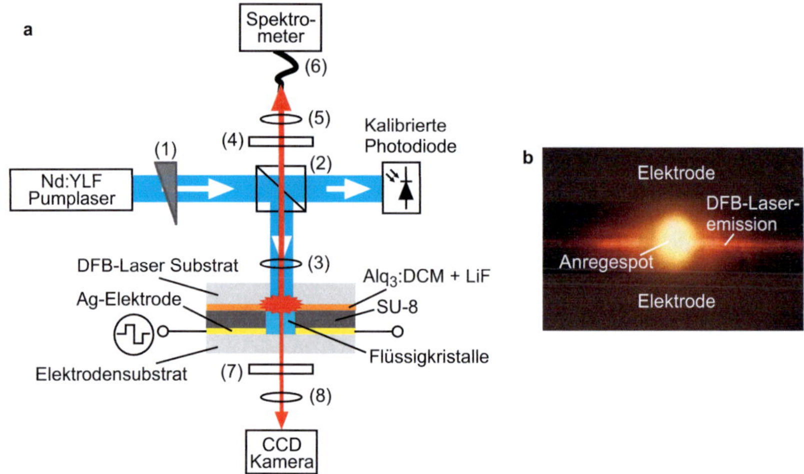

Abb. 6.6: (a) Schema des Aufbaus zur Charakterisierung der DFB-Laser mit Flüssigkristallen in der Mantelschicht. (1) Variabler Neutraldichtefilter, (2) dichroitischer Strahlteiler (DMLP505, Fa. Thorlabs), (3) Fokussierlinse, (4) Langpassfilter, (5) Fokussierlinse, (6) Glasfaser, (7) Langpassfilter, (8) 10X-Mikroskopobjektiv (NA 0,25). (b) Mikro-skopaufnahme eines aktiven DFB-Lasers zwischen den beiden Elektroden.

6.3.3 Ergebnisse

Die spannungsabhängige, spektral aufgelöste Laseremission einer untersuch-ten Probe ist in Abbildung 6.7a mit Hilfe eines Falschfarbendiagramms aufge-tragen. Die Spaltbreite zwischen den Elektroden in dieser Probe betrug $l_{LC} = 75\,\mu$m und der Abstand von Elektrodenprobe zu DFB-Laserprobe wurde mit einem 25 μm dicken Polyimidfolienstreifen definiert. Die Frequenz der Span-nungsquelle wurde auf 1 kHz eingestellt. Die maximale Durchstimmbarkeit be-trug etwa 4 nm und es konnte kein Hystereseverhalten festgestellt werden, wie in Abbildung 6.7b gezeigt. Die Messzeit zwischen zwei Punkten betrug typischerweise etwa 5 – 10 s. Da die Spannung mit dieser Spannungsquelle nur manuell verändert werden konnte, war eine detailliertere dynamische Untersuchung des Durchstimmverhaltens nicht möglich. Während die Laserschwelle dieser Probe

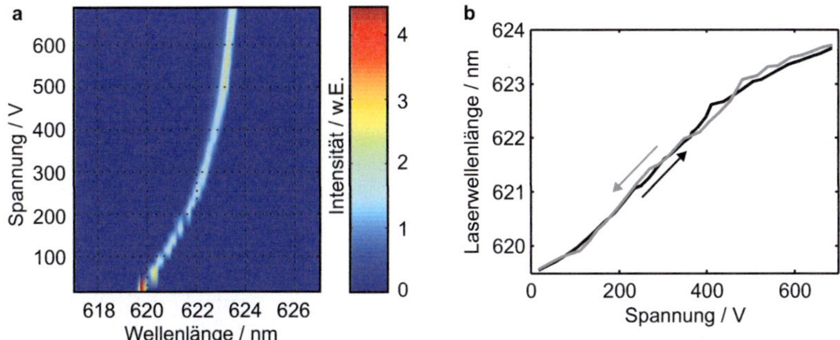

Abb. 6.7: (a) Falschfarbendarstellung des spannungsabhängigen Emissionsspektrums eines DFB-Lasers mit Flüssigkristallen in der oberen Mantelschicht. (b) Darstellung des Hystereverhaltens der Laserwellenlänge in Abhängigkeit der Spannung.

vor der Infiltration der Flüssigkristalle noch 157 nJ pro Puls betrug, so erhöhte sich die Schwelle erheblich sobald Flüssigkristalle in der oberen Mantelschicht des Wellenleiters waren. Dabei hatte der Anregespot einen Durchmesser von etwa 120 μm. Der spannungsabhängige Verlauf der Laserschwelle in Abbildung 6.8a zeigt erst einen Anstieg der Laserschwelle bis zu einer Spannung von etwa 130 V, worauf die Schwelle wieder abnimmt. Die erhöhte Laserschwelle im Vergleich zu der Untersuchung ohne Flüssigkristalle lässt sich mit einem geringeren Füllfaktor der Mode in der aktiven Schicht erklären, sobald der Brechungsindex in der oberen Mantelschicht erhöht wird. Zusätzlich formen Flüssigkristalle aufgrund thermischer Fluktuationen und einer damit verbundenen, lokalen Domänenbildung Streuzentren, was zusammen mit dem hohen Brechungsindexunterschied von $\Delta n = 0,1$ zwischen der ordentlichen und außerordentlichen Flüssigkristallachse einen weiteren optischen Verlustfaktor für den Resonator bzw. für die geführte Mode darstellt [232, 233]. Diese Annahme wird durch die Abnahme der Schwelle für größere Spannungen bestätigt, da dies den Grad der Ausrichtung der Flüssigkristalle erhöht und somit die optische Inhomogenität der Flüssigkristallschicht verringert, obwohl der Füllfaktor mit steigender Spannung abnimmt. In Abbildung 6.8b sind zur Verdeutlichung dieses Effektes die Intensitätsprofile der Moden für eine obere Mantelschicht aus Luft, mit Flüssigkristallen ohne angelegte Spannung und mit Flüssigkristallen bei vollständiger Ausrichtung aufgetragen.

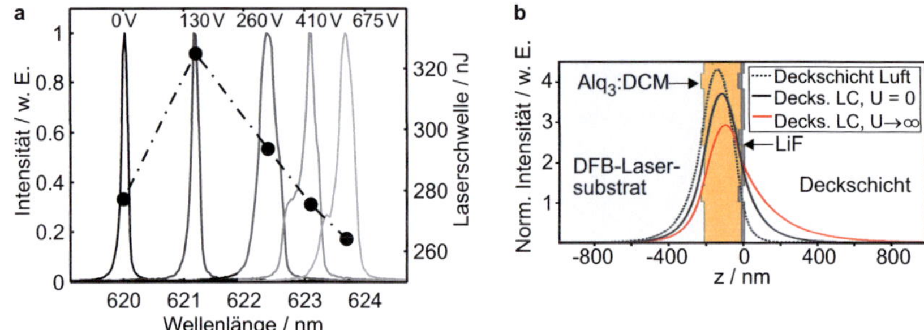

Abb. 6.8: (a) Ausgewählte, spannungsabhängige Laserspektren sowie der spannungsabhängige Verlauf der Laserschwelle. (b) Berechnete Intensitätsverteilung innerhalb des Wellenleiters für (1) Luft in der oberen Mantelschicht, bzw. (2) unausgerichtete ($U = 0\,\mathrm{V}$) sowie (3) voll ausgerichtete Flüssigkristalle ($U \to \infty$).

Oberflächeneffekte von Flüssigkristallen

In den Abbildungen 6.7a und b erkennt man, dass die Flüssigkristalle selbst bei sehr großen anliegenden elektrischen Feldern noch keine vollständige Ausrichtung erreicht haben, da der Wellenlängenverlauf keinerlei Sättigungsverhalten aufweist. Dies wird zudem dadurch bestätigt, dass eine einfache Berechnung mit Hilfe der Bragg-Gleichung eine maximale Durchstimmbarkeit von 7 nm für eine vollständige Neuorientierung der Flüssigkristalle ergibt. Daher wurde das spannungsabhängige Durchstimmverhalten genauer analysiert. Mit einer Weisslichtquelle, einem Polarisator vor und einem Analysator hinter der Flüssigkristallzelle wurde zunächst festgestellt, dass die Flüssigkristalle eine Vorzugsorientierung in Richtung der Gitterlinien oder senkrecht dazu aufweisen. Dies kann anhand von Abbildung 6.9 nachvollzogen werden. Man sieht, dass das durch Polarisator, Flüssigkristallzelle und Analysator transmittierte Licht bei einer Spannung von 0 V dunkler ist, wenn der Polarisator das einfallende Licht in Richtung der Gitterlinien polarisiert. Bei einer Anordnung von 45° von Polarisator und Analysator zu den Gitterlinien wird deutlich mehr Licht transmittiert, was schließen lässt, dass die Polarisation des einfallenden Lichts in der Flüssigkristallzelle aufgrund von Doppelbrechung eine Drehung und somit eine geringere Abschwächung im Analysator erfährt. Diese Beobachtung manifestiert sich bei Anlegen einer Spannung, da die Flüssigkristalle nun weitestgehend vollständig entlang des Feldverlaufs zwischen den Elektroden und damit parallel zum Gitter ausgerichtet werden. Dies führt bei paralleler Ausrichtung von Gitterlinien und Polarisator dazu, dass sämtliches Licht im Analysator absorbiert wird. Dagegen wird deutlich mehr Licht als in allen anderen Fällen transmittiert, wenn Polarisator und Analysator um 45° relativ zu den Gitterlinien gedreht sind und eine Spannung anliegt. Da Oberflächenstrukturierungen in Form von Liniengittern auch benutzt werden können, um eine Vororientierung von Flüssigkristallen an Grenzflächen zu erreichen [234], wird angenommen, dass die Flüssigkristalle auch ohne anliegende Spannung bereits teilweise parallel zu den Gitterlinien orientiert sind. Eine Messung mit einem Rasterkraftmikroskop hat ergeben, dass die ursprüngliche Tiefe des Gitters von 20 nm nach dem Bedampfen mit 200 nm Alq$_3$:DCM und 20 nm LiF noch zu etwa 80 % erhalten bleibt, so dass diese Annahme plausibel ist.

Für die Analyse wird eine homeotrope Anordnung der Flüssigkristalle angenommen, wie in Abbildung 6.9e schematisch gezeigt. Der Direktor weist eine positionsabhängige Orientierung $\theta(z)$ innerhalb der Flüssigkristallzelle relativ zur Oberflächennormalen auf. Für eine genaue Bestimmung des Direktorausrichtungsprofils $\theta(z)$ wird die freie Energie des Systems minimiert (s. Abschnitt 2.4). Dazu muss die Differentialgleichung

$$(k_1 \cos^2(\theta) + k_3 \sin^2(\theta)) \left(\frac{d\theta}{dz} \right)^2 - \frac{(\varepsilon_\perp (1 + \gamma \sin^2 \theta) E)^2}{(\varepsilon_{||} \sin^2 \theta + \varepsilon_\perp \cos^2 \theta)} =$$
$$- \frac{(\varepsilon_\perp (1 + \gamma \sin^2 \theta_{max}) E)^2}{(\varepsilon_{||} \sin^2 \theta_{max} + \varepsilon_\perp \cos^2 \theta_{max})} \tag{6.1}$$

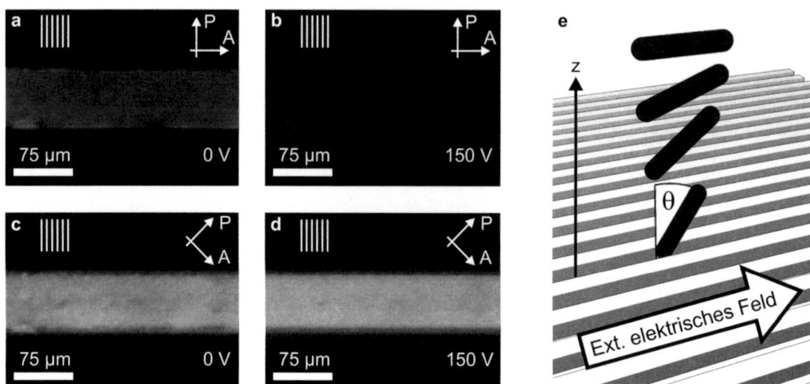

Abb. 6.9: (a) und (b) Mikroskopaufnahme des durch Polarisator, DFB-Laser mit Flüssigkristallen und Analysator transmittierten Lichts für 0 V und 150 V, wenn Polarisator und Analysator parallel bzw. senkrecht zu den Gitterlinien und dem anliegenden elektrischen Feld angeordnet sind. (c) und (d) Mikroskopaufnahme der Transmission für den Fall einer Anordnung von 45° für Polarisator und Analysator relativ zu den Gitterlinien bzw. dem anliegenden elektrischen Feld für 0 V und 150 V. (e) Schematische Veranschaulichung des verwendeten Modells der homeotropen Ausrichtung der Flüssigkristalle mit einem Winkelprofil des Direktors in z-Richtung und paralleler Ausrichtung der Vektorkomponente des Direktors entlang der Gitterlinien.

mit $\gamma = (\varepsilon_{||} - \varepsilon_{\perp})/\varepsilon_{\perp}$ gelöst werden [147]. Dabei wird angenommen, dass bei angelegter Spannung und damit anliegendem elektrischen Feld E das Winkelprofil in der Zellenmitte den maximalen Wert θ_{max} annimmt. Weiterhin wird angenommen, dass die Orientierung der Flüssigkristalle bezüglich der Zellmitte $z = d_{\mathrm{LC}}/2$ symmetrisch ist. Dies legt eine Randbedingung für die Differentialgleichung fest. Weitaus wichtiger ist die Orientierung der Flüssigkristalle direkt an der Grenze zu der LiF-Schicht. Für die homeotrope Orientierung an beiden Grenzschichten wird ein spannungsabhängiger Winkel $\theta_G \approx \theta_0 + f(U,W)$ angenommen, der sich mit Hilfe eines spannungsfreien Grenzwinkels θ_0, der anliegenden Spannung U und der Verankerungsenergie W an der Oberfläche ausdrücken lässt. Abdulhalim und Menashe haben für den Grenzwinkel θ_G im Fall schwacher Verankerung einen analytischen Ausdruck entwickelt, der in dieser Arbeit verwendet wurde [235]. Damit ist eine weitere Randbedingung der Differentialgleichung 6.1 festgelegt. Die Differentialgleichung lässt sich dann durch numerische Integration lösen und man erhält $\theta = f(z, U, W, \theta_0, d_{LC})$. Die für die Berechnung ebenfalls notwendige Schwellspannung wurde mit gekreuzten Polarisatoren zu etwa $U_{th} = 10\,\text{V}$ für einen Elektrodenabstand von $l_{\text{LC}} = 75\,\mu\text{m}$ und einer Zelldicke von $d_{\text{LC}} = 27{,}5\,\mu\text{m}$ bestimmt. Das Ausrichtungsprofil der Flüssigkristalle wurde damit für verschiedene Spannungen berechnet. Abbildung 6.10a zeigt einige der so bestimmten Ausrichtungsprofile, die dann mit Hilfe von

$$n(z) = \frac{n_\parallel n_\perp}{\sqrt{\left(n_\parallel^2 \cos^2 \theta(z) + n_\perp^2 \sin^2 \theta(z)\right)}} \tag{6.2}$$

in ein Brechungsindexprofil umgerechnet wurden [146]. Der ermittelte Brechungsindexverlauf nahe der Grenzfläche zu der LiF-Schicht ist in Abbildung 6.10b aufgetragen.

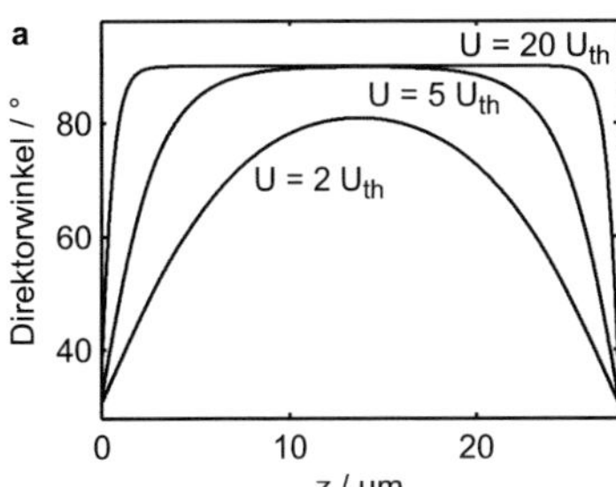

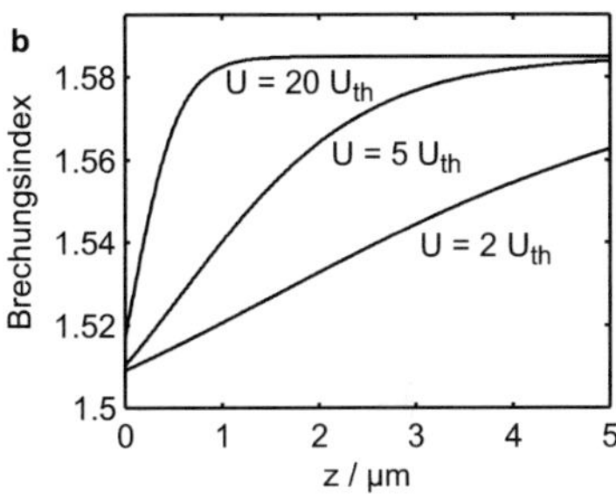

Abb. 6.10: (a) Winkelprofil des Direktors innerhalb der Flüssigkristallzelle senkrecht zur Probenoberfläche. (b) Aus dem Winkelprofil berechnetes Brechungsindexprofil nahe der Grenzfläche zum DFB-Laser.

Dieses Brechungsindexprofil wurde in Schichten von 10 nm Dicke diskretisiert. Mit CAMFR, einem Computerprogramm zum Lösen komplexer Wellenleiterstrukturen [236, 237], kann dann mit dem Brechungsindexprofil und dem Schichtaufbau des DFB-Lasers über die Bragg-Gleichung 2.16 die spannungsabhängige Laserwellenlänge der TE_0-Mode ermittelt werden. Mit diesem Modell konnte eine sehr gute Übereinstimmung mit dem gemessenen Durchstimmverhalten für die Fit-Parameter $\theta_0 = 30°$ und $W = 3,5 \cdot 10^{-4}\,\mathrm{J\,m^{-2}}$ erhalten werden, wie in Abbildung 6.11 dargestellt ist. Die absoluten Werte der theoretisch ermittelten Wellenlänge unterscheiden sich um etwa 1 nm von den experimentellen Daten. Der Wert für die Verankerungsenergie W stimmt mit Werten aus der Literatur für vergleichbare Flüssigkristalle überein [238, 239].

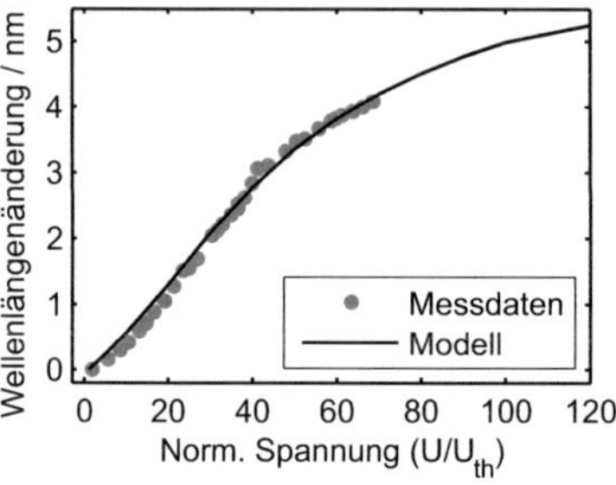

Abb. 6.11: Vergleich der gemessenen Durchstimmbarkeit mit dem erwarteten Verlauf unter Berücksichtigung von Verankerungseffekten der Flüssigkristalle an der Oberfläche.

Einfluss der Zelldicke

Mit Hilfe der vorgestellten Analyse lässt sich prinzipiell herausfinden, wie die Flüssigkristallzelle geschaffen sein muss, damit die Durchstimmbarkeit des DFB-Lasers maximal wird. Bei ansonsten gleichen Parametern, d.h. $W = 3,5 \cdot 10^{-4}\,\mathrm{J\,m^{-2}}$, $\theta_0 = 30°$ und einem Elektrodenabstand von $l_{\mathrm{LC}} = 75\,\mu\mathrm{m}$, stellt sich mit Hilfe des Modells heraus, dass die Veränderung der Wellenlänge größer ist je geringer die Dicke der Flüssigkristallzelle eingestellt wird. Dies liegt daran, dass sich der Überlapp der geführten Mode mit der Zellmitte, dem Ort der maximalen Ausrichtung der Flüssigkristalle, vergrößert. Daher wurde die Durchstimmbarkeit von Proben mit Zelldicken von $d_{\mathrm{LC}} = 17,5\,\mu\mathrm{m}$, $d_{\mathrm{LC}} = 27,5\,\mu\mathrm{m}$ und $d_{\mathrm{LC}} = 52,5\,\mu\mathrm{m}$ miteinander verglichen. Die experimentellen Untersuchungen, zu sehen in Abbildung 6.12a, konnten die theoretischen Vorhersagen allerdings nicht bestätigen. Es ist dabei anzunehmen, dass die Oberflächenenergie der Verankerung der Flüssigkristalle sich nicht mit der Zelldicke ändert. Vielmehr deutet die Diskrepanz zwischen Modell und Experiment in Abbildung 6.12b darauf hin, dass der spannungsfreie Grenzwinkel θ_0 ebenfalls von der Dicke der Flüssigkristallzelle abhängt, so dass es in Bezug auf eine maximale Durchstimmbarkeit eine optimale Zelldicke zwischen $d_{LC} = 17,5\,\mu$m und $d_{LC} = 52,5\,\mu$m gibt. Darüber hinaus wurde bei der Entwicklung des Modells eine homogene Feldverteilung angenommen. Die Vernachlässigung der Ortsabhängigkeit des Feldes ist vermutlich ebenfalls ein Grund für die Diskrepanz.

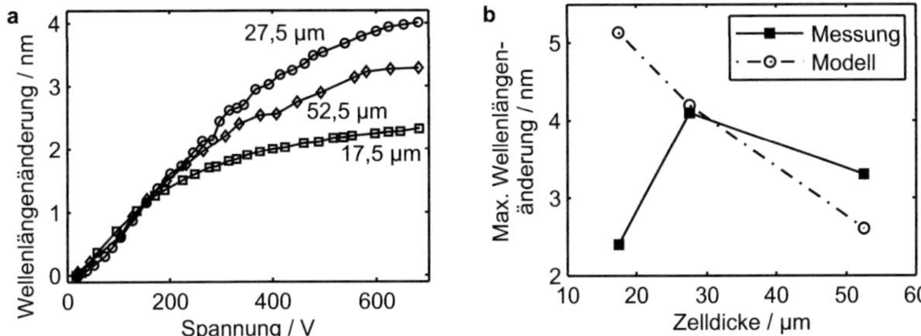

Abb. 6.12: (a) Spannungsabhängiger Laserwellenlängenverlauf für verschiedene Dicken d_{LC} der Flüssigkristallzelle. (b) Vergleich der maximal gemessenen Laserwellenlängen- änderungen bei verschiedenen Zelldicken mit den aufgrund des Modells erwarteten Werten.

Einfluss des Elektrodenabstandes

Der Abstand l_{LC} der Elektroden stellt einen weiteren geometrischen Parameter für die Konfiguration der Flüssigkristallzelle dar. Daher wurden verschiedene Elektrodenabstände realisiert und die Durchstimmbarkeit untersucht. Die Ergebnisse sind in Abbildung 6.13 zu sehen. Da der Abstand der Elektroden weder die Oberflächenenergie noch den spannungsfreien Grenzwinkel der Flüssigkristalle beeinflusst, zeigt die Durchstimmbarkeit der Laserwellenlänge bei maximal angelegter Spannung eine Abhängigkeit proportional zu l_{LC}^{-1}. Dies lässt sich mit der Abnahme des für die Steuerung der Flüssigkristallorientierung relevanten elektrischen Feldes $E = U/l_{LC}$ begründen. Die Zelldicke der verwendeten Proben betrug etwa $d_{LC} = 50\,\mu$m.

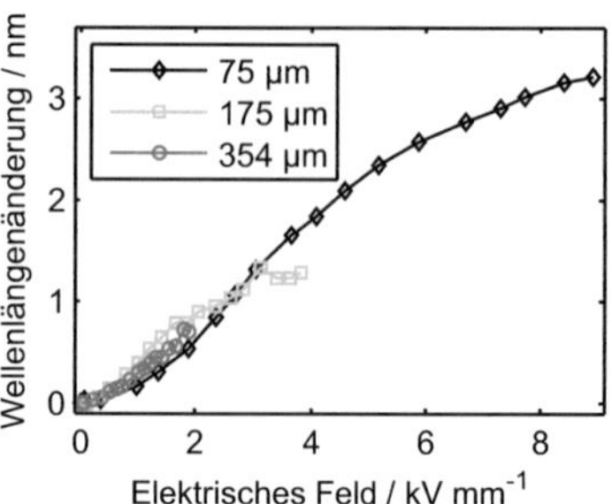

Abb. 6.13: Feldabhängiger Verlauf der Wellenlängenänderung für verschiedene Abstände l_{LC} der Elektroden.

Einfluss der Spannungssignalform

Der zeitliche Verlauf des Spannungssignals hat ebenfalls einen Einfluss auf das Emissionsverhalten der DFB-Laser. Es wurde festgestellt, dass die gemessenen Laserlinien bei einem sinusförmigen Spannungssignal und Spannungen oberhalb von 200 V deutlich breiter sind als bei einem rechteckigen Signal gleicher Frequenz, wie auch in Abbildung 6.14a zu sehen. Ein solches gemessenes Spektrum umfasste typischerweise 50-100 Einzelspektren, wobei die optischen Anregepulse nicht mit dem Spannungssignal der Flüssigkristalle synchronisiert waren. Diese Verbreiterung deutet daher darauf hin, dass die Flüssigkristalle der Amplitude des Spannungssignals direkt folgen, so dass die Einzelspektren zu Zeitpunkten unterschiedlicher Orientierung der Flüssigkristalle entstanden sind, was unterschiedliche Laserwellenlängen bedingt. Eine zeitabhängige Messung von ein bis zwei Einzelspektren über mehrere Anregepulse bei einer geringen Wiederholrate bestätigt dies, wie auch in Abbildung 6.14b für das sinusförmige Spannungssignal bei einer Spannung von 500 V gezeigt. Daher sollte für durchstimmbare DFB-Laser mit Flüssigkristallen als elektrooptisches Element immer ein rechteckiges bzw. hochfrequentes Signal der Spannung verwendet werden. Andererseits lässt sich aus diesen Ergebnissen ebenfalls schließen, dass die Wellenlänge von organischen DFB-Lasern mit Flüssigkristallen als elektrooptisches Element in der Mantelschicht unterhalb einer Millisekunde moduliert werden kann [240].

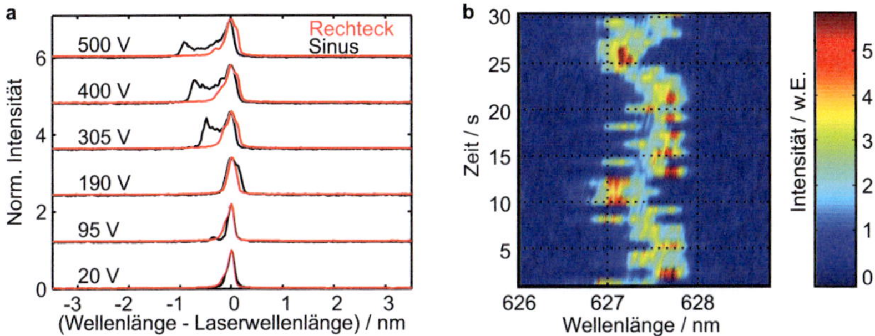

Abb. 6.14: (a) Vergleich mehrerer Laserspektren bei unterschiedlichen Spannungen. Die Flüssigkristalle wurden mit Spannungssignalen mit rechteckigem Profil (grau) und mit sinusförmigem Profil (schwarz) ausgerichtet. (b) Zeitabhängige Messung des Laserspektrums bei konstanter Spannung von 500 V mit sinusförmigem Signalverlauf. Ein Laserspektrum wurde dabei maximal über zwei Anregepulse gemittelt.

6.4 Diskussion

Der in diesem Abschnitt vorgestellte Ansatz zur Durchstimmung organischer DFB-Laser basiert auf der Kontrolle der Orientierung von Flüssigkristallen in der oberen Mantelschicht durch Anlegen eines elektrischen Feldes. Dies hat den Vorteil, dass bestehende Konzepte zur Integration organischer Festkörperlaser in mikrooptische Systeme nur geringfügig angepasst werden müssen. Die Durchstimmung mit Hilfe von Flüssigkristallen ermöglichte eine schnelle, spannungsgesteuerte Veränderung der Laserwellenlänge um 4 nm. Während klassische spannungsgesteuerte Transmissionszellen auf Basis von Flüssigkristallen, wie sie auch in LCD-Fernsehgeräten eingesetzt werden, Schaltzeiten im Bereich einiger Millisekunden haben, so orientieren sich die Flüssigkristalle nahe der Grenzflächen innerhalb einiger 10-100 Mikrosekunden [240]. Da die geführte, resonante Mode nur über den evaneszenten Teil des Intensitätsprofils mit der Schicht mit veränderlichem Brechungsindex wechselwirken kann, ist die Durchstimmbarkeit mit wenigen Nanometern entsprechend gering. Dies kann durch eine Verringerung des Substratbrechungsindexes verbessert werden, da dies den evaneszenten Anteil der Mode in der oberen Mantelschicht erhöht.

Ebenso lässt sich die Durchstimmbarkeit verbessern, indem man die Schichtdicke der Kernschicht verringert. Allerdings führt dieser Ansatz zu einer verringerten Effizienz, da der Füllfaktor und damit die effektive Verstärkung der Mode ebenfalls verringert wird. Weiterhin lässt sich das aktive Material mit Hilfe eines hochbrechenden, dielektrischen Materials wie zum Beispiel Titandioxid ($n = 2,00$) oder Hafniumoxid ($n = 1,91$) anstelle von Lithiumfluorid ($n = 1,39$) schützen. Der höhere Brechungsindex dieser Zwischenschicht würde den Überlapp der Mode mit der Flüssigkristallschicht ebenfalls erhöhen. Darüber hinaus würde so die Verwendungsdauer der organischen Laser länger. Mit LiF als schützende Schicht konnte in den Experimenten nach einem Tag keine Lasertätigkeit mehr beobachtet werden. Erste Versuche deuten darauf hin, dass dies mit Hafniumoxid als schützende Schicht wesentlich verbessert werden kann. Insgesamt stellt die Optimierung der Durchstimmbarkeit bei gleichzeitig niedrigen Laserschwellen ein komplexes Problem dar, da die unterschiedlichen Schichtdicken, die Dicke der Flüssigkristallzelle, die Gittertiefe und die Brechungsindexkonstellation beide Größen teilweise gegensätzlich beeinflussen. Eine weitere Methode zur Vergrößerung des Durchstimmbereiches besteht in der Verwendung von noch größeren Spannungen oder in der Verringerung des Elektrodenabstandes, was in beiden Fällen die elektrische Feldstärke in der Schicht der Flüssigkristalle und damit deren Ausrichtung erhöht. Während dieser Ansatz das Modenintensitätsprofil und damit die Laserschwelle nicht beeinflusst, muss dabei allerdings die Gefahr des elektrischen Durchschlags bedacht werden. Für ähnliche Flüssigkristalle werden in der Literatur Durchschlagsspannungen von etwa 1 kV bei Elektrodenabständen von $75\,\mu$m berichtet [241]. Durch die Verwendung von Flüssigkristallen mit negativer dielektrischer Anisotropie könnte sich ebenfalls eine größere Durchstimmbarkeit erzielen lassen. In diesem Fall ist die feldinduzierte Ausrichtung der Flüssigkristalle senkrecht zur Grenzfläche, so dass sich eine Verringerung der Zelldicke und damit die Orientierung der Flüssigkristalle entlang der Gitterlinien im feldfreien Zustand nicht negativ auf die Durchstimmbarkeit auswirkt. Des Weiteren sollte für die Wechselspannung ein rechteckiges Signal verwendet werden, um eine Linienverbreiterung bzw. Instabilitäten der Laserwellenlänge zu vermeiden.

7 Durchstimmbare organische DFB-Laser für die Anwendung

In diesem Kapitel werden ausgewählte Aspekte der praktischen Anwendbarkeit der in dieser Arbeit entwickelten, durchstimmbaren organischen DFB-Laser diskutiert. Es werden experimentelle Untersuchungen vorgestellt, in denen die durchstimmbaren Laser für die optische Spektroskopie verwendet wurden. Für den tatsächlichen Betrieb organischer Festkörperlaser ist die Laserschwelle und die Effizienz ebenfalls relevant. Dazu wurden einzelne Aspekte im Zusammenhang mit der optischen Anregung untersucht. Weiterhin werden Ergebnisse zu den durchstimmbaren organischen Lasern vorgestellt, die bei der optischen Anregung mit kompakten anorganischen Laserdioden erzielt wurden. Schließlich werden die vorgestellten Ergebnisse diskutiert.[1]

7.1 Stand der Technik

Seit der ersten Demonstration von Lasertätigkeit 1960 durch Theodore Maiman hat sich der Laser von „einer Lösung ohne Problem", wie er von T. Maiman und seinen Kollegen erst beschrieben wurde, unter anderem zu einem der wichtigsten, modernen Messinstrumente entwickelt. Die gerichtete Emission, die hohen Energiedichten, die Durchstimmbarkeit sowie die Kohärenz sind dabei häufig die ausschlaggebenden Kriterien für eine erfolgreiche Anwendung in den diversen Anwendungsbereichen von der Grundlagenforschung bis zur industriellen Messtechnik. Optisch angeregte organische Halbleiterlaser sind mittlerweile seit 15 Jahren bekannt, allerdings gelingt erst langsam der Transfer von den Forschungslaboren in die tatsächliche Anwendung. In der Forschung wird vor allem der Schwerpunkt auf die Realisierung niedriger Laserschwellen und großer spektraler Durchstimmbarkeit gelegt [13]. Während letzteres einen der

---

[1]*Die hier präsentierten Ergebnisse wurden in Teilen bereits in den Referenzen [194, 195] publiziert.*

Vorteile organischer Emitter unterstreicht, ist der erste Punkt vor allem dadurch begründet, dass das Erreichen von Laseremission mit niedrigen Schwellen auch eine fundamentale Bedeutung für die noch ausstehende erfolgreiche Demonstration von elektrisch betriebenen organischen Halbleiterlaserdioden hat. Daher konzentrieren sich viele Forschungsgruppen auf die Untersuchung neuartiger organischer Lasermaterialien mit großen Ladungsträgermobilitäten, geringen, elektrisch induzierten optischen Verlusten und hohen Wirkungsquerschnitten für die stimulierte Emission [88, 103, 104, 242, 243]. Organische Laserbauteile mit niedrigen Schwellen konnten bereits mehrfach mit Hilfe von anorganischen Laserdioden [63, 117–120] oder LEDs [121] gepumpt werden. Eine diskrete Durchstimmbarkeit über drei Wellenlängen wurde im Zuge dessen für einen organischen DFB-Laser mit variierender Gitterperiode und einer anorganischen Laserdiode als Pumpquelle demonstriert [117].

Oki et al. konnten mit Hilfe mehrerer DFB-Laser in einem Array die Absorption der Natrium-D-Linie mit diskreten Wellenlängen spektroskopisch vermessen [244]. Dazu verwendeten sie einen Nd:YAG-Laser als Pumpquelle, der alle Laserfelder gleichzeitig anregte. Organische DFB-Laser können ebenfalls für die Anregung von Fluoreszenzmolekülen verwendet werden, die typischerweise für biologische, chemische oder biomedizinische Untersuchungen angewendet werden. Dies wurde einerseits mit diskreten Wellenlängen im nahen UV-Bereich in einem Freistrahlexperiment erreicht [245]. Weiterhin konnte ein rot-emitierender organischer Laser, der in einem Lab-on-chip-System integriert war, dazu verwendet werden, Licht über einen integrierten Wellenleiter in einen Mikrofluidikkanal zu koppeln und dort Fluoreszenzmoleküle in Lösung anzuregen [16]. Diese Beispiele zeigen, dass organische Festkörperlaser mit diskreten Emissionswellenlängen trotz der Degradation des organischen Materials bei direktem Betrieb an Luft sowie der geringen Emissionsleistung durchaus Anwendung finden, was durch die Entwicklung von kompakten, kontinuierlich durchstimmbaren Lasern noch erweitert werden würde.

7.2 Optische Spektroskopie

7.2.1 Messaufbau und Verkapselung

Die in dieser Arbeit entwickelten, kontinuierlich durchstimmbaren organischen Halbleiterlaser wurden zur Charakterisierung von spektralen Transmissionseigenschaften einzelner Proben verwendet. Für diese Untersuchung wurden durchstimmbare organische DFB-Laser mit Alq$_3$:DCM als aktives Material mit Hilfe der Rotationsschattenmasken-Aufdampftechnik (s. Abschnitt 5.2.2) hergestellt. Wie bereits in Abschnitt 2.2.4 beschrieben, kommt es bei Betrieb solcher Laserbauteile an Atmosphärenbedingungen zu Degradationsreaktionen, so dass Lasertätigkeit nach etwa $5 \cdot 10^3$ Anregungspulsen ausbleibt [165].

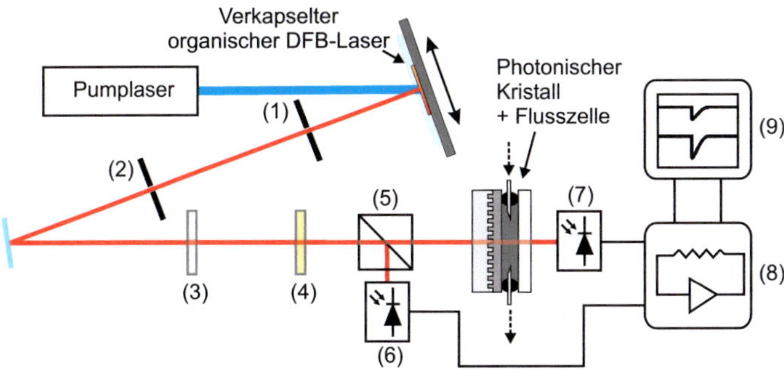

Abb. 7.1: Schema des kompakten Aufbaus für die Vermessung der spektralen Transmissionseigenschaften eines photonischen Kristall-Schichtwellenleiters: (1), (2) $0,8\,\text{mm}$-Aperturen, (3) Polarisationsfilter, (4) Langpassfilter, (5) Strahlteiler, (6) Referenzphotodiode PD1, (7) Signalphotodiode PD2, (8) Transimpedanzwandler, (9) Digitaloszilloskop.

Um für die Anwendung der durchstimmbaren Laser dennoch einen kompakten Aufbau realisieren zu können, sind geeignete Verkapselungsmaßnahmen notwendig. Dazu wird die Probe auf einer Aluminiumplatte befestigt und mit einer Petrischale und einem Klebstoff auf Epoxidharz-Basis unter Stickstoffatmosphäre versiegelt. Diese einfache Verkapselung ermöglicht Lasertätigkeit über etwa 10^7 Anregungspulse an einer Stelle der Probe [164]. Die verkapselte Probe wird auf einem automatisierten Positioniertisch befestigt, der es erlaubt, die Probe relativ zum Anregestrahl zu verfahren. Die Genauigkeit der Positionierung der DFB-Laserprobe relativ zum Anregespot liegt damit bei $2\,\mu$m. Ein kompakter, passiv gütegeschalteter, frequenzverdreifachter Nd:YAG-Laser (FTSS355-Q2, Fa. Crylas) dient als Anregequelle. Dieser Laser emittiert Lichtpulse mit einer Dauer von 1 ns bei einer Wellenlänge von 355 nm. Die Emission der TE_0-Mode des organischen Lasers wird mit Hilfe eines Polarisators und eines Langpassfilters (GG385, Fa. Schott) aufbereitet. Zwei Aperturen mit einem Öffnungsdurchmesser von $0,8$ mm dienen zur Justage und zur Reduktion des lateralen Modenprofils. Vor allem bei eindimensionalen DFB-Lasern bildet sich im Fernfeld aufgrund fehlender lateraler Modenführung ein fächerartiges Strahlprofil mit winkelabhängigen Wellenlängenabweichungen um wenige Nanometer aus [246]. Dieser Effekt spielt vor allem bei hohen Anregungsdichten eine entscheidende Rolle. Diese spektrale Verbreiterung im Fernfeld kann mit Hilfe der Aperturen auf Kosten der nutzbaren Intensität reduziert werden. Ein Strahlteiler (CM1-BS1, Fa. Thorlabs) reflektiert einen Teil des Nutzstrahls auf eine Referenz-Photodiode. Der andere Teil des Lichts wird durch die zu untersuchende Probe auf eine zweite Photodiode gelenkt. Das Signal beider Photodioden wird mit Transimpedanzwandlern mit 1 V/nA umgewandelt und mit einem Digitaloszilloskop (TDS2024, Fa. Tektronix) ausgelesen. Abbildung 7.1 zeigt eine schematische Darstellung des beschriebenen Messaufbaus. Vor der eigentlichen Messung wurde eine Kalibrationskurve für die Zuordnung der positionsabhängigen Laserwellenlänge mit Hilfe eines Spektrometers aufgenommen und durch ein Polynom vierten Grades angenähert. Die Kalibrationsmessung ist in Abbildung 7.2 zu sehen. Mit der Schrittweite des Positioniertisches ergab sich damit eine minimale Auflösung von $0,01$ nm. Außerdem wurde für den Aufbau eine Transmissionsmessung ohne Probe im Signalarm als Nullpunktsreferenz $T_0(\lambda)$ gemacht. Die Transmission der Probe bei einer einzelnen Wellenlänge wurde dann durch $T(\lambda) = T_{\mathrm{mess}}(\lambda)/T_0(\lambda)$ mit $T_{\mathrm{mess},0}(\lambda) = U_{\mathrm{PD2}}(\lambda)/U_{\mathrm{PD1}}(\lambda)$ bestimmt. Für einen einzelnen Wert wurden 64 Einzelmessungen gemittelt. Der komplette optische Aufbau passte auf eine Laborschraubplatte mit $30\,\mathrm{cm} \times 30\,\mathrm{cm}$ Ausdehnung.

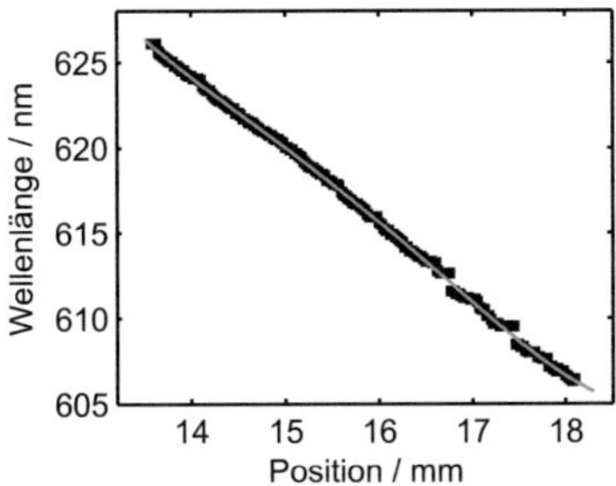

Abb. 7.2: Kalibrationskurve der ortsabhängigen Laserwellenlänge. Mit einem Polynom vierten Grades wurden die Messwerte angenähert, so dass keine direkte Überwachung der Laserwellenlänge während des Betriebs nötig war.

7.2.2 Experimentelle Ergebnisse

Der kompakte Aufbau wurde dazu verwendet, einen einfachen chemischen Sensor auf der Basis eines photonischen Kristalls zu betreiben. Photonische Kristallschichten sind ähnlich aufgebaut wie DFB-Laser - sie bestehen aus einer periodischen Modulation des Brechungsindexes in einer wellenführenden Kernschicht. Sie weisen aufgrund der periodischen Modulation ausgeprägte Reflektions- und Transmissionseigenschaften auf, die von der Einfallsrichtung und der Wellenlänge des Lichts, aber auch von den einzelnen Brechungsindizes von Kern- und Mantelschichten abhängen. Solche photonischen Kristallschichten eignen sich als photonische Messwertwandler in neuartigen Analyseverfahren für biomedizinische und chemische Fragestellungen [229, 247, 248]. Ein Schema des angewandten Messprinzips ist in Abbildung 7.3 zu sehen.

Der photonische Kristall wurde in einer 130 nm dicken ITO-Schicht auf einem Substratträgerglas realisiert. Das eindimensionale Gitter dieses Kristalls hatte eine Periode von 400 nm, eine Gittertiefe von 50 nm und ein Tastverhältnis von etwa 0,8 und wurde von Ulf Geyer im Rahmen seiner Promotion am LTI durch Laserinterferenzlithografie und anschließendem Trockenätzen hergestellt [150]. Der photonische Kristall wurde in eine Flusszelle eingebaut (vgl. Abschnitt 6.2), so dass die spektrale Änderung der Transmissionseigenschaften des photonischen Kristalls durch Zugabe von

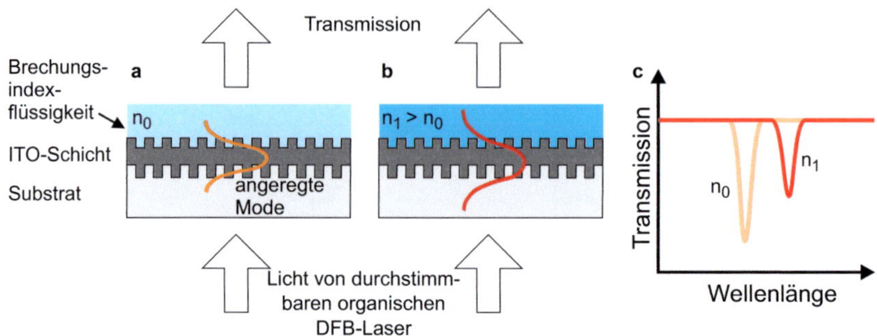

Abb. 7.3: Schematische Darstellung des Funktionsprinzips des Brechungsindexsensors. (a), (b) Mit Hilfe des durchstimmbaren Laserlichts lassen sich je nach Brechungsindex in der Mantelschicht unterschiedliche Wellenleitermoden durch Einkoppeln der resonanten Wellenlänge anregen. (c) Die Wellenlängen des eingekoppelten Lichts werden reflektiert bzw. nicht transmittiert, so dass das Transmissionsspektrum Minima bei den entsprechenden Wellenlängen aufweist.

Brechungsindexflüssigkeiten in der Deckschicht ebenfalls vermessen werden konnte. Dabei wurden die Gitterlinien der photonischen Kristallschicht parallel zu der Polarisation des einfallenden Laserlichts von dem organischen DFB-Laser orientiert.

Die schwarze Messkurve in Abbildung 7.4 zeigt die spektrale Transmission des photonischen Kristalls mit Luft in der Deckschicht, wie sie mit dem organischen Laser vermessen wurde. Man erkennt eine Bandlücke bei 613 nm mit einer vollen Halbwertsbreite von etwa 3 nm. Dies entspricht einer optischen Güte von etwa 200. Ähnliche Werte wurden für diese Probe auch mit einer Weißlichtquelle und gekreuzten Polarisatoren beobachtet [150]. Die gleiche Probe wurde dann mit Flüssigkeiten mit unterschiedlichen Brechungsindizes benetzt. Dazu wurde deionisiertes Wasser ($n_1 = 1,332$) und Mischungen von deionisierten Wasser mit 10 vol.% ($n_1 = 1,346$) und 20 vol.% ($n_1 = 1,360$) Glyzerin in die Flusszelle gespült. Die entsprechenden Transmissionskurven des photonischen Kristalls mit diesen drei verschiedenen Brechungsindizes in der Deckschicht sind ebenfalls in Abbildung 7.4 aufgetragen. Die Verschiebung der Transmissionsmaxima um $0,1$ nm aufgrund der Brechungsindexänderung um $0,014$ entspricht einer Sensitivität von etwa $7,1$ nm/RIU. Im Vergleich zu der

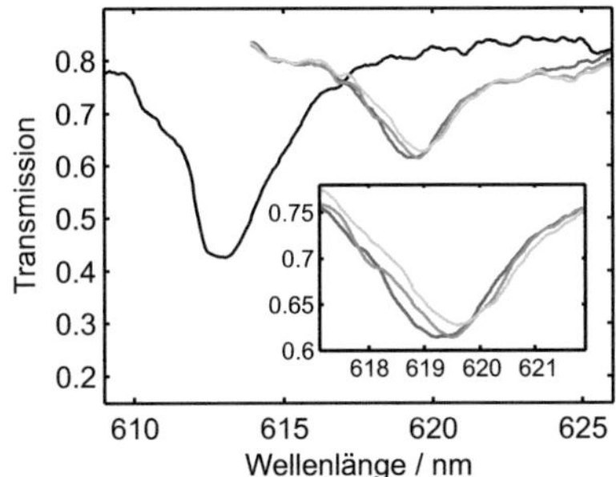

Abb. 7.4: Transmissionsmessungen des photonischen Kristalls für Luft (schwarze Linie) und für unterschiedliche Mischungen aus Wasser und Glyzerin (graue Linien, Wasser:Glyzerin-Verhältnisse bezogen auf das Volumen von dunkel zu hell: 10:0, 9:1, 8:2) wie mit dem durchstimmbaren, organischen DFB-Laser gemessen. Im Inset erkennt man deutlich die Verschiebung der Transmissionsspektren des photonischen Kristalls mit den Wasser-Glyzerin-Gemischen in der Deckschicht.

Messkurve an Luft erkennt man auch, dass mit den verschiedenen Lösungen die Transmission im Minimum steigt. Dies lässt sich mit einem geringeren Füllfaktor der eingekoppelten, geführten Mode und einem schlechteren Gütefaktor aufgrund des reduzierten Brechungsindexkontrastes erklären. Durchstimmbare organische DFB-Laser können demnach auch dazu verwendet werden, um geringe Änderungen eines Brechungsindexes indirekt zu detektieren.

Mit Hilfe des gleichen Aufbaus konnte darüber hinaus gezeigt werden, dass sich mit organischen DFB-Lasern als Lichtquelle in der Transmissionsspektroskopie durchaus vergleichbare Leistungen wie mit kommerziellen Photospektrometern erzielen lassen [164]. Selbst optische Dichten von OD5 können mit diesem Aufbau noch vermessen werden. Darüber hinaus wurde das System dazu verwendet, um Fluoreszenzmarker mit verschiedenen Laserwellenlängen anzuregen [194, 215]. Es wurde dabei gezeigt, dass die Anpassung der Anregewellenlänge auf das Absorptionsmaximum des Fluoreszenzmarkers ein deutlich besseres Fluoreszenzsignal erzeugt. Dies kann von entscheidender Bedeutung für zum Beispiel biologische Untersuchungen sein, bei denen Fluoreszenzsignale analysiert und entsprechend verarbeitet werden.

7.3 Effizienz optisch angeregter organischer DFB-Laser

7.3.1 Überblick

Für die Verwendung von Laserlichtquellen jeglicher Art in der Praxis ist es wünschenswert, so viel wie möglich von der eingebrachten Pumpleistung bzw. -energie in Form von Laserstrahlung zu erhalten. Einerseits lässt sich dies durch eine Optimierung der Pumpeffizienz erreichen, indem man zum Beispiel eine Pumpwellenlänge wählt, die gut von dem aktiven Material absorbiert wird, oder ein weiterer Resonator für die effiziente Ein- bzw. Rückkopplung des Pumplichts benutzt wird. Die Effizienz des Laserresonators spielt ebenfalls eine Rolle. Sie kann durch eine Erhöhung der resonanten Rückkopplung durch zum Beispiel eine Verringerung der optischen Verluste optimiert werden. Generell ist eine niedrige Schwelle ein Indikator für einen guten Resonator. Allerdings stellt die Auskopplung von Laserstrahlung einen, wenn auch gewünschten, optischen Verlust dar, so dass ein Optimum in Bezug auf Laserschwelle und Ausgangsleistung gefunden werden muss. Im Bereich der optisch angeregten organischen DFB-Laser gibt es eine Vielzahl an Parametern, die variiert werden können, um die Schwellen und die differentielle Quanteneffizienz des Lasers zu beeinflussen. Dazu zählt die Verwendung effizienter Emittermaterialien, eine Anpassung der Gitterart und -form sowie die Ausnutzung des Gitters als Resonator für das Pumplicht.

Um trotz der verschiedenen Anregeparameter wie Anregespotgröße und -form sowie Anregedauer aufgrund der unterschiedlichen, verwendeten Apparaturen eine Vergleichbarkeit mit anderen Studien zu ermöglichen, wird die optische Pumpenergie an der Laserschwelle häufig auf die Fläche der Anregung, manchmal sogar zusätzlich noch auf die Dauer der optischen Anregung normiert. Eine weitere Motivation für diese Vorgehensweise neben der allgemeinen Vergleichbarkeit liegt darin, dass im Bereich organischer optoelektronischer Bauelemente wie OLEDs oder OFETs meistens die Stromdichte durch das Bauteil relevanter ist als die tatsächliche Anzahl der injizierten Ladungsträger. Damit die Erkenntnisse aus den Untersuchungen an optisch angeregten organischen Lasern auf die weiterhin unternommenen Anstrengungen zur Realisierung elektrisch betriebener organischer Halbleiterlaser übertragen werden können, wird diese Art der Angabe der Schwelle bevorzugt. Der Einfluss der Dauer der optischen Anregung kann allerdings nur schwer untersucht werden, da dazu eine Anregequelle, optimalerweise ein Pumplaser, nötig ist, deren Pulsdauer je nach verwendetem organischen Material von einigen Femtosekunden bis in den Nanosekundenbereich variiert werden kann. Modellberechnungen für Farbstofflaser haben gezeigt, dass kurze Anregepulse für das Erreichen niedriger Laserschwellen allgemein zu bevorzugen sind, wobei die Effizienz in nichtlinearer Weise von der Pumpdauer abhängt [113].

In dieser Arbeit wurde der Einfluss der Pumpspotgröße systematisch an einem Modellsystem untersucht. Mit Hilfe der Ergebnisse kann abgeschätzt werden, inwieweit im Bereich optisch angeregter DFB-Laser eine Normierung von Laserschwellen auf die Fläche gerechtfertigt ist.

7.3.2 Experimentelle Ergebnisse

Für diese Untersuchungen wurden organische DFB-Laser mit Hilfe der Nanotransfermethode (s. Abschnitt 3.4) hergestellt. Diese Herstellungsmethode hat den Vorteil, dass die Gittermodulation ausschließlich an einer Grenzfläche auftritt. Dies ermöglicht einen Vergleich mit der korrigierten Theorie der gekoppelten Moden. Als aktives Material wurde Alq_3:DCM mit einer Schichtdicke von 200 nm gewählt. Das aufgebrachte Gitter hatte eine Periode von 398 nm, eine Gittertiefe von maximal 50 nm und ein Tastverhältnis von etwa 0,33. Der für die optische Charakterisierung verwendete Aufbau ist in Abschnitt 5.2.2 genauer beschrieben.

Die Laserschwelle wurde an mehreren Stellen der Probe für verschiedene Anregespotdurchmesser vermessen. Dabei hatte der Anregespot eine elliptische Form. Deswegen wurde die Probe für die verschiedenen Spotdurchmesser mit der langen Achse des elliptischen Anregespots senkrecht (D_1) und mit der kurzen Achse senkrecht (D_2) zu den Gitterlinien charakterisiert indem die Probe um $90°$ gedreht wurde. Dies ist in Abbildung 7.5a zur Veranschaulichung skizziert. Der gemittelte Laserschwellenverlauf in Abhängigkeit des Pumpspotdurchmes-

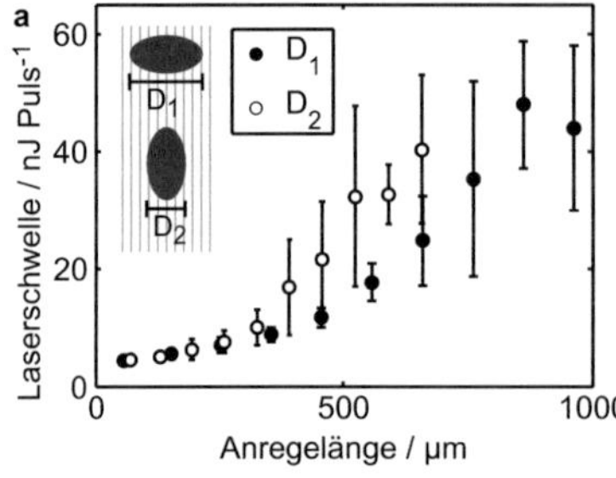
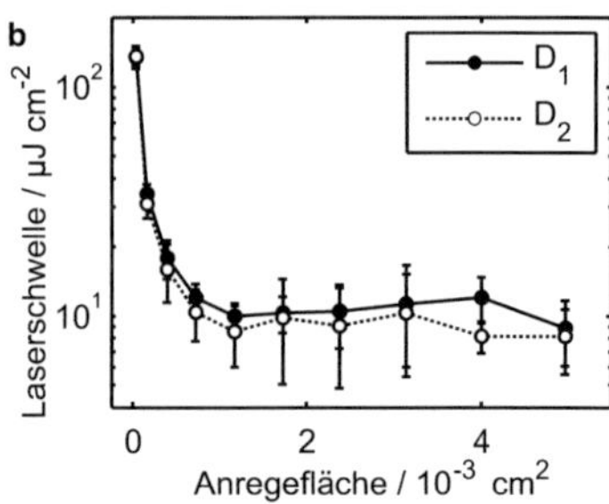

Abb. 7.5: (a) Verlauf der Pulsenergie an der Laserschwelle für variierende Anregelängen senkrecht zu dem DFB-Gitter. (b) Verlauf der Schwellanregungsdichte für variierende Anregeflächen. Bei beiden Untersuchungen wurden die unterschiedlichen Orientierungen des elliptischen Pumpstrahlprofils durch eine Drehung der Probe um 90° berücksichtigt, wie klein in (a) dargestellt.

sers senkrecht zu den Gitterlinien ist in Abbildung 7.5a aufgetragen. Die Laserschwellen, bezogen auf die Pulsenergie, nehmen für größere Durchmesser zu. Darüber hinaus weichen die Werte der unterschiedlichen Orientierungen für größere Durchmesser stärker voneinander ab und weisen gleichzeitig größere Ungenauigkeiten auf. Diese Messwertschwankungen lassen sich mit lokalen Gitterfehlern, wie sie auch in der Rasterelektronenmikroskopaufnahme in Abbildung 7.6 zu sehen sind, erklären. Je größer die Fläche der Anregung gewählt wird, desto wahrscheinlicher ist es auch, dass solche Gitterfehler im Bereich der optischen Anregung liegen.

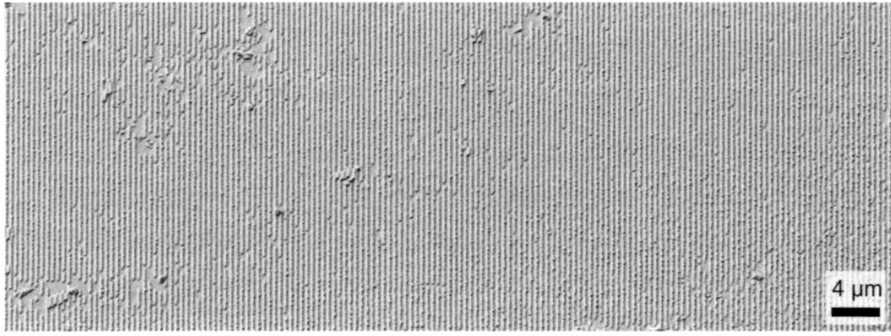

Abb. 7.6: Großflächige REM-Aufnahme des Gitters, das per Nanotransfer hergestellt wurde. Es sind vereinzelte Gitterfehler zu erkennen.

Eine Normierung der Laserschwelle auf die Anregefläche ergibt den in Abbildung 7.5b halblogarithmisch dargestellten Verlauf. Oberhalb einer Anregefläche von etwa $0,73 \cdot 10^{-3}\,\mathrm{cm^2}$ erhält man eine konstante Schwellanregungsdichte, vorher ist diese deutlich größer. Dies entspricht je nach Gitterorientierung einem Spotdurchmesser von $D_1 = 261\,\mu\mathrm{m}$ bzw. $D_2 = 356\,\mu\mathrm{m}$. Demnach lassen sich Schwellanregungsdichten nur dann ohne weitere Kenntnis über die Anregespotdimensionen vergleichen, wenn ein Anregespot verwendet wird, dessen Fläche größer als diese Grenze ist.

Da die einzelnen Gittererhöhungen der Probe im Profil annähernd ein Kreissegment beschreiben, ist ein direkter Vergleich mit der Theorie der gekoppelten Moden nach Streifer nicht möglich, da das Modell für rechteckige Gitterprofile entwickelt wurde. Allerdings ist ein indirekter Vergleich möglich. In Abbildung 7.7a ist der berechnete Verlauf der Schwellanregungsdichte in Abhängigkeit der Anregungsfläche für einen DFB-Laser mit der homogenen Schichtdicke 200 nm und einem rechteckigen Gitter der Periode 398 nm, dem Tastverhältnis 0,33 und verschiedenen Gitterhöhen h gezeigt. Für die Normierung der Laserschwelle auf die Fläche wurde ein Kreis mit der eindimensionalen Anregungslänge L als Anregungsdurchmesser angenommen. Alle Kurven zeigen einen qualitativ ähnlichen Verlauf – ab einer bestimmten Fläche bleibt die flächenbezogene Laserschwelle annähernd konstant, wobei dieser Grenzwert mit abnehmender Gitterhöhe zunimmt. Darüber hinaus zeigen die berechneten und teilweise auch die gemessenen Schwellanregungsdichten im konstanten Bereich kleine Oszillationen mit zunehmender Fläche. Eine Analyse des Amplitudenprofils $I(z) \propto |R(z)|^2 + |S(z)|^2$ (vgl. Gleichung 2.42) zeigt, dass sich an diesen Stellen die Anzahl der lokalen Amplitudenmaxima innerhalb der Anregungslänge erhöht. Des Weiteren sind die Schwellanregungsdichten für flache Gitter kleiner als die für tiefe Gitter. Dies ist im Hinblick auf die Entwicklung von elektrisch betriebenen organischen DFB-Lasern relevant. Demnach sollte für DFB-Laser mit niedrigen Schwellanregungsdichten, d.h. geringen, notwendigen Ladungsträgerdichten, der Resonator eine flache periodische Modulation also einen geringen Kopplungskoeffizienten aufweisen, da dies die Verluste durch Auskopplung verringert.

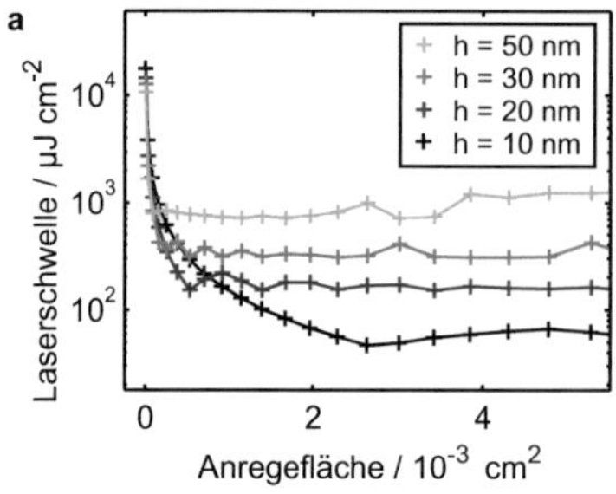
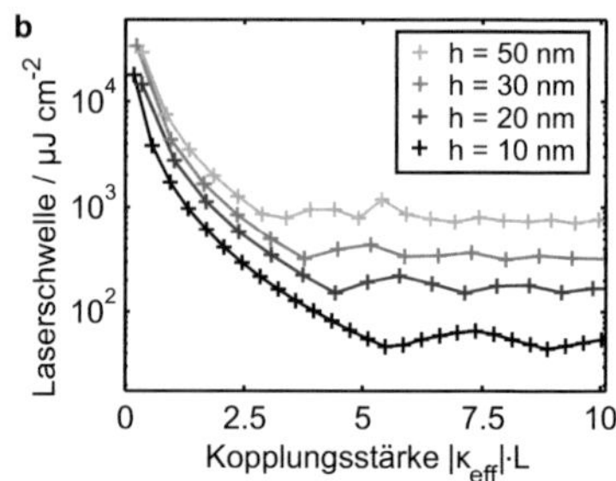

Abb. 7.7: Theoretisch ermittelter Verlauf der Schwellanregungsdichte für unterschiedliche Gitterhöhen h und (a) variierende Anregeflächen und (b) variierende Kopplungsstärken.

Eine Auftragung der Schwellanregungsdichte gegen die jeweilige Kopplungsstärke $|\kappa_{\mathrm{eff,h}}| \cdot L$ mit der Anregungslänge L zeigt, dass sich die Schwellanregungsdichten je nach Gittertiefe ab Kopplungsstärken von $|\kappa_{\mathrm{eff,h}}| \cdot L \approx 2,5$ bis $|\kappa_{\mathrm{eff,h}}| \cdot L \approx 5$ nicht mehr nennenswert ändern (s. Abbildung 7.7b). Ein ähnliches Verhalten findet man auch für unterschiedliche Tastverhältnisse und Schichtdicken. Diese Erkenntnis ist bei Kenntnis des Kopplungskoeffzienten hilfreich, um durch Anpassung des Spotdurchmessers eine Vergleichbarkeit mit anderen Studien gewährleisten zu können.

Die absoluten, berechneten Schwellanregungsdichten liegen deutlich über den experimentell ermittelten Werten in Abbildung 7.5b. Dies liegt daran, dass das reale Gitterprofil nicht rechteckig war, so dass sich unterschiedliche Kopplungskoeffizienten und Verlustfaktoren $\mathrm{Im}(\zeta_1)$ ergeben. Streifer et al. konnten zum Beispiel in ihren Berechnungen zeigen, dass die Kopplungskoeffizienten für rechteckige Gitterprofile bei geringen Gittertiefen größer sind als die von vergleichbaren, sinusförmigen Gitterprofilen [249]. Jedoch weisen sinusförmige Gitter auch geringere Verluste durch Auskopplung auf, da höhere Fourierkoeffizienten verschwinden, was die Korrekturterme ζ_i und damit radiative Verluste verringert (vgl. Gleichung 2.37)[250]. Dieser Effekt ist auch bei einer Verringerung der Gitterhöhe in einem DFB-Laser mit rechteckigem Gitterprofil zu beobachten. Einerseits nimmt die Kopplungskonstante ab, andererseits aber auch der Verlustterm $\text{Im}(\zeta_1)$, so dass sich insgesamt eine niedrigere flächenbezogene Laserschwelle bei Kopplungsstärken von $\left|\kappa_{\text{eff,h}}\right| \cdot L = 10$ ergibt. Im Umkehrschluss bedeutet dies, dass es bei DFB-Lasern höherer Ordnung nicht ausreicht, den Kopplungskoeffizienten zu untersuchen, da eine gute Kopplung auch hohe Verluste und damit hohe Schwellanregungsdichten mit sich bringen kann. Dies ist in Abbildung 7.8 zusammengefasst. Man sieht, dass sich die Laserschwelle proportional zu den Auskoppelverlusten verhält.

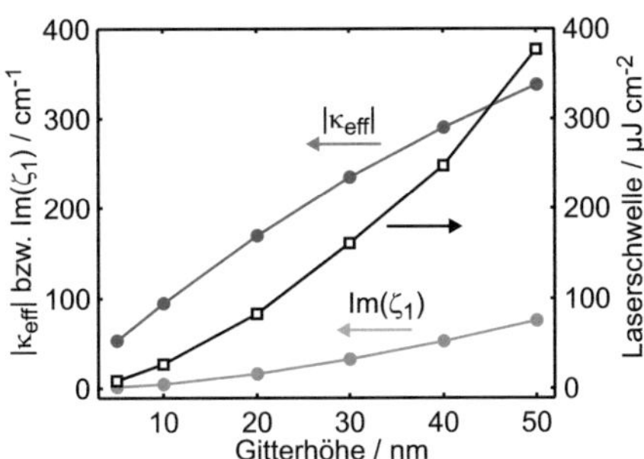

Abb. 7.8: Berechneter Verlauf des Kopplungskoeffizienten $\left|\kappa_{\text{eff}}\right|$, des radiativen Verlustfaktors $\text{Im}(\zeta_1)$ sowie der Schwellanregungsdichte für Bauteile mit Kopplungsstärken von $\left|\kappa_{\text{eff,h}}\right| \cdot L = 10$ bei variierender Gitterhöhe.

Weiterhin muss beachtet werden, dass das tatsächliche Anregeprofil des Pumpspots eine annähernd Gaußsche Verteilung aufweist, während die Verstärkung im Modell räumlich homogen ist. Dies führt dazu, dass die tatsächliche Anregungslänge im Experiment vermutlich geringer ist als angenommen. Eine genauere Untersuchung der effektiven Anregungslänge wäre mit einem angepassten Modell möglich, in dem das Anregungsprofil dem tatsächlichen nachempfunden wird.

Die emittierte Pulsenergie senkrecht zur Probenoberfläche des organischen DFB-Lasers zweiter Ordnung wurde ebenfalls mit Hilfe eines Pulsenergiemessgerätes erfasst. Eine so ermittelte Kennlinie ist in Abbildung 7.9a zu sehen. Abbildung 7.9b zeigt den Verlauf des differentiellen Quantenwirkungsgrades für die verschiedenen Anregungsflächen. Für größer werdende Anregungsflächen ist ein Abfallen der Effizienz von etwa 0,9 % auf 0,6 % zu beobachten. Aufgrund von Gleichung 2.45 wurde erwartet, dass die Auskopplung von Licht und damit die differentielle Effizienz unabhängig von der Anregelänge bzw. von der Anregefläche verläuft. Die geringfügige Abnahme der Effizienz mit zunehmender Anregungsfläche muss mit Hilfe einer genaueren Analyse in Zukunft untersucht werden. Dabei sind auch optische Auskoppelverluste in der Wellenleiterebene an den Rändern des Pumpbereiches zu berücksichtigen.

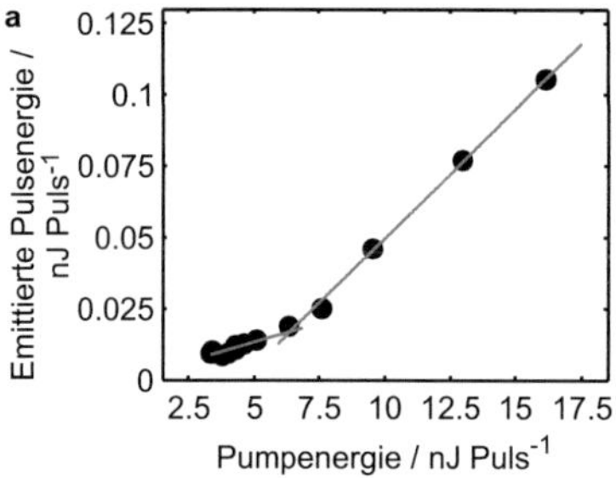
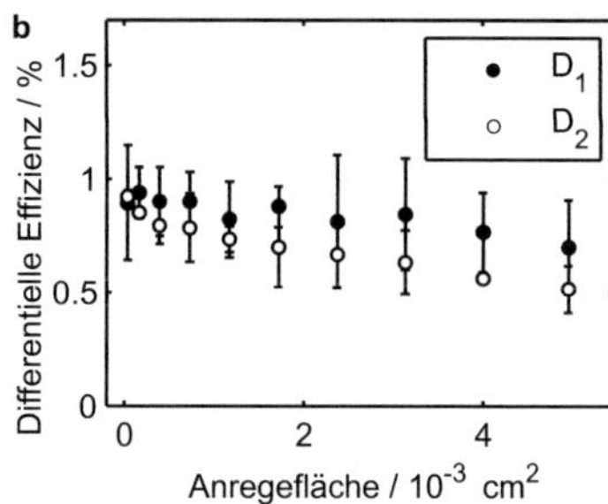

Abb. 7.9: (a) Kennlinie des DFB-Lasers für eine Anregefläche von $1,6 \cdot 10^{-4}\,\mathrm{cm}^2$. (b) Verlauf des differentiellen Quantenwirkungsgrades des DFB-Lasers für variierende Anregeflächen.

Neben der Effizienz der organischen DFB-Laser ist allerdings auch die Betriebsdauer ein relevanter Aspekt für die Anwendung. Daher wurde für drei verschiedene Anregungsflächen die emittierte Laserintensität in Abhängigkeit der Anzahl der Anregungspulse bei einer Pulswiederholrate von 5 kHz gemessen. Die Probe befand sich dabei, wie schon in den Messungen zuvor, in der evakuierten Probenkammer. Die Anregungsenergie wurde für alle Flächen so eingestellt, dass sie $65 - 75\,\mathrm{nJ}$ oberhalb des jeweiligen Schwellwertes lag, da dies in Anbetracht der Ergebnisse in Abbildung 7.9b zu Beginn der Messungen etwa die gleichen emittierten Pulsenergien ergibt. In Abbildung 7.10 sieht man die Anzahl der Anregungspulse, innerhalb derer die emittierte Intensität auf 50 % des ursprünglichen Wertes abgefallen ist. Die Auftragung erfolgt gegen die Anregungsfläche aufgetragen. Die degradationslimitierte Betriebsdauer kann deutlich von etwa 10^7 Pulse auf $3,6 \cdot 10^7$ Pulse verlängert werden, wenn der Spotdurchmesser und damit die Anregefläche größer gewählt wird. Der

Spot hatte bei einer Fläche von $0,68 \cdot 10^{-3}\,\mathrm{cm^2}$ die elliptischen Achsen $D_1 = 375\,\mu\mathrm{m}$ und $D_2 = 230\,\mu\mathrm{m}$, wobei der zweite Durchmesser senkrecht zu den Gitterlinien orientiert war. Dies entspricht etwa den Anregespotdimensionen, ab denen die Schwellanregungsdichte unabhängig von der Anregefläche verlief (s. Abbildung 7.5b).

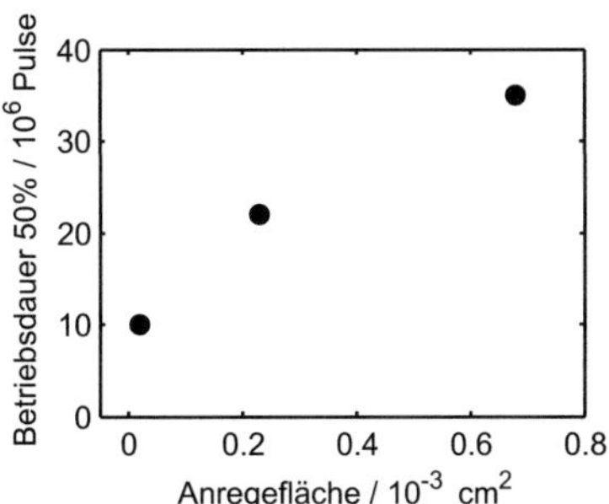

Abb. 7.10: Auftragung der degradationslimitierten Betriebsdauer bei unterschiedlichen Anregeflächen. Die Betriebsdauer wurde als die Anzahl der Pumppulse definiert, innerhalb derer die Ausgangspulsenergie auf 50 % des Startwertes gesunken ist.

7.4 Kontinuierlich durchstimmbare, anorganisch-organische Hybrid-Laserdioden

In Abschnitt 7.2 wurde gezeigt, dass durchstimmbare organische DFB-Laser in der optischen Spektroskopie verwendet werden können. Der dazu verwendete Aufbau ist bereits sehr kompakt, allerdings wird ein Großteil dieses Aufbaus von dem Pumplaser eingenommen. Ein kleinerer Pumplaser in Form einer anorganischen GaN-Laserdiode könnte demnach die Portabilität eines solchen Systems wesentlich verbessern. Darüber hinaus stellen organische DFB-Laser mit anorganischen Laserdioden als Pumpquelle eine interessante Möglichkeit für die Realisierung von kompakten Hybrid-Laserdioden mit Wellenlängen im sichtbaren Spektralbereich dar.

7.4.1 Aufbau

Eine kommerziell erhältliche InGaN-Laserdiode mit einer Emissionswellenlänge von 445 nm und einer spezifizierten Dauerstrich-Ausgangsleistung von 1 W dient als Anregequelle. Mit Hilfe einer gepulsten Stromquelle (LDP-V-50100, Fa. Picolas GmbH) werden 20 ns kurze Laserlichtpulse bei einer Wiederholrate von 100 Hz mit Spitzenpulsströmen von 5 A − 50 A erzeugt. Abbildung 7.11a zeigt eine Messung des Monitorsignals der Stromquelle sowie den entsprechenden zeitlichen Verlauf der Laserdiodenintensität, wie es mit einer schnellen Photodiode gemessen wurde. Aufgrund der kurzen Pulse lässt sich die Laserdiode

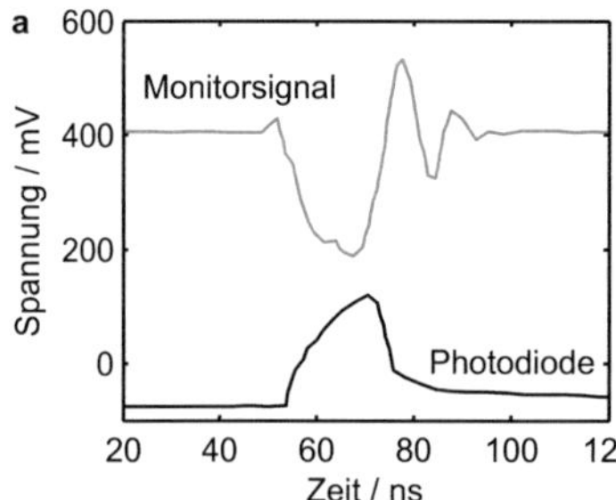

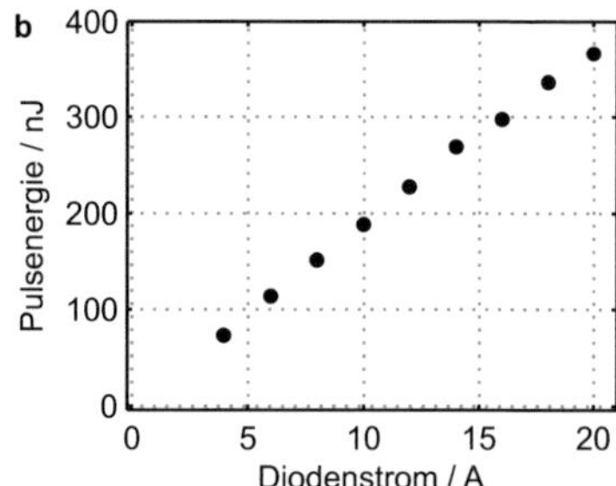

Abb. 7.11: (a) Zeitlicher Verlauf des gespiegelten Monitorstromsignals der Stromquelle sowie des optischen Signals der verwendeten Laserdiode. (b) Emittierte Pulsenergie der Laserdiode in Abhängigkeit des angelegten Pulsstroms.

auch oberhalb des spezifizierten Maximalstroms von 1 A betreiben. Mit einem Spitzenstrom von 20 A innerhalb eines Pulses kann so eine optische Pulsenergie von 380 nJ pro Puls erzeugt werden (s. Abbildung 7.11b). Die Laserdiode wird dazu verwendet, um DFB-Laserproben, die sich in einer Vakuumkammer mit einem Druck von $p < 10^{-3}$ Pa befinden, optisch zu pumpen. Abbildung 7.12 zeigt den dazu verwendeten Aufbau schematisch.

7.4.2 Experimentelle Ergebnisse

Für diese Untersuchung wurde ein durchstimmbarer DFB-Laser mit kontinuierlich variierender Schichtdicke mit Hilfe der horizontalen Tauchbeschichtung

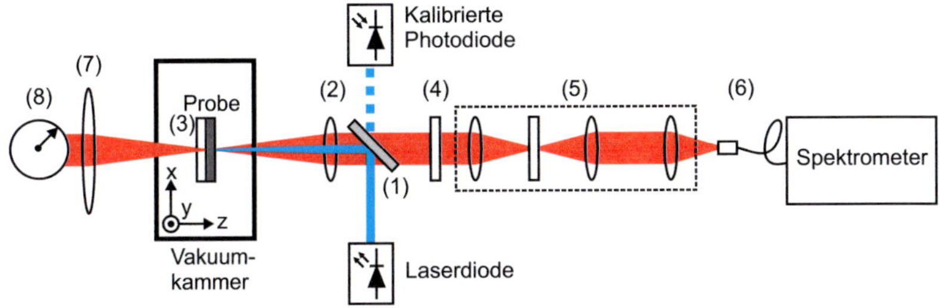

Abb. 7.12: Schematische Zeichnung des verwendeten Aufbaus zur Anregung durchstimmbarer organischer DFB-Laser mit einer Laserdiode: (1) dichroitischer Strahlteiler (DC-Blue, Fa. Linos), (2) Fokussierlinse, (3) dichroitischer Spiegel (DT-Yellow, Fa. Linos), (4) Langpassfilter (Razoredge LP355RS, Fa. Semrock), (5) Detektions- und Kollimationsoptik, (6) Glasfaser, (7) Sammellinse, (8) Pulsenergiemessgerät.

hergestellt. Das Lasermaterial bestand dabei aus einer Mischung der Polymere F8BT und MEH-PPV im Gewichtsverhältnis von 0,85:0,15. Für die Prozessierung wurde diese Mischung mit einer Gesamtkonzentration von 20 mg/ml in Toluol gelöst. Dabei wurde das Polymer F8BT gewählt, da es bei 445 nm eine ausgeprägte Absorption zeigt, wie auch in Abbildung 7.13 gezeigt. Als Substrat diente ein Oberflächengitter in Quarzglas mit der Periode 390 nm, einer Gittertiefe von 60 nm und einem Tastverhältnis von 0,7 mit dem ein DFB-Laser zweiter Ordnung realisiert wurde.

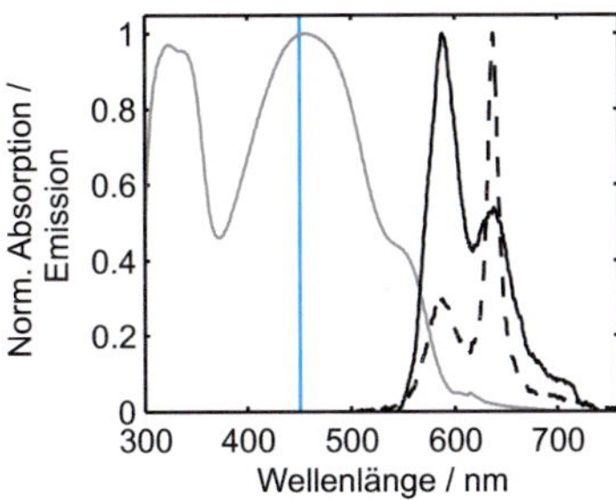

Abb. 7.13: Normiertes Absorptions- (graue Linie), Photolumineszenz- (schwarze durchgezogene Linie) und ASE-Spektrum (schwarze gestrichelte Linie) von F8BT:MEH-PPV. Die blaue Linie markiert die Emission der Laserdiode bei einer Wellenlänge von 445 nm.

Um die effektive Absorption des einfallenden Pumplichts und damit letztendlich die Besetzungsinversion zu erhöhen, wurde die DFB-Laserprobe mit der strukturierten Seite auf einem dichroitischen Spiegel befestigt, der Licht unterhalb der Wellenlänge 550 nm reflektiert und oberhalb transmittiert. Damit wurde das einfallende Pumplicht zurückreflektiert. Es konnte eine kontinuierliche Durchstimmbarkeit von 625 nm bis 635 nm, d.h. ein Durchstimmbereich von etwa 10 nm, mit der Laserdiode als Anregungsquelle demonstriert werden, wie auch in Abbildung 7.14a in Form einiger Laserspektren zu sehen ist. Abbildung 7.14b zeigt die Laserwellenlänge in Abhängigkeit der Position des Anregespots entlang des Schichtdickengradienten. Die Laserwellenlängen sind größer als die aus vergleichbaren Messungen mit $F8_{0,9}BT_{0,1}$:MEH-PPV (s. Abbildung 5.19), da F8BT:MEH-PPV einen höheren Brechungsindex aufweist. Mit

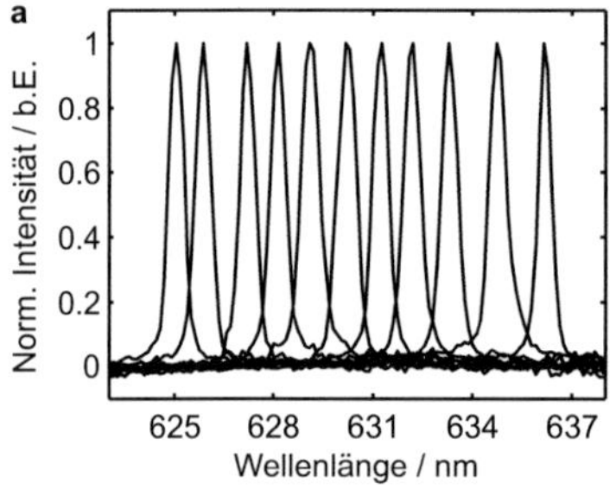
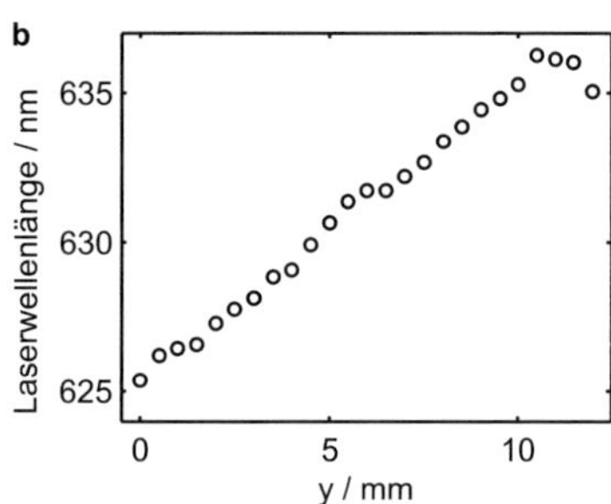

Abb. 7.14: (a) Ausgewählte Spektren des organischen DFB-Lasers, die mit der Laserdiode als Anregequelle erzeugt wurden. (b) Verlauf der Laserwellenlänge entlang der Schichtdickenvariation.

Hilfe eines Pulsenergiemessgerätes (Labmax-TOP, J-10MT-10kHz EnergyMax pyroelektrischer Sensor, Fa. Coherent) wurde auch die emittierte Pulsenergie und damit die Emissionseffizienz des DFB-Lasers mit der Laserdiode als Anregequelle bestimmt. Abbildung 7.15a zeigt die gemessene Kennlinie bei einer Wellenlänge von 635 nm. An dieser Stelle konnte eine Effizienz von 1,2 % für die Emission in einer Richtung in zweiter Ordnung ermittelt werden. Die Größe des Anregespots war dabei unbekannt. In der Literatur werden je nach Gitterart, aktivem Material und Pumpquelle Effizienzen von 0,13 % bis zu 11 % berichtet [104, 251–253]. Abbildung 7.15b zeigt eine Fotografie des Fernfeldes der DFB-Laseremission auf einem Papierschirm in etwa 25 cm Abstand zur Probe. Man sieht deutlich die linienförmige Emission, die sich aufgrund der fehlenden lateralen Führung der resonanten Mode im DFB-Laser ergibt [246].

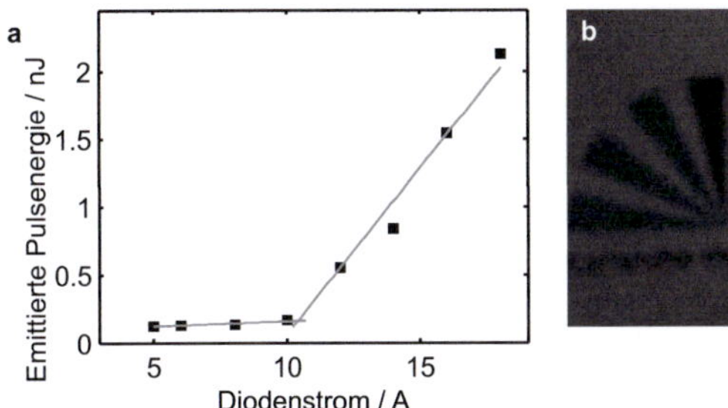
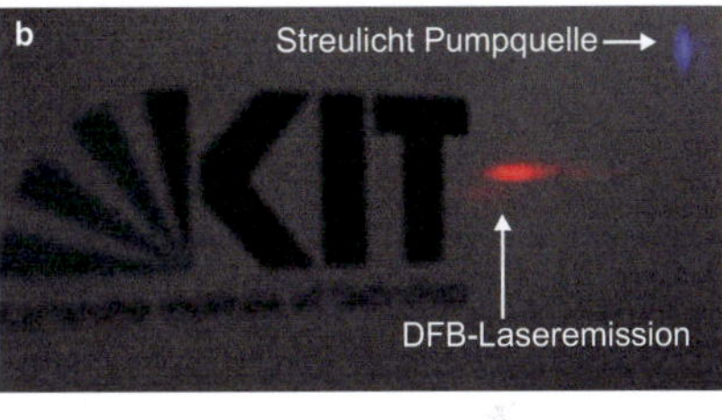

Abb. 7.15: (a) Kennlinie des DFB-Lasers bei einer Wellenlänge von 635 nm mit der Laserdiode als Anregequelle. (b) Fotografie der Emission des organischen DFB-Lasers auf einem Papierschirm.

7.4.3 Betriebslebensdauer von Hybrid-Laserdioden

Bei den Messungen mit einer Laserdiode als Anregequelle wurde trotz des erzeugten Vakuums eine recht kurze Betriebslebensdauer der DFB-Laseremission beobachtet. Der zeitabhängige Verlauf der Laserintensität in Abbildung 7.16 zeigt ein Abfallen der Spitzenintensität auf 50 % der Anfangsintensität innerhalb von etwa 4000 Anregepulsen. Messungen mit Anregepulsen der Länge 0,5 ns an DFB-Lasern mit $F8_{0,9}BT_{0,1}$:MEH-PPV als Emittermaterial hingegen zeigen ein Abklingen der Intensität auf 50 % des Ursprungswertes erst nach etwa 10^6 Anregepulsen [89]. Die verkürzte Lebensdauer bei Anregung mit der Laserdiode lässt sich damit erklären, dass Anregepulse von 20 ns Dauer bereits eine signifikante Akkumulation von Tripletts und damit einhergehende Triplett-Triplett-Absorption verursachen und so letztenendes die Degradation des aktiven Materials beschleunigen.

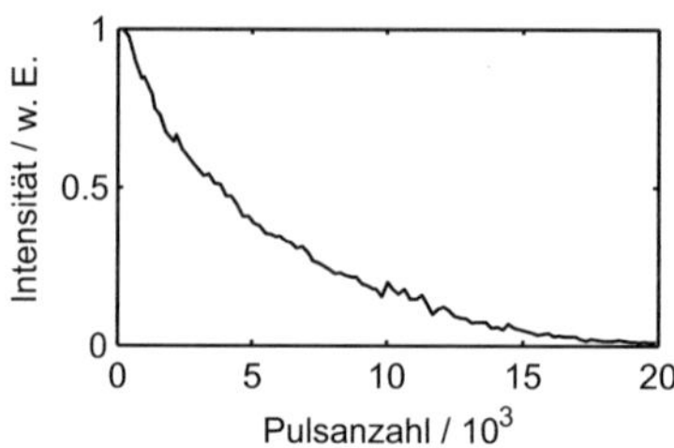

Abb. 7.16: Verlauf der DFB-Laserintensität in Abhängigkeit der Anzahl der optischen Anregepulse.

7.5 Diskussion

In diesem Kapitel wurden Ergebnisse zu unterschiedlichen Anwendungsaspekten optisch angeregter, organischer DFB-Laser vorgestellt. Die allgemeine Verwendbarkeit organischer DFB-Laser als Werkzeug für die optische Spektroskopie konnte erfolgreich demonstriert werden. Das vorgestellte, vielversprechende Konzept eines kompakten durchstimmbaren Lasers wurde auf einer internationalen Konferenz durch Preise für die wissenschaftlichen Ergebnisse und für das vorgestellte Spektroskopiesystem honoriert [254]. Der Durchstimmbereich in diesem System beschränkte sich allerdings noch auf Wellenlängen zwischen 606 nm und 660 nm. Mehrere Lasersubstrate mit verschiedenen Emissionswellenlängen würden den verfügbaren Spektralbereich des Systems erweitern. Denkbar ist dabei ein Austauschen der Lasersubstrate nach einem Kartuschenprinzip, je nachdem in welchem Spektralbereich Laserlicht benötigt wird. Es wurden weiterhin keine Untersuchungen bezüglich der Effizienz des verkapselten Lasers gemacht, da dies nicht im Vordergrund stand. Allerdings zeigen Berechnungen, dass Reflexionen des Pumplichts an den verschiedenen Grenzflächen beim Passieren der Verkapselungsglasscheibe und der Probenoberfläche die effektive Pumpleistung verringern [215]. Dies kann mit einer geeigneten Verkapselung durch die direkte Beschichtung der organischen Schicht sowie eine Anpassung des Winkels, mit dem der Pumpstrahl auf die Probenoberfläche fällt, optimiert werden.

Durch die Untersuchung der Laserschwelle in Abhängigkeit der Anregefläche konnte gezeigt werden, dass eine Normierung der Pumpenergie auf die Anregefläche nur dann sinnvoll ist, wenn die Fläche bzw. der Durchmesser L der Anregung hinreichend groß gewählt wird. Damit flächenbezogene Schwellenangaben vergleichbar sind sollte für typische Gitterparameter die Kopplungsstärke $|\kappa_{eff}| \cdot L \gtrsim 5$ sein. Allerdings bedeutet dies je nach Gitter und damit je nach Kopplungskoeffizient κ_{eff} auch, dass die Anregefläche und damit auch die zur Verfügung stehende Anregeenergie groß sein müssen. Im Kontext einer effizienten Ausnutzung des Pumplichts von zum Beispiel anorganischen Laserdioden sollte die Anregefläche jedoch klein gewählt werden, da die absolute Schwellenergie mit der Anregungsfläche zunimmt. Dies ist vor allem dann relevant, wenn die verfügbare Pumpenergie pro Puls beschränkt ist und die nötige Schwellinversion nur knapp erreicht werden kann. Zudem lassen sich mit kleineren Anregeflächen auch größere Anstiegseffizienzen in den Kennlinien beobachten. Zusammenfassend bedeutet dies, dass mit organischen DFB-Lasern eine bestimmte emittierte Pulsenergie eher für kleine Anregeflächen erreicht wird. Dabei ermöglichte das Modell neben dem Zusammenhang zwischen $|\kappa_{eff}|$ und L die wichtige Erkenntnis, dass bei DFB-Lasern zweiter Ordnung eine Optimierung der Kopplung direkt mit größeren Abstrahlverlusten einhergeht, was den Verlauf der Laserschwelle wesentlich beeinflusst. Eine Weiterentwicklung des Modells um nicht rechteckige Gitterprofile, um ein inhomogenes Verstärkungsprofil und um einen Ausdruck für die spotgrößenabhängige Emissionseffizienz könnte dabei neue Erkenntnisse liefern. Die hier vorgestellte Untersuchung beschränkte sich jedoch auf Anregespotdurchmesser $L \gtrsim |\kappa_{eff}|^{-1}$, so dass diese Aussage entsprechend eingeschränkt zu sehen ist. Darüber hinaus birgt eine kleine Anregefläche auch das Risiko einer schnellen Degradation des organischen Lasermaterials. Eine detaillierte Studie über Degradationsmechanismen von organischen DFB-Lasern wird derzeit am LTI angefertigt [89].

Des Weiteren konnte gezeigt werden, dass kompaktere Pumpquellen in Form von anorganischen Laserdioden auch genutzt werden können, um kontinuierlich durchstimmbare, anorganisch-organische Hybrid-Laserdioden zu realisieren. Dabei stellte sich allerdings heraus, dass das verwendete Polymergemisch trotz des anliegenden Vakuums im Vergleich zu den bisher verwendeten

Pumpquellen schnell degradierte. Dies liegt mit großer Wahrscheinlichkeit an den 20 ns langen Anregepulsen. Eine genauere Untersuchung dieses Effekts in Abhängigkeit der Anregedauer wird hier genauere Schlüsse zulassen.

8 Zusammenfassung und Ausblick

Die vorliegende Arbeit beinhaltet eine umfassende Untersuchung optisch gepumpter, durchstimmbarer Laser mit verteilter Rückkopplung auf Basis organischer Halbleiter. Solche Laserlichtquellen können sowohl in Freistrahlkonfiguration als auch in integrierter Form in photonischen System eingesetzt werden.

Die für die Herstellung von Lasern mit verteilter Rückkopplung (DFB, Akronym für engl. *distributed feedback*) notwendige Oberflächenstrukturierung der Substrate wurde hauptsächlich durch Laserinterferenzlithografie und Trockenätzen realisiert, da dies eine großflächige Strukturierung robuster Substrate ermöglicht. Zusätzlich wurden Elektronenstrahllithografie sowie Abform- und Transfertechniken eingesetzt.

Für eine genauere Analyse von DFB-Lasern wurde ein Computerprogramm in MATLAB® entwickelt, das auf einer erweiterten Theorie der gekoppelten Moden basiert und mit dem sich der Kopplungskoeffizient, die radiativen Strahlungsverluste, die Laserschwelle und die Abweichung von der Bragg-Wellenlänge eines DFB-Lasers in Abhängigkeit der geometrischen und optischen Parameter bestimmen lassen.

Es wurden organische DFB-Laser mit einer diskreten Variation der Gitterperiode hergestellt. Damit konnte fast der komplette Verstärkungsbereich des verwendeten organischen Verstärkermaterials, Spiro-6-Phenyl, abgedeckt und Lasertätigkeit über einen spektralen Bereich mit Wellenlängen von 407 nm bis 451 nm, allerdings nur in diskreten Schritten, gezeigt werden.

Eine kontinuierliche Variation der Laserwellenlänge wurde durch eine kontinuierliche Schichtdickenvariation in der organischen Verstärkerschicht realisiert, wodurch sich der effektive Brechungsindex des Schichtwellenleiters nahtlos variieren ließ. Diese keilförmigen Verstärkerschichten wurden dazu sowohl durch Aufdampfen als auch durch einen lösungsbasierten Prozess abgeschieden. Für die Schichtdickenvariation durch Aufdampfen wurde die Technik der rotierenden Schattenmaske verwendet. Dazu wurden verschiedene Schattenmasken entwickelt. Mit einer optimierten Schattenmaske wurde ein Schichtdickengradient von etwa $17{,}0\,\mathrm{nm\,mm^{-1}}$ mit Alq$_3$:DCM als aktives Material hergestellt. Die damit erreichte kontinuierliche Durchstimmbarkeit durch eine Verschiebung des Anregespots entlang des Gradienten erstreckte sich von 606 nm bis 661 nm [193, 194]. Der positionsabhängige Laserwellenlängenverlauf konnte mit der Bragg-Bedingung und dem schichtdickenabhängigen effektiven Brechungsindex beschrieben werden. Es wurde ebenfalls der schichtdickenabhängige Verlauf der Laserschwelle bestimmt. Dieser Schwellverlauf konnte mit Hilfe des erweiterten Modells der gekoppelten Moden vor allem bei größeren Schichtdicken quantitativ nachvollzogen werden. Mit der Aufdampfmethode der rotierenden Schattenmaske lassen sich keilförmige Schichtdicken aus beliebigen, aufdampfbaren Materialien herstellen. In Kombination mit großflächigen Gittersubstraten der entsprechenden Periode ermöglicht dies eine kontinuierliche Durchstimmbarkeit in beliebigen Wellenlängenbereichen, die nur durch die verfügbaren Verstärkungsspektren organischer Lasermaterialien beschränkt sind.

Für die Herstellung keilförmiger Schichten aus lösungsbasierten organischen Verstärkermaterialien wurde die Methode der horizontalen Tauchbeschichtung verwendet. Die räumlich variierende Schichtdicke wurde dabei durch eine Beschleunigung der Beschichtungsstange erzielt. So wurden Schichtdickenvariationen von etwa $10\,\mathrm{nm\,mm^{-1}}$ hergestellt. Eine kontinuierliche Durchstimmbarkeit im roten Spektralbereich von 596 nm bis 615 nm, im grünen von 541 nm bis 557 nm und im blauen 434 nm bis 447 nm wurde gezeigt. Während für die ersten beiden spektralen Bereiche konjugierte Polymere verwendet wurden, diente für die Emission im blauen Spektralbereich ein neues, am KIT hergestelltes Kompositmaterial, mit dem sich DFB-Laser mit sehr niedrigen Schwellen realisieren ließen.

Mit den vorgestellten Methoden können prinzipiell größere Gitterflächen beschichtet und somit der spektrale Durchstimmbereich durch Schichtdickenvariation innerhalb des Verstärkungsbereiches eines Materials vergrößert werden,

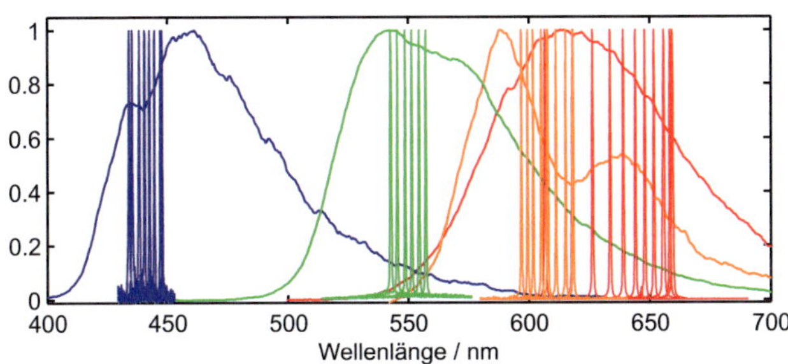

Abb. 8.1: Zusammenfassung aller Laserspektren, die in dieser Arbeit durch Schichtdicken-variation erzeugt wurden, sowie die entsprechenden Photolumineszenzspektren der verwendeten Materialien (blau: PVK:CBP:BSB-Cz, grün: $F8_{0,9}BT_{0,1}$, orange: $F8_{0,9}BT_{0,1}$:MEH-PPV, rot: Alq_3:DCM).

da die Verstärkungsbereiche der einzelnen Materialien breiter sind als die durch Schichtdickenvariation abgedeckten Durchstimmbereiche der Laseremission (s. Abbildung 8.1). Allerdings ändert sich der effektive Brechungsindex für große Schichtdicken nur wenig, so dass ein Sättigungseffekt eintritt. Außerdem bilden sich ab bestimmten Schichtdicken Moden höherer Ordnungen aus, deren Laserwellenlänge sich von der der Grundmode unterscheiden, so dass das Bauteil gleichzeitig mehrere Laserwellenlängen emittieren kann. Dieses Problem könnte durch die Verwendung mehrerer Gitterperioden auf einem Substrat gelöst und so der verfügbare Durchstimmbereich vergrößert werden.

Mit einem verkapselten, keilförmigen, kontinuierlich durchstimmbaren Laser als Lichtquelle wurde ein einfaches Transmissionsspektrometer entwickelt, welches sich innerhalb des zugänglichen spektralen Bereiches für hochauflösende spektrale Charakterisierungen von Proben eignet [194]. Eine durchstimmbare, hybride anorganisch-organische Laserdiode mit einer keilförmigen Verstärkerschicht mit einem Durchstimmbereich von 10 nm um eine Wellenlänge von 630 nm wurde demonstriert. Eine kompakte InGaN-Laserdiode diente als Pumpquelle, deren Licht zur verbesserten Ausnutzung mit einem dichroitischen Spiegel in die aktive Schicht zurückreflektiert wurde.

Es wurden ebenfalls Konzepte zur Durchstimmung von organischen DFB-Lasern auf Basis einer Brechungsindexvariation der umgebenden Schichten untersucht. Ein derartiges Verfahren eignet sich besonders für die Veränderung der Emissionswellenlänge von integrierten Laserelementen, da keine mechanische Bewegung der Probe relativ zum Anregungsspot erfolgen muss. Mit verschiedenen Brechungsindexflüssigkeiten innerhalb der oberen Mantelschicht des Wellenleiters im DFB-Laser wurde eine Durchstimmbarkeit von $1,6\,\mathrm{nm}$ demonstriert. Diese Methode erlaubte mit der verwendeten Flusszelle jedoch nur eine Veränderung der Wellenlänge innerhalb von etwa einer Sekunde. Zusätzlich sind für eine kontinuierliche Veränderung der Wellenlänge viele Brechungsindexflüssigkeiten notwendig. Auch wenn dies gegen eine Veränderung der Wellenlänge durch verschiedene Brechungsindexflüssigkeiten spricht, so lässt sich dieses Verfahren zur Detektion von Brechungsindexänderungen in der Mantelschicht verwenden. In der Literatur sind Berichte zu finden, in denen durch Kombination mit einer biologischen Oberflächenfunktionalisierung auf dem DFB-Laser ankoppelnde Biomoleküle aufgrund der damit einhergehenden Wellenlängenverschiebung spezifisch nachgewiesen werden konnten [218, 255, 256]. Mit DFB-Lasern als empfindlicher Signalwandler lassen sich demnach chemische und biologische Sensoren realisieren.

Eine spannungsgesteuerte Veränderung der Laserwellenlänge um etwa $4\,\mathrm{nm}$ wurde mit Flüssigkristallen in der oberen Mantelschicht realisiert. Über lateral angeordnete Elektroden wurde die Ausrichtung der Flüssigkristalle kontrolliert. Das spannungsabhängige, hysteresefreie Durchstimmverhalten konnte unter Berücksichtigung von Oberflächenverankerungseffekten der Flüssigkristalle an der Grenzfläche zum DFB-Laser modelliert werden. Diese Methode erlaubt die Veränderung der Laserwellenlänge innerhalb einer Millisekunde. Allerdings werden große Spannungssignale für die Durchstimmung benötigt. Eine Optimierung der Proben- bzw. Schichtstruktur sowie eine Verwendung anderer Flüssigkristalle könnte dieses Problem zumindest teilweise beheben. Der Probenaufbau war derart gestaltet, dass sich dieses Konzept direkt auf integrierte organische Laserlichtquellen in photonischen Systemen anwenden lässt. Ein nächster Schritt könnte die Demonstration der Durchstimmbarkeit nach diesem Verfahren in einem Lab-on-Chip System sein, welches am IMT und LTI entwickelt wurde. Dieses Lab-on-Chip System wurde bereits dazu genutzt, Fluoreszenzmarker in einem Mikrofluidikkanal durch das emittierte Licht eines integrierten, optisch gepumpten organischen DFB-Lasers mit einer festen Wellenlänge anzuregen [16]. Die Funktionalität einer solchen mikrooptischen Sensorplattform würde durch die Durchstimmbarkeit der integrierten organischen Laser wesentlich erweitert werden, weil dies zur Nutzung markerfreier Methoden für die Detektion einzelner Moleküle dienen kann.

Die Nutzung optisch gepumpter, organischer DFB-Laser erfordert eine Optimierung der Effizienz, welche von vielen Parametern abhängt. Einer davon ist die Größe des Anregespots, mit dem die Besetzungsinversion erzeugt wird. Mit experimentellen und theoretischen Untersuchungen konnte in dieser Arbeit gezeigt werden, dass DFB-Laser, absolut gesehen, am effizientesten sind, wenn der Durchmesser L des Anregespots so gewählt wird, dass $|\kappa_{\mathrm{eff}}|^{-1} \lesssim L$ gilt. Jedoch sinkt mit abnehmenden Durchmesser auch die Betriebslebensdauer solcher Laser, so dass ein anwendungsbezogener Kompromiss gefunden werden muss. Darüber hinaus konnte festgestellt werden, dass auf die Anregungsfläche bezogene Laserschwellangaben bei verschiedenen Anregespotdurchmessern nur dann sinnvoll miteinander verglichen werden können, wenn $|\kappa_{\mathrm{eff}}| \cdot L \gtrsim 5$ erfüllt ist.

Die Effizienz optisch angeregter organischer DFB-Laser kann weiterhin durch eine verbesserte Absorption des Pumplichts erhöht werden, indem das Pumplicht entweder aufgrund zusätzlich eingebrachter Spiegel oder resonanter Strukturen die verstärkende Schicht mehrmals passieren muss [132, 133]. Zusätzlich lässt sich die Schwellanregung vermutlich durch eine Verkürzung der Anregungspulse bei gleicher Pulsenergie verringern. Auch wenn es dazu bisher keine expliziten Untersuchungen gibt, deuten Berichte in der Literatur darauf hin [199]. Eine weitere Effizienzsteigerung ließe sich durch eine Optimierung der Brechungsindizes im Substrat und der oberen Mantelschicht sowie einer Anpassung der Gittergeometrie erreichen. Das entwickelte Computerprogramm auf Basis der erweiterten Theorie der gekoppelten Moden bietet dazu die Möglichkeit einer detaillierten Analyse. Ein zusätzlich als obere Mantelschicht aufgebrachter Film aus einem dielektrischen Material würde direkt eine

Verkapselung der organischen Schicht ermöglichen. Durch eine Anpassung der Gitterform bzw. eine Erweiterung auf eine zweidimensionale periodische Modulation kann das Fernfeld des DFB-Lasers ebenfalls den Anforderungen angepasst werden.

Diese vielversprechenden Ergebnisse zeigen einen direkten Weg auf, wie optisch angeregte, durchstimmbare organische Halbleiterlaser als zentrales Element eines kompakten Lasersystems benutzt werden können. Die vorliegenden Arbeiten stellen eine wesentliche Grundlage zur Kommerzialisierung eines solchen kompakten Laserssystems dar und haben so zur erfolgten Ausgründung der VISOLAS GmbH aus dem KIT beigetragen. Die in dieser Arbeit entwickelten und umgesetzten Konzepte sowie die Erkenntnisse, die in Bezug auf die Lasereffizienz gewonnen wurden, sind ebenfalls für die Entwicklung elektrisch betriebener organischer Halbleiterlasern relevant.

Literaturverzeichnis

[1] G. Overton, S. G. Anderson, D. A. Belforte, and T. Hausken, "Laser Marketplace 2010: How wide is the chasm?," *Laser Focus World*, vol. 46, no. 1, 2010.

[2] TOPTICA Photonics AG, "Fabry-Perot Laser Diodes (373 nm - 1700 nm) Stocklist." http://www.toptica.com/products/laser_diodes.html, 2011.

[3] J. Buus, M.-C. Amann, and D. J. Blumenthal, *Tunable laser diodes and related optical sources*. Wiley-Interscience, 2005.

[4] P. P. Sorokin and J. R. Lankard, "Stimulated Emission Observed from an Organic Dye, Chloro-aluminum Phthalocyanine," *IBM Journal of Research and Developement*, vol. 10, no. 2, pp. 162–163, 1966.

[5] F. P. Schäfer, W. Schmidt, and J. Volze, "Organic dye solution laser," *Applied Physics Letters*, vol. 9, no. 8, p. 306, 1966.

[6] F. P. Schäfer, *Topics in Applied Physics: Dye Lasers*. Springer Verlag, Berlin Heidelberg New York, 1973.

[7] A. J. Heeger, "Nobel Lecture: Semiconducting and metallic polymers: The fourth generation of polymeric materials," *Reviews of Modern Physics*, vol. 73, pp. 681–700, 2001.

[8] A. MacDiarmid, "Nobel Lecture: 'Synthetic metals': A novel role for organic polymers," *Reviews of Modern Physics*, vol. 73, p. 701, Sept. 2001.

[9] H. Shirakawa, "Nobel Lecture: The discovery of polyacetylene film - the dawning of an era of conducting polymers," *Reviews of Modern Physics*, vol. 73, pp. 713–718, Sept. 2001.

[10] C. Tang and S. VanSlyke, "Organic electroluminescent diodes," *Applied Physics Letters*, vol. 51, no. 12, pp. 913–915, 1987.

[11] N. Tessler, G. J. Denton, and R. H. Friend, "Lasing from conjugated-polymer microcavities," *Nature*, vol. 382, pp. 695–697, 1996.

[12] V. G. Kozlov, V. Bulovic, P. E. Burrows, and S. R. Forrest, "Laser action in organic semiconductor waveguide and double-heterostructure devices," *Nature*, vol. 389, no. 6649, pp. 362–364, 1997.

[13] I. D. W. Samuel and G. A. Turnbull, "Organic Semiconductor Lasers," *Chemical Reviews*, vol. 107, pp. 1272–1295, 2007.

[14] J. Clark and G. Lanzani, "Organic photonics for communications," *Nat Photon*, vol. 4, no. 7, pp. 438–446, 2010.

[15] M. B. Christiansen, M. Scholer, and A. Kristensen, "Integration of active and passive polymer optics," *Optics Express*, vol. 15, pp. 3931–3939, Apr. 2007.

[16] C. Vannahme, S. Klinkhammer, U. Lemmer, and T. Mappes, "Plastic lab-on-a-chip for fluorescence excitation with integrated organic semiconductor lasers," *Opt. Express*, vol. 19, no. 9, pp. 693–695, 2011.

[17] H. Haken and H. C. Wolf, *Molekülphysik und Quantenchemie*. Berlin: Springer Verlag, 1998.

[18] M. Pope and C. E. Swenberg, *Electronic Processes in Organic Crystals and Polymers*. Oxford University Press, New York, 2 ed., 1999.

[19] C. Gärtner, C. Karnutsch, U. Lemmer, and C. Pflumm, "The influence of annihilation processes on the threshold current density of organic laser diodes," *Journal of Applied Physics*, vol. 101, p. 23107, 2007.

[20] M. Lehnhardt, T. Riedl, T. Weimann, and W. Kowalsky, "Impact of triplet absorption and triplet-singlet annihilation on the dynamics of optically pumped organic solid-state lasers," *Phys. Rev. B*, vol. 81, Apr. 2010.

[21] M. Lehnhardt, T. Riedl, T. Rabe, and W. Kowalsky, "Room temperature lifetime of triplet excitons in fluorescent host/guest systems," *Organic Electronics*, vol. 12, pp. 486–491, Mar. 2011.

[22] J. D. Jackson, *Classical Electrodynamics*. WILEY-VCH Verlag GmbH, 3 ed., 1998.

[23] P. W. Atkins, *Physikalische Chemie*. WILEY-VCH Verlag GmbH, 2 ed., 1996.

[24] J. G. Müller, U. Lemmer, G. Raschke, M. Anni, U. Scherf, J. M. Lupton, and J. Feldmann, "Linewidth-Limited Energy Transfer in Single Conjugated Polymer Molecules," *Physical Review Letters*, vol. 91, no. 26, p. 267403, 2003.

[25] M. Reufer, *Exziton- und Spindynamikin organischen Halbleiterlasern*. Dissertation, Ludwig-Maximilians-Universität München, 2006.

[26] S. Barth, H. Bässler, U. Scherf, and K. Müllen, "Photoconduction in thin films of a ladder-type," *Chemical Physics Letters*, vol. 288, pp. 147–154, May 1998.

[27] G. Klaerner and R. D. Miller, "Polyfluorene Derivatives: Effective Conjugation Lengths from Well-Defined Oligomers," *Macromolecules*, vol. 31, pp. 2007–2009, Mar. 1998.

[28] F. Schindler, J. M. Lupton, J. Feldmann, and U. Scherf, "A universal picture of chromophores in p-conjugated polymers derived from single-molecule spectroscopy," *PNAS*, vol. 101, no. 41, pp. 14695–14700, 2004.

[29] T. Förster, "Zwischenmolekulare Energiewanderung und Fluoreszenz," *Annalen der Physik*, vol. 6, pp. 55–75, 1948.

[30] C. Madigan and V. Bulović, "Modeling of Exciton Diffusion in Amorphous Organic Thin Films," *Physical Review Letters*, vol. 96, pp. 1–4, Jan. 2006.

[31] M. Scheidler, U. Lemmer, R. Kersting, S. Karg, W. Riess, B. Cleve, R. F. Mahrt, H. Kurz, H. Bässler, E. O. Göbel, and P. Thomas, "Monte Carlo study of picosecond exciton relaxation and dissociation in poly(phenylenevinylene)," *Physical Review B*, vol. 54, no. 8, pp. 5536–5544, 1996.

[32] M. Berggren, A. Dodabalapur, and R. Slusher, "Stimulated emission and lasing in dye-doped organic thin films with Forster transfer," *Applied Physics Letters*, vol. 71, no. 16, p. 2230, 1997.

[33] R. Gupta, M. Stevenson, and A. J. Heeger, "Low threshold distributed feedback lasers fabricated from blends of conjugated polymers: Reduced losses through Forster transfer," *Journal of Applied Physics*, vol. 92, no. 9, pp. 4874–4877, 2002.

[34] P. Prins, F. Grozema, J. Schins, S. Patil, U. Scherf, and L. Siebbeles, "High Intrachain Hole Mobility on Molecular Wires of Ladder-Type Poly(p-Phenylenes)," *Physical Review Letters*, vol. 96, pp. 1–4, Apr. 2006.

[35] P. Prins, F. Grozema, F. Galbrecht, U. Scherf, and L. Siebbeles, "Charge Transport along Coiled Conjugated Polymer Chains," *Journal of Physical Chemistry C*, vol. 111, pp. 11104–11112, July 2007.

[36] H. Bässler, G. Schönherr, M. Abkowitz, and D. Pai, "Hopping transport in prototypical organic glasses," *Physical Review B*, vol. 26, no. 6, p. 3105, 1982.

[37] H. Bässler, "Injection, Transport and Recombination of Charge Carriers in Organic Light-emitting Diodes," *Polymers for Advanced Technologies*, vol. 9, pp. 402–418, 1998.

[38] a. Devižis, a. Serbenta, K. Meerholz, D. Hertel, and V. Gulbinas, "Ultrafast Dynamics of Carrier Mobility in a Conjugated Polymer Probed at Molecular and Microscopic Length Scales," *Physical Review Letters*, vol. 103, pp. 1–4, July 2009.

[39] N. Christ, S. Kettlitz, S. Züfle, S. Valouch, and U. Lemmer, "Nanosecond response of organic solar cells and photodiodes: Role of trap states," *Physical Review B*, vol. 83, pp. 1–5, May 2011.

[40] A. E. Siegman, *Lasers*. Mill Valley, CA, USA: University Science Books, 1986.

[41] J. T. Verdeyen, *Laser Electrodynamics*. Prentice Hall, 3 ed., 1995.

[42] W. Holzer, A. Penzkofer, S. H. Gong, A. Bleyer, and D. D. C. Bradley, "Laser action in poly (m-phenylenevinylene-co-2,5-dioctoxy-p-phenylenevinylene)," *Advanced Materials*, vol. 8, pp. 974–978, July 2004.

[43] W. Demtröder, *Laser Spectroscopy*. Springer, 2003.

[44] A. Abramczyk, *Introduction to Laser Spectroscopy*. Elsevier Science, 2005.

[45] T. Kozaki, "High-power and wide wavelength range GaN-based laser diodes," *Proceedings of SPIE*, vol. 6133, pp. 613306–613306–12, 2006.

[46] S. Riechel, *Organic semiconductor lasers with two-dimensional distributed feedback*. Dissertation, Ludwig-Maximilians-Universität München, 2002.

[47] M. Punke, F. Hoos, C. Karnutsch, and U. Lemmer, "High-repetition-rate white-light pump-probe spectroscopy with a tapered fiber," *Optics Letters*, vol. 31, no. 8, pp. 1–3, 2006.

[48] K. Shaklee and R. Leheny, "Direct determination of optical gain in semiconductor crystals," *Applied Physics Letters*, vol. 18, no. 11, pp. 475–477, 1971.

[49] M. D. McGehee, R. Gupta, S. Veenstra, E. K. Miller, M. A. Diaz-Garcia, and A. J. Heeger, "Amplified spontaneous emission from photopumped films of a conjugated polymer," *Physical Review B*, vol. 58, no. 11, pp. 7035–7039, 1998.

[50] S. Riechel, U. Lemmer, J. Feldmann, S. Berleb, A. G. Mückl, W. Brütting, A. Gombert, and V. Wittwer, "Very compact tunable solid-state laser utilizing a thin-film organic semiconductor," *Optics Letters*, vol. 26, no. 9, pp. 593–595, 2001.

[51] R. Xia, G. Heliotis, Y. Hou, and D. D. C. Bradley, "Fluorene-based conjugated polymer optical gain media," *Organic Electronics*, vol. 4, pp. 165–177, 2003.

[52] Laser Components GmbH, "Neodymium Doped Yttrium Aluminum Garnet (Nd:YAG) Crystal." http://www.lasercomponents.com/fileadmin/user_upload/home/Datasheets/divers-optik/laserstaebe_kristalle/ndyagcry.pdf, 2011.

[53] G. Morthier and P. Vankwikelberge, *Handbook of distributed feedback laser diodes*. Artech House, Inc., 1997.

[54] D. Schneider, U. Lemmer, T. Riedl, and W. Kowalsky, *Low threshold organic semiconductor lasers*. Wiley-VCH, Weinheim, Germany, organic light emitting devices ed., 2006.

[55] H. Rabbani-Haghighi, S. Forget, S. Chénais, and A. Siove, "Highly efficient, diffraction-limited laser emission from a vertical external-cavity surface-emitting organic laser." *Optics Letters*, vol. 35, pp. 1968–70, June 2010.

[56] K. J. Vahala, "Optical microcavities," *Nature*, vol. 424, p. 839, 2003.

[57] S. V. Frolov, M. Shkunov, Z. V. Vardeny, and K. Yoshino, "Ring microlasers from conducting polymers," *Physical Review B*, vol. 56, no. 8, pp. 4363–4366, 1997.

[58] S. V. Frolov, Z. V. Vardeny, and K. Yoshino, "Plastic microring lasers on fibers and wires," *Applied Physics Letters*, vol. 72, no. 15, pp. 1802–1804, 1998.

[59] S. V. Frolov, A. Fujii, D. Chinn, Z. V. Vardeny, K. Yoshino, and R. V. Gregory, "Cylindrical microlasers and light emitting devices from conducting polymers," *Applied Physics Letters*, vol. 72, no. 22, pp. 2811–2813, 1998.

[60] M. Berggren, A. Dodabalapur, Z. Bao, and R. Slusher, "Solid-state droplet laser made from an organic blend with a conjugated polymer emitter," *Advanced Materials*, vol. 9, no. 12, pp. 968–971, 1997.

[61] A. Tulek, D. Akbulut, and M. Bayindir, "Ultralow threshold laser action from toroidal polymer microcavity," *Applied Physics Letters*, vol. 94, no. 20, pp. 203302–203303, 2009.

[62] T. Grossmann, S. Schleede, M. Hauser, M. B. Christiansen, C. Vannahme, C. Eschenbaum, S. Klinkhammer, T. Beck, J. Fuchs, G. U. Nienhaus, U. Lemmer, A. Kristensen, T. Mappes, and H. Kalt, "Low-threshold conical microcavity dye lasers," *Applied Physics Letters*, vol. 97, pp. 63303–63304, Aug. 2010.

[63] S. Klinkhammer, T. Grossmann, K. Lull, M. Hauser, C. Vannahme, T. Mappes, H. Kalt, and U. Lemmer, "Diode-pumped organic semiconductor microcone laser," *IEEE Photonics Technology Letters*, vol. 23, no. 99, pp. 489–491, 2011.

[64] T. Grossmann, S. Klinkhammer, M. Hauser, D. Floess, T. Beck, C. Vannahme, T. Mappes, U. Lemmer, and H. Kalt, "Strongly confined,

low-threshold laser modes in organic semiconductor microgoblets," *Optics Express*, vol. 19, no. 10, pp. 10009–10016, 2011.

[65] P. Yeh and A. Yariv, "Bragg reflection waveguides," *Optics Communications*, vol. 19, no. 3, pp. 427–430, 1976.

[66] R. Dupuis and P. Dapkus, "MP-B2 room-temperature operation of distributed-bragg-confinement Ga(1-x)Al(x)As-GaAs lasers grown by metal-organic chemical vapor deposition," *IEEE Transactions on Electron Devices*, vol. 25, pp. 1342–1343, Nov. 1978.

[67] H. Kogelnik and C. Shank, "Stimulated emission in a periodic structure," *Applied Physics Letters*, vol. 18, no. 4, p. 152, 1971.

[68] H. Kogelnik and C. V. Shank, "Coupled-Wave Theory of Distibuted Feedback Lasers," *J. Appl. Phys.*, vol. 43, no. 5, 1972.

[69] M. Imada, S. Noda, A. Chutinan, T. Tokuda, M. Murata, and G. Sasaki, "Coherent two-dimensional lasing action in surface-emitting laser with triangular-lattice photonic crystal structure," *Applied Physics Letters*, vol. 75, no. 3, pp. 316–318, 1999.

[70] M. Meier, A. Mekis, A. Dodabalapur, A. Timko, R. E. Slusher, J. D. Joannopoulos, and O. Nalamasu, "Laser action from two-dimensional distributed feedback in photonic crystals," *Applied Physics Letters*, vol. 74, no. 1, pp. 7–9, 1999.

[71] C. Bauer, H. Giessen, B. Schnabel, E. B. Kley, C. Schmitt, U. Scherf, and R. F. Mahrt, "A Surface-Emitting Circular Grating Polymer Laser," *Advanced Materials*, vol. 13, no. 15, pp. 1161–1164, 2001.

[72] C. Karnutsch, C. Gärtner, V. Haug, U. Lemmer, T. Farrell, B. S. Nehls, U. Scherf, J. Wang, T. Weimann, G. Heliotis, C. Pflumm, J. C. DeMello, and D. D. C. Bradley, "Low threshold blue conjugated polymer lasers with first- and second-order distributed feedback," *Applied Physics Letters*, vol. 89, no. 20, p. 201108, 2006.

[73] E. Miyai, K. Sakai, T. Okano, W. Kunishi, D. Ohnishi, and S. Noda, "Lasers producing tailored beams," *Nature*, vol. 441, p. 946, June 2006.

[74] M. Reufer, J. M. Lupton, and U. Scherf, "Stimulated emission depletion of triplet excitons in a phosphorescent organic laser," *Applied Physics Letters*, vol. 89, p. 141111, 2006.

[75] C. Zenz, G. Cerullo, G. Lanzani, W. Graupner, F. Meghdadi, G. Leising, and S. De Silvestri, "Ultrafast photogeneration mechanisms of triplet states in para-hexaphenyl," *Physical Review B*, vol. 59, pp. 14336–14341, June 1999.

[76] T. Virgili, G. Cerullo, L. Lüer, G. Lanzani, C. Gadermaier, and D. D. C. Bradley, "Understanding Fundamental Processes in Poly(9,9-Dioctylfluorene) Light-Emitting Diodes via Ultrafast Electric-Field-Assisted Pump-Probe Spectroscopy," *Physical Review Letters*, vol. 90, no. 24, pp. 247402–247404, 2003.

[77] M. Yamashita and H. Kashiwagi, "Photodegradation mechanisms in laser dyes: A laser irradiated ESR study," *IEEE Journal of Quantum Electronics*, vol. 12, no. 2, pp. 90–95, 1976.

[78] B. Cumpston, "Photo-oxidation of polymers used in electroluminescent devices," *Synthetic Metals*, vol. 73, pp. 195–199, Aug. 1995.

[79] R. D. Scurlock, B. Wang, P. R. Ogilby, J. R. Sheats, and R. L. Clough, "Singlet Oxygen as a Reactive Intermediate in the Photodegradation of an Electroluminescent Polymer," *Journal of the American Chemical Society*, vol. 117, no. 41, pp. 10194–10202, 1995.

[80] J. Yu, D. Hu, and P. F. Barbara, "Unmasking Electronic Energy Transfer of Conjugated Polymers by Suppression of O2 Quenching," *Science*, vol. 289, no. 5483, pp. 1327–1330, 2000.

[81] N. T. Harrison, G. R. Hayes, R. T. Phillips, and R. H. Friend, "Singlet Intrachain Exciton Generation and Decay in Poly(p-phenylenevinylene)," *Physical Review Letters*, vol. 77, no. 9, pp. 1881 – 1884, 1996.

[82] G. J. Denton, N. Tessler, N. T. Harrison, and R. H. Friend, "Factors Influencing Stimulated Emission from Poly(p-phenylenevinylene)," *Physical Review Letters*, vol. 78, no. 4, pp. 733–736, 1997.

[83] A. Diaspro, G. Chirico, C. Usai, P. Ramoino, and J. Dobrucki, "Photobleaching," in *Handbook Of Biological Confocal Microscopy* (J. B. Pawley, ed.), pp. 690–702, Springer Berlin Heidelberg New York, 2006.

[84] S. Richardson, O. P. M. Gaudin, G. a. Turnbull, and I. D. W. Samuel, "Improved operational lifetime of semiconducting polymer lasers by encapsulation," *Applied Physics Letters*, vol. 91, no. 26, p. 261104, 2007.

[85] C.-L. Lee, X. Yang, and N. C. Greenham, "Determination of the triplet excited-state absorption cross section in a polyfluorene by energy transfer from a phosphorescent metal complex," *Physical Review B*, vol. 76, no. 24, p. 245201, 2007.

[86] N. Giebink and S. Forrest, "Temporal response of optically pumped organic semiconductor lasers and its implication for reaching threshold under electrical excitation," *Physical Review B*, vol. 79, pp. 1–4, Feb. 2009.

[87] T. Rabe, K. Gerlach, T. Riedl, H.-H. Johannes, W. Kowalsky, J. Niederhofer, W. Gries, J. Wang, T. Weimann, P. Hinze, F. Galbrecht, and U. Scherf, "Quasi-continuous-wave operation of an organic thin-film distributed feedback laser," *Applied Physics Letters*, vol. 89, p. 81115, 2006.

[88] M. Lehnhardt, T. Riedl, U. Scherf, T. Rabe, and W. Kowalsky, "Spectrally separated optical gain and triplet absorption: Towards continuous wave

lasing in organic thin film lasers," *Organic Electronics*, vol. 12, pp. 1346–1351, Aug. 2011.

[89] F. Krauss, *Lebensdauer von organischen Materialien mit optischer Verstärkung*. Bachelorarbeit, KIT, 2011.

[90] S. Schols, A. Kadashchuk, P. Heremans, A. Helfer, and U. Scherf, "Triplet excitation scavenging in films of conjugated polymers.," *Chemphyschem : a European journal of chemical physics and physical chemistry*, vol. 10, pp. 1071–6, May 2009.

[91] O. Peterson, S. Tuccio, and B. Snavely, "CW operation of an organic dye solution laser," *Applied Physics Letters*, vol. 17, no. 6, pp. 245–247, 1970.

[92] R. Bornemann, U. Lemmer, and E. Thiel, "Continuous-wave solid-state dye laser," *Optics Letters*, vol. 31, no. 11, pp. 1669–1671, 2006.

[93] T. Rabe, P. Görrn, M. Lehnhardt, M. Tilgner, T. Riedl, and W. Kowalsky, "Highly Sensitive Determination of the Polaron-Induced Optical Absorption of Organic Charge-Transport Materials," *Physical Review Letters*, vol. 102, pp. 1–4, Mar. 2009.

[94] A. D. Walser, I. Sokolik, R. Priestley, and R. Dorsinville, "Dynamics of photoexcited states and charge carriers in organic thin films: Alq3," *Applied Physics Letters*, vol. 69, no. 12, p. 1677, 1996.

[95] A. Köhler, D. Dos Santos, D. Beljonne, Z. Shuai, J. Bredas, A. Holmes, A. Kraus, K. Müllen, and R. Friend, "Charge separation in localized and delocalized electronic states in polymeric semiconductors," 1998.

[96] C. Gadermaier, G. Cerullo, G. Sansone, G. Leising, U. Scherf, and G. Lanzani, "Time-Resolved Charge Carrier Generation from Higher Lying Excited States in Conjugated Polymers," *Physical Review Letters*, vol. 89, no. 11, pp. 9–12, 2002.

[97] T. Virgili, D. Marinotto, C. Manzoni, G. Cerullo, and G. Lanzani, "Ultrafast Intrachain Photoexcitation of Polymeric Semiconductors," *Physical Review Letters*, vol. 94, no. 11, pp. 1–4, 2005.

[98] X. Zhang, Y. Xia, and R. Friend, "Multiphoton excited photoconductivity in polyfluorene," *Physical Review B*, vol. 75, no. 24, pp. 2–5, 2007.

[99] M. Ariu, D. G. Lidzey, M. Sims, a. J. Cadby, P. a. Lane, and D. D. C. Bradley, "The effect of morphology on the temperature-dependent photoluminescence quantum efficiency of the conjugated polymer poly(9, 9-dioctylfluorene)," *Journal of Physics: Condensed Matter*, vol. 14, pp. 9975–9986, Oct. 2002.

[100] R. Österbacka, M. Wohlgenannt, M. Shkunov, D. Chinn, and Z. V. Vardeny, "Excitons, polarons, and laser action in poly.(p-phenylene vinylene) films," *Journal of Chemical Physics*, vol. 118, no. 19, pp. 8905–8916, 2003.

[101] M. Reufer, S. Riechel, J. M. Lupton, J. Feldmann, D. Schneider, T. Benstem, T. Dobbertin, W. Kowalsky, U. Scherf, K. Forberich, A. Gombert, V. Wittwer, and U. Lemmer, "Low-threshold polymeric distributed feedback lasers with metallic contacts," *Applied Physics Letters*, vol. 84, no. 17, pp. 3262–3264, 2004.

[102] M. Reufer, J. Feldmann, P. Rudati, A. Ruhl, D. Müller, K. Meerholz, C. Karnutsch, M. Gerken, and U. Lemmer, "Amplified spontaneous emission in an organic semiconductor multilayer waveguide structure including a highly conductive transparent electrode," *Applied Physics Letters*, vol. 86, p. 221102, 2005.

[103] G. Heliotis, S. A. Choulis, G. Itskos, R. Xia, R. Murray, P. N. Stavrinou, and D. D. C. Bradley, "Low-threshold lasers based on a high-mobility semiconducting polymer," *Applied Physics Letters*, vol. 88, p. 81104, 2006.

[104] B. K. Yap, R. D. Xia, M. Campoy-Quiles, P. N. Stavrinou, and D. D. C. Bradley, "Simultaneous optimization of charge-carrier mobility and optical gain in semiconducting polymer films," *Nature Materials*, vol. 7, no. 5, pp. 376–380, 2008.

[105] D. Yokoyama, M. Moriwake, and C. Adachi, "Spectrally narrow emissions at cutoff wavelength from edges of optically and electrically pumped anisotropic organic films," *Journal of Applied Physics*, vol. 103, no. 12, p. 123104, 2008.

[106] S. Z. Bisri, T. Takenobu, Y. Yomogida, H. Shimotani, T. Yamao, S. Hotta, and Y. Iwasa, "High Mobility and Luminescent Efficiency in Organic Single-Crystal Light-Emitting Transistors," *Advanced Functional Materials*, vol. 19, no. 11, pp. 1728–1735, 2009.

[107] X. Liu, H. Li, C. Song, Y. Liao, and M. Tian, "Microcavity organic laser device under electrical pumping.," *Optics Letters*, vol. 34, pp. 503–5, Mar. 2009.

[108] I. D. W. Samuel, E. B. Namdas, and G. A. Turnbull, "How to recognize lasing," *Nature Photonics*, vol. 3, pp. 546–549, Oct. 2009.

[109] P. Sorokin, J. Lankard, E. Hammond, and M. V., "Laser-pumped stimulated emission from organic dyes: experimental studies and analytical comparisons," *IBM Journal of Research and Developement*, vol. 11, no. 2, p. 130, 1967.

[110] T. Voss, D. Scheel, and W. Schade, "A microchip-laser-pumped DFB-polymer-dye laser," *Applied Physics B: Lasers and Optics*, vol. 73, no. 2, pp. 105–109, 2001.

[111] Z. Bor, "Tunable picosecond pulse generation by an N2 laser pumped self Q-switched distributed feedback dye laser," *IEEE Journal of Quantum Electronics*, vol. 16, no. 5, pp. 517–524, 1980.

[112] D. Zuo, Y. Oki, and M. Maeda, "Numerical simulation of a pulsed laser pumped distributed-feedback waveguided dye laser by coupled-wave theory," *IEEE Journal of Quantum Electronics*, vol. 39, no. 5, pp. 673–680, 2003.

[113] P. Sorokin, J. Lankard, V. Moruzzi, and E. Hammond, "Flashlamp-Pumped Organic-Dye Lasers," *The Journal of Chemical Physics*, vol. 48, p. 4726, 1968.

[114] A. E. Siegman, *Lasers*. Mill Valley, CA, USA: University Science Books, 1986.

[115] S. Nakamura, M. Senoh, S.-i. Nagahama, N. Iwasa, T. Yamada, T. Matsushita, H. Kiyoku, and Y. Sugimoto, "InGaN-Based Multi-Quantum-WellStructure Laser Diodes," *Japanese Journal of Applied Physics*, vol. 35, no. Pt. 2, No. 1B, pp. 1568–1571, 1996.

[116] S. Nakamura, M. Senoh, S. Nagahama, N. Iwasa, T. Yamada, T. Matsushita, H. Kiyoku, Y. Sugimoto, T. Kozaki, H. Umemoto, and Others, "InGaN/GaN/AlGaN-based laser diodes with modulation-doped strained-layer superlattices," *Japanese Journal of Applied Physics*, vol. 36, no. Pt.2, No. 12A, pp. 1568–1571, 1997.

[117] T. Riedl, T. Rabe, H.-H. Johannes, W. Kowalsky, T. Weimann, J. Wang, P. Hinze, B. Nehls, T. Farrell, and U. Scherf, "Tunable organic thin-film laser pumped by an inorganic violet diode laser," *Applied Physics Letters*, vol. 88, p. 241116, 2006.

[118] C. Karnutsch, M. Stroisch, M. Punke, U. Lemmer, J. Wang, and T. Weimann, "Laser diode-pumped organic semiconductor lasers utilizing two-dimensional photonic crystal resonators," *IEEE Photonics Technology Letters*, vol. 19, no. 10, pp. 741–743, 2007.

[119] A. E. Vasdekis, G. Tsiminis, J.-C. Ribierre, L. O. Faolain, T. F. Krauss, G. A. Turnbull, and I. D. W. Samuel, "Diode pumped distributed Bragg

reflector lasers based on a dye-to-polymer energy transfer blend," *Optics Express*, vol. 14, no. 20, pp. 9211–9216, 2006.

[120] H. Sakata and H. Takeuchi, "Green-emitting organic vertical-cavity laser pumped by InGaN-based laser diode," *Electronics Letters*, vol. 43, no. 25, pp. 1431–1433, 2007.

[121] Y. Yang, G. A. Turnbull, and I. D. W. Samuel, "Hybrid optoelectronics: A polymer laser pumped by a nitride light-emitting diode," *Applied Physics Letters*, vol. 92, no. 16, p. 163306, 2008.

[122] M. Amann, S. Illek, C. Schanen, and W. Thulke, "Tunable twin-guide laser: A novel laser diode with improved tuning performance," *Applied Physics Letters*, vol. 54, no. 25, pp. 2532–2533, 1989.

[123] R. Todt, T. Jacke, R. Meyer, J. Adler, R. Laroy, G. Morthier, and M.-C. Amann, "Sampled grating tunable twin-guide laser diodes with over 40-nm electronic tuning range," *IEEE Photonics Technology Letters*, vol. 17, no. 12, pp. 2514–2516, 2005.

[124] H. Ishii, H. Tanobe, F. Kano, Y. Tohmori, Y. Kondo, and Y. Yoshikuni, "Broad-range wavelength coverage (62.4 nm) with superstructure-grating DBR laser," *Electronics Letters*, vol. 32, no. 5, pp. 454–455, 1996.

[125] B. Maune, M. Loncar, J. Witzens, M. Hochberg, T. Baehr-Jones, D. Psaltis, A. Scherer, and Y. Qiu, "Liquid-crystal electric tuning of a photonic crystal laser," *Applied Physics Letters*, vol. 85, no. 3, p. 360, 2004.

[126] A. Yariv and M. Nakamura, "Periodic structures for integrated optics," *IEEE Journal of Quantum Electronics*, vol. 13, no. 4, pp. 233–253, 1977.

[127] Thorlabs GmbH, "PRO8 DWDM DFB Laser Diode Modules." `http://www.thorlabs.de/newgrouppage10.cfm?objectgroup_id=963`, 2011.

[128] M. Punke, T. Woggon, M. Stroisch, B. Ebenhoch, U. Geyer, C. Karnutsch, M. Gerken, U. Lemmer, M. Bründel, J. Wang, and T. Weimann, "Organic semiconductor lasers as integrated light sources for optical sensor systems," in *Proc. of SPIE*, vol. 6659, p. 665909, 2007.

[129] C. Vannahme, S. Klinkhammer, A. Kolew, P.-J. Jakobs, M. Guttmann, S. Dehm, U. Lemmer, and T. Mappes, "Integration of organic semiconductor lasers and single-mode passive waveguides into a PMMA substrate," *Microelectronic Engineering*, vol. 87, no. 5-8, pp. 693–695.

[130] C. Karnutsch, C. Pflumm, G. Heliotis, J. C. DeMello, D. D. C. Bradley, J. Wang, T. Weimann, V. Haug, C. Gärtner, and U. Lemmer, "Improved organic semiconductor lasers based on a mixed-order distributed feedback resonator design," *Applied Physics Letters*, vol. 90, p. 131104, 2007.

[131] K. Baumann, T. Stöferle, N. Moll, R. F. Mahrt, T. Wahlbrink, J. Bolten, T. Mollenhauer, C. Moormann, and U. Scherf, "Organic mixed-order photonic crystal lasers with ultrasmall footprint," *Applied Physics Letters*, vol. 91, no. 17, p. 171108, 2007.

[132] M. B. Christiansen, A. Kristensen, S. Xiao, and N. A. Mortensen, "Photonic integration in k-space: Enhancing the performance of photonic crystal dye lasers," *Applied Physics Letters*, vol. 93, no. 23, p. 231101, 2008.

[133] C. Ge, M. Lu, Y. Tan, and B. T. Cunningham, "Enhancement of pump efficiency of a visible wavelength organic distributed feedback laser by resonant optical pumping.," *Optics Express*, vol. 19, pp. 5086–92, Mar. 2011.

[134] N. Susa, "Threshold gain and gain-enhancement due to distributed-feedback in two-dimensional photonic-crystal lasers," *Journal of Applied Physics*, vol. 89, no. 2, p. 815, 2001.

[135] W. Streifer, D. Scifres, and R. Burnham, "Coupled wave analysis of DFB and DBR lasers," *IEEE Journal of Quantum Electronics*, vol. 13, pp. 134–141, Apr. 1977.

[136] R. Kazarinov and C. Henry, "Second-order distributed feedback lasers with mode selection provided by first-order radiation losses," *IEEE Journal of Quantum Electronics*, vol. 21, no. 2, pp. 144–150, 1985.

[137] D. B. R. Streifer W.; Scifres, "Coupled wave analysis of DFB and DBR lasers," *Quantum Electronics, IEEE Journal of*, vol. 13, p. 134, 1977.

[138] W. Streifer and R. Burnham, "Effect of external reflectors on longitudinal modes of distributed feedback lasers," *IEEE Journal of Quantum Electronics*, vol. 11, no. 4, pp. 154–161, 1975.

[139] W. Streifer, R. Burnham, and D. Scifres, "Analysis of grating-coupled radiation in GaAs:GaAlAs lasers and waveguides," *IEEE Journal of Quantum Electronics*, vol. 12, no. 8, pp. 494–499, 1976.

[140] H. A. Haus, "Gain saturation in distributed feedback lasers," *Applied optics*, vol. 14, no. 11, pp. 2650–2, 1975.

[141] J. Kinoshita, "Analysis of radiation mode effects on oscillating properties of DFB lasers," *IEEE Journal of Quantum Electronics*, vol. 35, no. 11, pp. 1569–1583, 1999.

[142] S. Li, G. Witjaksono, S. Macomber, and D. Botez, "Analysis of surface-emitting second-order distributed feedback lasers with central grating phaseshift," *IEEE Journal of Selected Topics in Quantum Electronics*, vol. 9, no. 5, pp. 1153–1165, 2003.

[143] G. Barlow, A. Shore, G. Turnbull, and I. Samuel, "Design and analysis of a low-threshold polymer circular-grating distributed-feedback laser," *Journal of the Optical Society of America B*, vol. 21, no. 12, pp. 2142–2150, 2004.

[144] F. Reinitzer, "Beiträge zur Kenntniss des Cholesterins," *Monatshefte für Chemie*, vol. 9, no. 1, pp. 421–441, 1888.

[145] O. Lehmann, "Über fließende Kristalle," *Zeitschrift für physikalische Chemie*, vol. 4, pp. 462–468, 1889.

[146] E. Lueder, *Liquid Crystal Displays*. WILEY-VCH Verlag GmbH, 2001.

[147] P. Yeh and C. Gu, *Optics of liquid crystal displays*. Wiley-Interscience, 1999.

[148] V. Fréedericksz and A. Repiewa, "Theoretisches und Experimentelles zur Frage nach der Natur der anisotropen Flüssigkeiten," *Zeitschrift für Physik*, vol. 42, no. 7, pp. 532–546, 1927.

[149] V. Fréedericksz and V. Zolina, "Forces causing the orientation of an anisotropic liquid," *Transactions of the Faraday Society*, vol. 29, no. 140, p. 919, 1933.

[150] U. Geyer, *Interferenzlithographisch strukturierte Oberflächen für lichtemittierende Bauelemente*. Dissertation, Universität Karlsruhe (TH), 2009.

[151] H. Schift, "Nanoimprint lithography: An old story in modern times? A review," *Journal of Vacuum Science & Technology B: Microelectronics and Nanometer Structures*, vol. 26, no. 2, p. 458, 2008.

[152] W. Menz, J. Mohr, and O. Paul, *Microsystem Technology*. WILEY-VCH Verlag GmbH, 2001.

[153] C. Vannahme, S. Klinkhammer, A. Kolew, P.-J. Jakobs, M. Guttmann, S. Dehm, U. Lemmer, and T. Mappes, "Integration of organic semiconductor lasers and single-mode passive waveguides into a PMMA substrate," *Microelectronic Engineering*, vol. 87, no. 5-8, pp. 693–695, 2010.

[154] C. Vannahme, *Integration organischer Laser in Lab-on-Chip Systeme*. Dissertation, KIT, 2011.

[155] Z. Wang, J. Hauss, C. Vannahme, U. Bog, S. Klinkhammer, D. Zhao, M. Gerken, T. Mappes, and U. Lemmer, "Nanograting transfer for light extraction in organic light-emitting devices," *Applied Physics Letters*, vol. 98, no. 14, p. 143105, 2011.

[156] V. Bulovic, V. G. Kozlov, V. B. Khalfin, and S. R. Forrest, "Transform-Limited, Narrow-Linewidth Lasing Action in Organic Semiconductor Microcavities," *Science*, vol. 279, pp. 553–555, 1998.

[157] P. E. Burrows, Z. Shen, V. Bulovic, D. M. McCarty, S. R. Forrest, J. A. Cronin, and M. E. Thompson, "Relationship between electroluminescence and current transport in organic heterojunction light-emitting devices," *Journal of Applied Physics*, vol. 79, no. 10, pp. 7991–8006, 1996.

[158] R. G. Kepler, P. M. Beeson, S. J. Jacobs, R. A. Anderson, M. B. Sinclair, V. S. Valencia, and P. A. Cahill, "Electron and hole mobility in tris(8-hydroxyquinolinolato-N1,O8) aluminum," *Applied Physics Letters*, vol. 66, no. 26, pp. 3618–3620, 1995.

[159] D. Z. Garbuzov, V. Bulovic, P. E. Burrows, and S. R. Forrest, "Photoluminescence efficiency and absorption of aluminum-tris-quinolate (Alq3) thin films," *Chemical Physics Letters*, vol. 249, pp. 433–437, 1996.

[160] V. Kozlov, V. Bulovic, P. Burrows, M. Baldo, V. Khalfin, G. Parthasarathy, S. Forrest, Y. You, and M. Thompson, "Study of lasing action based on Förster energy transfer in optically pumped organic semiconductor thin films," *Journal of Applied Physics*, vol. 84, no. 8, p. 4096, 1998.

[161] A. D. Walser, I. Sokolik, R. Priestley, and R. Dorsinville, "Dynamics of photoexcited states and charge carriers in organic thin films: Alq3," *Applied Physics Letters*, vol. 69, no. 12, pp. 1677–1679, 1996.

[162] F. P. Schäfer, *Dye Lasers*. Springer Verlag, 1990.

[163] D. Schneider, T. Rabe, T. Riedl, T. Dobbertin, M. Kröger, E. Becker, H.-H. Johannes, W. Kowalsky, T. Weimann, J. Wang, and P. Hinze,

"Ultrawide tuning range in doped organic solid-state lasers," *Applied Physics Letters*, vol. 85, no. 11, pp. 1886–1888, 2004.

[164] T. Woggon, S. Klinkhammer, and U. Lemmer, "Compact spectroscopy system based on tunable organic semiconductor lasers," *Applied Physics B: Lasers and Optics*, vol. 99, no. 1, pp. 47–51, 2010.

[165] C. Vannahme, S. Klinkhammer, M. B. Christiansen, A. Kolew, A. Kristensen, U. Lemmer, and T. Mappes, "All-polymer organic semiconductor laser chips: Parallel fabrication and encapsulation," *Opt. Express*, vol. 18, no. 24, pp. 24881–24887, 2010.

[166] J. Salbeck, N. Yu, J. Bauer, F. Weissörtel, and H. Bestgen, "Low molecular organic glasses for blue electroluminescence," *Synthetic Metals*, vol. 91, pp. 209–215, 1997.

[167] J. Salbeck and F. Weissörtel, "Spiro linked compounds for use as active materials in organic light emitting diodes," *Macromolecular Symposia*, vol. 125, pp. 121 –132, 1997.

[168] N. Johansson, D. a. dos Santos, S. Guo, J. Cornil, M. Fahlman, J. Salbeck, H. Schenk, H. Arwin, J. L. Brédas, and W. R. Salanek, "Electronic structure and optical properties of electroluminescent spiro-type molecules," *The Journal of Chemical Physics*, vol. 107, no. 7, p. 2542, 1997.

[169] U. Bach, K. De Cloedt, H. Spreitzer, and M. Grätzel, "Characterization of Hole Transport in a New Class of Spiro-Linked Oligotriphenylamine Compounds," *Advanced Materials*, vol. 12, no. 14, pp. 1060–1063, 2000.

[170] J. Salbeck, M. Schörner, and T. Fuhrmann, "Optical amplification in spiro-type molecular glasses," *Thin Solid Films*, vol. 417, pp. 20–25, 2002.

[171] M. Stroisch, *Organische Halbleiterlaser auf Basis Photonischer-Kristalle*. Dissertation, Universität Karlsruhe (TH), 2007.

[172] T. Spehr, *Fluoreszenz und Lasertätigkeit in dünnen amorphen Schichten von Spirobifluorenderivaten*. Dissertation, Universität Kassel, 2007.

[173] T. Aimono, Y. Kawamura, K. Goushi, H. Yamamoto, H. Sasabe, and C. Adachi, "100% fluorescence efficiency of 4,4'-bis[(N-carbazole)styryl]biphenyl in a solid film and the very low amplified spontaneous emission threshold," *Applied Physics Letters*, vol. 86, p. 71110, 2005.

[174] J.-I. Lee, H. Y. Chu, Y. S. Yang, L.-M. Do, S. M. Chung, S.-H. K. Park, and C.-S. Hwang, "White Light Emitting Electrophosphorescent Devices with Solution Processed Emission Layer," *Japanese Journal of Applied Physics*, vol. 45, no. No. 12, pp. 9231–9233, 2006.

[175] Exciton GmbH, "Pyrromethene 597." http://www.exciton.com/pdfs/p597.pdf, 2011.

[176] M. B. Christiansen, T. Buß, C. L. C. Smith, S. R. Petersen, M. M. Jørgensen, and A. Kristensen, "Single mode dye-doped polymer photonic crystal lasers," *Journal of Micromechanics and Microengineering*, vol. 20, no. 11, p. 115025, 2010.

[177] G. He and P. Prasad, "Phase-conjugation property of one-photon pumped backward stimulated emission from a lasing medium," *IEEE Journal of Quantum Electronics*, vol. 34, no. 3, pp. 473–481, 1998.

[178] P. Herguth, X. Jiang, M. S. Liu, and A. K.-Y. Jen, "Highly Efficient Fluorene- and Benzothiadiazole-Based Conjugated Copolymers for Polymer Light-Emitting Diodes," *Macromolecules*, vol. 35, pp. 6094–6100, July 2002.

[179] M. Campoy-Quiles, G. Heliotis, R. Xia, M. Ariu, M. Pintani, P. Etchegoin, and D. D. C. Bradley, "Ellipsometric Characterization of the Optical Constants of Polyfluorene Gain Media," *Advanced Functional Materials*, vol. 15, pp. 925–933, 2005.

[180] M. A. Stevens, C. Silva, D. M. Russell, and R. H. Friend, "Exciton dissociation mechanisms in the polymeric semiconductors poly(9,9-dioctylfluorene) and poly(9,9-dioctylfluorene-co-benzothiadiazole)," *Physical Review B*, vol. 63, p. 165213, 2001.

[181] M. Vehse, B. Liu, L. Edman, G. C. Bazan, and A. J. Heeger, "Light Amplification by Optical Excitation of a Chemical Defect in a Conjugated Polymer," *Advanced Materials*, vol. 16, no. 12, pp. 1001–1004, 2004.

[182] R. Gupta, M. Stevenson, A. Dogariu, M. D. McGehee, J. Y. Park, V. Srdanov, A. J. Heeger, and H. Wang, "Low-threshold amplified spontaneous emission in blends of conjugated polymers," *Applied Physics Letters*, vol. 73, no. 24, pp. 3492–3494, 1998.

[183] C. R. McNeill and N. C. Greenham, "Conjugated-Polymer Blends for Optoelectronics," *Advanced Materials*, vol. 21, pp. 3840–3850, 2009.

[184] D. Moses, "High quantum efficiency luminescence from a conducting in solution: A novel polymer laser dye," *Applied Physics Letters*, vol. 60, no. 26, pp. 3215–3216, 1992.

[185] T.-Q. Nguyen, V. Doan, and B. J. Schwartz, "Conjugated polymer aggregates in solution: Control of interchain interactions," *The Journal of Chemical Physics*, vol. 110, no. 8, pp. 4068–4078, 1999.

[186] M. D. McGehee and A. J. Heeger, "Semiconducting (Conjugated) Polymers as Materials for Solid-State Lasers," *Advanced Functional Materials*, vol. 12, no. 22, pp. 1655–1668, 2000.

[187] F. Hide, M. A. Diaz-Garcia, B. J. Schwartz, M. R. Andersson, Q. B. Pei, and A. J. Heeger, "Semiconducting polymers: A new class of solid-state laser materials," *Science*, vol. 273, no. 5283, pp. 1833–1836, 1996.

[188] J. Y. Park, V. I. Srdanov, A. J. Heeger, C. H. Lee, and Y. W. Park, "Amplified spontaneous emission from an MEH-PPV film in cylindrical geometry," *Synthetic Metals*, vol. 106, no. 1, pp. 35–38, 1999.

[189] M. A. Familia, A. Sarangan, and T. Nelson, "Optically pumped photonic crystal polymer lasers based on [2-methoxy-5-(2'-ethylhexyloxy)- 1,4-phenylenevinylene].," *Optics Express*, vol. 13, no. 8, pp. 3136–43, 2005.

[190] E. Mele, A. Camposeo, R. Stabile, P. Del Carro, F. Di Benedetto, L. Persano, R. Cingolani, and D. Pisignano, "Polymeric distributed feedback lasers by room-temperature nanoimprint lithography," *Applied Physics Letters*, vol. 89, pp. 131103–131109, Sept. 2006.

[191] A. E. Vasdekis, G. A. Turnbull, I. D. W. Samuel, P. Andrew, and W. L. Barnes, "Low threshold edge emitting polymer distributed feedback laser based on a square lattice," *Applied Physics Letters*, vol. 86, p. 161102, 2005.

[192] A. Boudrioua, P. A. Hobson, B. Matterson, I. D. W. Samuel, and W. L. Barnes, "Birefringence and dispersion of the light emitting polymer MEH-PPV," *Synthetic Metals*, vol. 111, pp. 545–547, 2000.

[193] S. Klinkhammer, T. Woggon, U. Geyer, C. Vannahme, S. Dehm, T. Mappes, and U. Lemmer, "A continuously tunable low-threshold organic semiconductor distributed feedback laser fabricated by rotating shadow mask evaporation," *Applied Physics B: Lasers and Optics*, vol. 97, no. 4, pp. 787–791, 2009.

[194] S. Klinkhammer, T. Woggon, C. Vannahme, U. Geyer, T. Mappes, and U. Lemmer, "Optical spectroscopy with organic semiconductor lasers," in *Proc. SPIE*, vol. 7722, (Brussels, Belgium), pp. 77221I–10, 2010.

[195] S. Klinkhammer, X. Liu, K. Huska, Y. Shen, S. Vanderheiden, S. Valouch, C. Vannahme, S. Bräse, T. Mappes, and U. Lemmer, "Continuous-

ly tunable solution-processed organic semiconductor DFB lasers pumped by laser diode," *Optics Express*, vol. 20, no. 6, pp. 6357–6364, 2012.

[196] J. Wang, T. Weimann, P. Hinze, G. Ade, D. Schneider, T. Rabe, T. Riedl, and W. Kowalsky, "A continuously tunable organic DFB laser," *Microelectronic Engineering*, vol. 78-79, pp. 364–368, 2005.

[197] K. Suzuki, K. Takahashi, Y. Seida, K. Shimizu, M. Kumagai, and Y. Taniguchi, "A Continuously Tunable Organic Solid-State Laser Based on a Flexible Distributed-Feedback Resonator," *Japanese Journal of Applied Physics*, vol. 42, no. Part 2, No. 3A, pp. 249–251, 2003.

[198] M. R. Weinberger, G. Langer, A. Pogantsch, A. Haase, E. Zojer, and W. Kern, "Continuously Color-Tunable Rubber Laser," *Advanced Materials*, vol. 16, no. 2, pp. 130–133, 2004.

[199] B. Wenger, N. Tetreault, M. E. Welland, and R. H. Friend, "Mechanically tunable conjugated polymer distributed feedback lasers," *Applied Physics Letters*, vol. 97, no. 19, p. 193303, 2010.

[200] P. Görrn, M. Lehnhardt, W. Kowalsky, T. Riedl, and S. Wagner, "Elastically tunable self-organized organic lasers.," *Advanced Materials*, vol. 23, pp. 869–72, Mar. 2011.

[201] S. Döring, M. Kollosche, T. Rabe, J. Stumpe, and G. Kofod, "Electrically Tunable Polymer DFB Laser," *Advanced Materials*, vol. 23, pp. 1–5, 2011.

[202] J. Bjorkholm and C. Shank, "Distributed-feedback lasers in thin-film optical waveguides," *IEEE Journal of Quantum Electronics*, vol. 8, no. 11, pp. 833–838, 1972.

[203] N. Tsutsumi and A. Fujihara, "Tunable distributed feedback lasing with narrowed emission using holographic dynamic gratings in a polymeric waveguide," *Applied Physics Letters*, vol. 86, no. 061101, 2005.

[204] N. Tsutsumi and M. Yamamoto, "Threshold reduction of a tunable organic laser using effective energy transfer," *Journal of the Optical Society of America B*, vol. 23, no. 5, p. 842, 2006.

[205] M. Stroisch, T. Woggon, C. Teiwes-Morin, S. Klinkhammer, K. Forberich, A. Gombert, M. Gerken, and U. Lemmer, "Intermediate high index layer for laser mode tuning in organic semiconductor lasers," *Optics Express*, vol. 18, no. 6, pp. 5890–5895, 2010.

[206] G. Duplain, P. G. Verly, J. A. Dobrowolski, A. Waldorf, and S. Bussiere, "Graded-Reflectance mirrors for beam quality-control in laser resonators," *Applied Optics*, vol. 32, no. 7, pp. 1145–1153, 1993.

[207] W. Plass, R. Maestle, K. Wittig, A. Voss, and A. Giesen, "High-resolution knife-edge laser beam profiling," *Optics Communications*, vol. 134, no. 1-6, pp. 21–24, 1997.

[208] B. Park and M.-y. Han, "Organic light-emitting devices fabricated using a premetered coating process," *Optics Express*, vol. 17, pp. 21362–21369, Nov. 2009.

[209] L. D. Landau and V. G. Levich, "Dragging of a liquid by a moving plate," *Acta Physicochim. USSR*, vol. 17, pp. 42–54, 1942.

[210] X. Liu, *Solution Processing and Characterization of Organic DFB Lasers*. Masterarbeit, KIT, 2011.

[211] C. Ge, M. Lu, X. Jian, Y. Tan, and B. T. Cunningham, "Large-area organic distributed feedback laser fabricated by nanoreplica molding and horizontal dipping," *Optics Express*, vol. 18, no. 12, pp. 12980–12991, 2010.

[212] L. Xue, S. Brueck, and R. Kaspi, "Widely tunable distributed-feedback lasers with chirped gratings," *Applied Physics Letters*, vol. 94, no. 16, p. 161102, 2009.

[213] S. Klinkhammer, N. Heussner, K. Huska, T. Bocksrocker, F. Geislhöringer, C. Vannahme, T. Mappes, and U. Lemmer, "Voltage-controlled tuning of an organic semiconductor distributed feedback laser using liquid crystals," *Applied Physics Letters*, vol. 99, no. 2, p. 023307, 2011.

[214] X.-l. Zhu and D. Lo, "Temperature tuning of output wavelength for solid-state dye lasers," *Journal of Optics A: Pure and Applied Optics*, vol. 3, p. 225, 2001.

[215] T. Woggon, *Organic solid state lasers for sensing applications*. Dissertation, KIT, 2011.

[216] M. Gersborg-Hansen and A. Kristensen, "Tunability of optofluidic distributed feedback dye lasers," *Optics Express*, vol. 15, no. 1, pp. 137–142, 2007.

[217] F. B. Arango, M. B. Christiansen, M. Gersborg-Hansen, and A. Kristensen, "Optofluidic tuning of photonic crystal band edge lasers," *Applied Physics Letters*, vol. 91, no. 22, p. 223503, 2007.

[218] M. Lu, S. S. Choi, U. Irfan, and B. T. Cunningham, "Plastic distributed feedback laser biosensor," *Applied Physics Letters*, vol. 93, no. 11, 2008.

[219] M. Lu, S. S. Choi, C. J. Wagner, J. G. Eden, and B. T. Cunningham, "Label free biosensor incorporating a replica-molded, vertically emitting distributed feedback laser," *Applied Physics Letters*, vol. 92, no. 26, p. 261502, 2008.

[220] C. L. C. Smith, J. U. Lind, C. H. Nielsen, M. B. Christiansen, T. Buss, N. B. Larsen, and A. Kristensen, "Enhanced transduction of photonic crystal dye lasers for gas sensing via swelling polymer film.," *Optics letters*, vol. 36, no. 8, pp. 1392–4, 2011.

[221] R. Ozaki, T. Shinpo, K. Yoshino, M. Ozaki, and H. Moritake, "Tunable liquid crystal laser using distributed feedback cavity fabricated by

nanoimprint lithography," *Appl. Phys. Expr.*, vol. 1, no. 1, p. 012003, 2008.

[222] T. Buss, M. Christiansen, C. Smith, and A. Kristensen, "Liquid crystal tunable photonic crystal dye laser," in *2010 Conference on Lasers and Electro-Optics (CLEO) and Quantum Electronics and Laser Science Conference (QELS)*, no. c, pp. 2–3, Optical Society of America, 2010.

[223] H. Coles and S. Morris, "Liquid-crystal lasers," *Nature Photonics*, vol. 4, no. 10, pp. 676–685, 2010.

[224] M.-Y. Jeong and J. W. Wu, "Continuous spatial tuning of laser emissions with tuning resolution less than 1 nm in a wedge cell of dye-doped cholesteric liquid crystals.," *Optics Express*, vol. 18, no. 23, pp. 24221–8, 2010.

[225] H. Yoshida, Y. Inoue, T. Isomura, Y. Matsuhisa, A. Fujii, and M. Ozaki, "Position sensitive, continuous wavelength tunable laser based on photopolymerizable cholesteric liquid crystals with an in-plane helix alignment," *Applied Physics Letters*, vol. 94, no. 9, p. 93306, 2009.

[226] T.-H. Lin, H.-C. Jau, C.-H. Chen, Y.-J. Chen, T.-H. Wei, C.-W. Chen, and A. Y.-G. Fuh, "Electrically controllable laser based on cholesteric liquid crystal with negative dielectric anisotropy," *Applied Physics Letters*, vol. 88, no. 6, p. 061122, 2006.

[227] R. Jakubiak, L. V. Natarajan, V. Tondiglia, G. S. He, P. N. Prasad, T. J. Bunning, and R. A. Vaia, "Electrically switchable lasing from pyrromethene 597 embedded holographic-polymer dispersed liquid crystals," *Appl. Phys. Lett.*, vol. 85, no. 25, pp. 6095–6097, 2004.

[228] N. Heussner, *Durchstimmbarkeit organischer Halbleiterlaser mit Hilfe von Flüssigkristallen.* Diplomarbeit, KIT, 2010.

[229] Y. Nazirizadeh, U. Bog, S. Sekula, T. Mappes, U. Lemmer, and M. Gerken, "Low-cost label-free biosensors using photonic crystals

embedded between crossed polarizers," *Optics Express*, vol. 18, no. 18, pp. 19120–19128, 2010.

[230] P. Kluth, *Durchstimmbarkeit organischer DFB-Laser durch Brechungs-indexvariation*. Bachelorarbeit, KIT, 2011.

[231] W. Tropf, "Temperature-dependent refractive index models for BaF2, CaF2, MgF2, SrF2, LiF, NaF, KCl, ZnS, and ZnSe," *Optical Engineering*, vol. 34, no. 5, pp. 1369–1373, 1995.

[232] T. G. Giallorenzi and J. P. Sheridan, "Light scattering from nematic liquid crystal waveguides," *Journal of Applied Physics*, vol. 46, no. 3, p. 1271, 1975.

[233] J. Whinnery and Y. Kwon, "Liquid-crystal waveguides for integrated optics," *IEEE Journal of Quantum Electronics*, vol. 13, no. 4, pp. 262–267, 1977.

[234] C. J. Newsome, M. O'Neill, R. J. Farley, and G. P. Bryan-Brown, "Laser etched gratings on polymer layers for alignment of liquid crystals," *Applied Physics Letters*, vol. 72, no. 17, p. 2078, 1998.

[235] I. Abdulhalim and D. Menashe, "Approximate analytic solutions for the director profile of homogeneously aligned nematic liquid crystals," *Liquid Crystals*, vol. 37, no. 2, pp. 233–239, 2010.

[236] P. Bienstman and R. Baets, "Optical modelling of photonic crystals and VCSELs using eigenmode expansion and perfectly matched layers," *Optical and Quantum Electronics*, vol. 33, no. 4, pp. 327–341, 2001.

[237] INTEC, Ghent University, "CAMFR (Cavity Modelling Framework)." `http://camfr.sourceforge.net`, 2011.

[238] F. Yang, L. Ruan, and J. R. Sambles, "Exploration of the surface director profile in a liquid crystal cell using coupling between the surface plasmon

and half-leaky optical guided modes," *Applied Physics Letters*, vol. 92, no. 15, p. 151103, 2008.

[239] K. Tachibana, K. Goda, Y. Kaneko, M. Inoue, M. Kimura, and T. Akahane, "Evaluation of Polar Anchoring Energy Based on Symmetric Oblique Incident Transmission Ellipsometry Method: the Voltage Diminution by Alignment Films," *Japanese Journal of Applied Physics*, vol. 50, p. 01BA01, Jan. 2011.

[240] S. R. Davis, S. D. Rommel, G. Farca, and M. H. Anderson, "A new electro-optic waveguide architecture and the unprecedented devices it enables," *Proceedings of SPIE*, vol. 6975, pp. 697503–697503–12, 2008.

[241] I. Dierking, "Dielectric breakdown in liquid crystals," *Journal of Physics D: Applied Physics*, vol. 34, p. 806, 2001.

[242] H. Nakanotani, S. Akiyama, D. Ohnishi, M. Moriwake, M. Yahiro, T. Yoshihara, S. Tobita, and C. Adachi, "Extremely Low-Threshold Amplified Spontaneous Emission of 9,9'-Spirobifluorene Derivatives and Electroluminescence from Field-Effect Transistor Structure," *Advanced Functional Materials*, vol. 17, no. 14, pp. 2328–2335, 2007.

[243] Y. Wang, G. Tsiminis, Y. Yang, A. Ruseckas, A. L. Kanibolotsky, I. F. Perepichka, P. J. Skabara, G. a. Turnbull, and I. D. Samuel, "Broadly tunable deep blue laser based on a star-shaped oligofluorene truxene," *Synthetic Metals*, vol. 160, no. 13-14, pp. 1397–1400, 2010.

[244] Y. Oki, S. Miyamoto, M. Maeda, and N. J. Vasa, "Multiwavelength distributed-feedback dye laser array and its application to spectroscopy," *Optics Letters*, vol. 27, no. 14, pp. 1220–1222, 2002.

[245] D. Schneider, T. Rabe, T. Riedl, T. Dobbertin, M. Kröger, E. Becker, H.-H. Johannes, W. Kowalsky, T. Weimann, J. Wang, P. Hinze, A. Gerhard, P. Stössel, and H. Vestweber, "An Ultraviolet Organic Thin-Film Solid-

State Laser for Biomarker Applications," *Advanced Materials*, vol. 17, no. 1, pp. 31–34, 2005.

[246] S. Riechel, U. Lemmer, J. Feldmann, T. Benstem, W. Kowalsky, U. Scherf, A. Gombert, and V. Wittwer, "Laser modes in organic solid-state distributed feedback lasers," *Applied Physics B: Lasers and Optics*, vol. 71, pp. 897–900, 2000.

[247] C. J. Choi, I. D. Block, B. Bole, D. Dralle, and B. T. Cunningham, "Label-Free Photonic Crystal Biosensor Integrated Microfluidic Chip for Determination of Kinetic Reaction Rate Constants," *IEEE Sensors Journal*, vol. 9, no. 12, pp. 1697–1704, 2009.

[248] S. Mandal, J. M. Goddard, and D. Erickson, "A multiplexed optofluidic biomolecular sensor for low mass detection.," *Lab on a chip*, vol. 9, no. 20, pp. 2924–32, 2009.

[249] W. Streifer, D. Scifres, and R. D. Burnham, "Coupling coefficients for distributed feedback single-and double-heterostructure diode lasers," *Quantum Electronics, IEEE*, vol. 11, p. 867, 1975.

[250] W.-H. Lee and W. Streifer, "Radiation loss calculations for corrugated dielectric waveguides," *Journal of the Optical Society of America A*, vol. 68, no. 12, pp. 1701–1707, 1978.

[251] G. Heliotis, R. Xia, G. A. Turnbull, P. Andrew, W. L. Barnes, I. D. W. Samuel, and D. D. C. Bradley, "Emission Characteristics and Performance Comparison of Polyfluorene Lasers with One- and Two-Dimensional Distributed Feedback," *Advanced Functional Materials*, vol. 14, no. 1, pp. 91–97, 2004.

[252] G. A. Turnbull, A. Carleton, G. F. Barlow, A. Tahraouhi, T. F. Krauss, K. A. Shore, and I. D. W. Samuela, "Influence of grating characteristics on the operation of circular-grating distributed-feedback polymer lasers," *Journal of Applied Physics*, vol. 98, p. 23105, 2005.

[253] R. Xia, G. Heliotis, P. N. Stavrinou, and D. D. C. Bradley, "Polyfluorene distributed feedback lasers operating in the green-yellow spectral region," *Applied Physics Letters*, vol. 87, p. 31104, 2005.

[254] R. Won, "View from... SPIE Photonics Europe 2010: Champion innovations," *Nature Photonics*, vol. 4, no. 7, pp. 418–420, 2010.

[255] M. Lu, S. S. Choi, C. J. Wagner, J. G. Eden, and B. T. Cunningham, "Label free biosensor incorporating a replica-molded, vertically emitting distributed feedback laser," *Applied Physics Letters*, vol. 92, no. 26, p. 261502, 2008.

[256] C. Ge, M. Lu, W. Zhang, and B. T. Cunningham, "Distributed feedback laser biosensor incorporating a titanium dioxide nanorod surface," *Applied Physics Letters*, vol. 96, no. 16, p. 163702, 2010.

[257] L. Yang, T. Carmon, B. Min, S. M. Spillane, and K. J. Vahala, "Erbium-doped and Raman microlasers on a silicon chip fabricated by the sol-gel process," *Applied Physics Letters*, vol. 86, no. 9, p. 091114, 2005.

[258] E. P. Ostby, L. Yang, and K. J. Vahala, "Ultralow-threshold Yb(3+):SiO(2) glass laser fabricated by the solgel process.," *Optics Letters*, vol. 32, no. 18, pp. 2650–2, 2007.

[259] E. P. Ostby and K. J. Vahala, "Yb-doped glass microcavity laser operation in water," *Optics Letters*, vol. 34, no. 8, pp. 1153–1155, 2009.

[260] H.-S. Hsu, C. Cai, and A. M. Armani, "Ultra-low-threshold Er:Yb sol-gel microlaser on silicon.," *Optics Express*, vol. 17, no. 25, pp. 23265–71, 2009.

[261] B. Min, S. Kim, K. Okamoto, L. Yang, A. Scherer, H. Atwater, and K. Vahala, "Ultralow threshold on-chip microcavity nanocrystal quantum dot lasers," *Applied Physics Letters*, vol. 89, no. 19, pp. 191123–191124, 2006.

[262] T. Grossmann, S. Schleede, M. Hauser, T. Beck, M. Thiel, G. von Freymann, T. Mappes, and H. Kalt, "Direct laser writing for active and passive high-Q polymer microdisks on silicon.," *Opt. Express*, vol. 19, no. 12, pp. 11451–6, 2011.

[263] J. Nöckel and A. Stone, "Ray and wave chaos in asymmetric resonant optical cavities," *Nature*, vol. 385, no. 6611, pp. 45–47, 1997.

[264] N. Djellali, I. Gozhyk, D. Owens, S. Lozenko, M. Lebental, J. Lautru, C. Ulysse, B. Kippelen, and J. Zyss, "Controlling the directional emission of holey organic microlasers," *Applied Physics Letters*, vol. 95, no. 10, p. 101108, 2009.

[265] C. Yan, Q. J. Wang, L. Diehl, M. Hentschel, J. Wiersig, N. Yu, C. Pflügl, F. Capasso, M. a. Belkin, T. Edamura, M. Yamanishi, and H. Kan, "Directional emission and universal far-field behavior from semiconductor lasers with limacon-shaped microcavity," *Applied Physics Letters*, vol. 94, no. 25, p. 251101, 2009.

[266] S. Shinohara, M. Hentschel, J. Wiersig, T. Sasaki, and T. Harayama, "Ray-wave correspondence in limaçon-shaped semiconductor microcavities," *Physical Review A*, vol. 80, no. 3, pp. 1–4, 2009.

[267] L. Shang, L. Liu, and L. Xu, "Single-frequency coupled asymmetric microcavity laser.," *Optics letters*, vol. 33, no. 10, pp. 1150–2, 2008.

[268] X. Wu, H. Li, L. Liu, and L. Xu, "Unidirectional single-frequency lasing from a ring-spiral coupled microcavity laser," *Applied Physics Letters*, vol. 93, no. 8, p. 081105, 2008.

[269] W. Lee, H. Li, J. D. Suter, K. Reddy, Y. Sun, and X. Fan, "Tunable single mode lasing from an on-chip optofluidic ring resonator laser," *Applied Physics Letters*, vol. 98, no. 6, p. 061103, 2011.

[270] P. Rabiei, "Tunable polymer double micro-ring filters," *IEEE Photonics Technology Letters*, vol. 15, no. 9, pp. 1255–1257, 2003.

[271] A. M. Armani, R. P. Kulkarni, S. E. Fraser, R. C. Flagan, and K. J. Vahala, "Label-Free, Single-Molecule Detection with Optical Microcavities," *Science*, vol. 317, no. 5839, pp. 783–787, 2007.

[272] L. He, S. K. Ozdemir, J. Zhu, W. Kim, and L. Yang, "Detecting single viruses and nanoparticles using whispering gallery microlasers.," *Nature Nanotechnology*, vol. 6, no. 7, pp. 428–32, 2011.

[273] L. Yang, T. Lu, T. Carmon, B. Min, and K. J. Vahala, "A 4-Hz Fundamental Linewidth on-chip Microlaser," in *2007 Conference on Lasers and Electro-Optics (CLEO)*, pp. 1–2, IEEE, 2007.

[274] T. Grossmann, M. Hauser, T. Beck, C. Gohn-Kreuz, M. Karl, H. Kalt, C. Vannahme, and T. Mappes, "High-Q conical polymeric microcavities," *Applied Physics Letters*, vol. 96, no. 1, p. 13303, 2010.

[275] M. M. Mazumder, G. Chen, R. K. Chang, and J. B. Gillespie, "Wavelength shifts of dye lasing in microdroplets: effect of absorption change," *Optics Letters*, vol. 20, no. 8, pp. 878–880, 1995.

[276] R. Laroy, R. Todt, R. Meyer, M. Amann, G. Morthier, and R. Baets, "Direct modulation of widely tunable twin-guide lasers," *IEEE Photonics Technology Letters*, vol. 18, no. 12, pp. 1293–1295, 2006.

[277] S. Matsuo, T. Kakitsuka, T. Segawa, N. Fujiwara, Y. Shibata, H. Oohashi, H. Yasaka, and H. Suzuki, "Extended transmission reach using optical filtering of frequency-modulated widely tunable SSG-DBR laser," *IEEE Photonics Technology Letters*, vol. 20, no. 4, pp. 294–296, 2008.

[278] C. Vannahme, M. B. k. Christiansen, T. Mappes, and A. Kristensen, "Optofluidic dye laser in a foil.," *Optics Express*, vol. 18, no. 9, pp. 9280–5, 2010.

Abkürzungsverzeichnis

Abkürzung	Beschreibung
AFM	engl. *atomic force microscope*
Ag	Silber
Alq_3	Aluminium-tris-(8-hydroxychinolin)
ASE	engl. *amplified spontaneous emission*
BSB-Cz	4,4'-Bis[(N-carbazol) styryl]biphenyl
CAMFR	engl. *cavity modelling framework*, Computerprogramm
CBP	4,4'-Di(N-carbazolyl)biphenyl
CCD	engl. *charge coupled device*
COC	Cyclo-Olefin-Copolymer
DCM	4-(Dicyanomethyl)-2-methyl-6-(4-dimethylaminostyryl)-4-H-pyran
DBR	engl. *distributed Bragg reflector*
DFB	engl. *distributed feedback*
DPSS	engl. *diode-pumped solid-state*
F8BT	Poly(9,9-dioctylfluoren-co-benzo-thiadiazol)
FGM	Flüstergaleriemoden
GaN	Galliumnitrid
HOMO	engl. *highest occupied molecular orbit*
ICCD	engl. *intensified charge coupled device*
IMT	Institut für Mikrostrukturtechnik
InGaAsP	Indiumgalliumarsenidphosphid
InGaN	Indiumgalliumnitrit
InP	Indiumphosphid
ISC	engl. *intersystem crossing*
ITO	Indiumzinnoxid
KIT	Karlsruher Institut für Technologie
Laser	engl. *light amplification by stimulated emission of radiation*
LC	engl. *liquid crystal*

Abkürzung	Beschreibung
LCD	engl. *liquid crystal display*
LED	engl. *light emitting diode*
LiF	Lithiumfluorid
LIGA	Lithografie, Galvanik, Abformung
LIL	Laserinterferenzlithografie
LTI	Lichttechnisches Institut
LUMO	engl. *lowest unoccupied molecular orbit*
MEH-PPV	Poly[2-methoxy-5-(2'-ethyl-hexyloxy)-1,4-phenylen-vinylen]
ND	engl. *neutral density*
Nd:YAG	Neodym-dotiertes Yttrium-Aluminium-Granat
Nd:YLF	Neodym-dotiertes Yttrium-Lithium-Fluorid
Nd:YVO$_4$	Neodym-dotiertes Yttrium-Orthovanadat
NPB	4,4'-bis[N-(1-naphthyl)-N- phenylamino]biphenyl
OD	optische Dichte
OFET	engl. *organic field effect transistor*
OLED	engl. *organic light emitting diode*
PFO	Polydioctylfluoren
PL	Photolumineszenz
PLQE	Photolumineszenzquanteneffizienz
PM597	Pyrromethen 597
PMMA	Polymethylmethacrylat
PPV	Poly(p-phenylen-vinylen)
PVK	Poly(vinyl carbazol)
QE	Quanteneffizienz
REM	Rasterelektronenmikroskop
RIU	engl. *refractive index unit*
SiO$_2$	Siliziumdioxid
SSG	engl. *superstructure grating*
TE	transversal elektrisch
TM	transversal magnetisch
TTG	engl. *tunable twin-guide*
UV	ultraviolett

A Anhang: Kelch-Mikroresonatoren für organische Halbleiterlaser

Neben DFB-Resonatoren wurden in dieser Arbeit auch rotationssymmetrische Mikrokelche als Resonatoren für organische Halbleiterlaser untersucht. Zunächst wird ein kurzer Überblick über ausgewählte, bereits bestehende Ansätze gegeben sowie die Herstellung der Mikrokelch-Laser beschrieben. Anschließend werden die Ergebnisse der optischen Charakterisierung mit einem DPSS-Laser und einem Diodenlaser als Anregequelle vorgestellt. Es folgt eine Diskussion der Ergebnisse.[1]

A.1 Rotationssymmetrische Laserresonatoren

Resonatoren auf Basis von Flüstergaleriemoden (FGM) (s. Abbildung 2.8) sind vielversprechende Alternativen zu Lasern auf Schichtwellenleiterbasis, da die erreichbaren optischen Güten mit $10^4 - 10^9$ größer und damit optische Verluste durch Streuung oder Abstrahlung deutlich geringer sind. Flüstergaleriemoden können in einem einfachen strahlenoptischen Bild durch Totalreflexionen an der Grenzfläche von Resonator zu Luft erklärt werden (s. Abbildung A.1a). Im wellenoptischen Bild von Licht sind Flüstergaleriemoden elektromagnetische Wellen, die bei Umlauf entlang des Umfangs konstruktiv interferieren (s. Abbildung A.1b). In einem rotationssymmetrischen Resonator mit Radius R ist die Wellenlänge λ mit dem effektiven Brechungsindex n_{eff} resonant, wenn die Bedingung

$$2\pi R = m \cdot \frac{\lambda}{n_{\text{eff}}} \tag{A.1}$$

für eine ganze Zahl m erfüllt ist, wobei m die azimutale Ordnung der Resonanz beschreibt. Eine genauere Analyse der Helmholtzgleichung in einem

---

[1]*Die hier vorgestellten Ergebnisse sind bereits teilweise in den Referenzen [63, 64] veröffentlicht worden.*

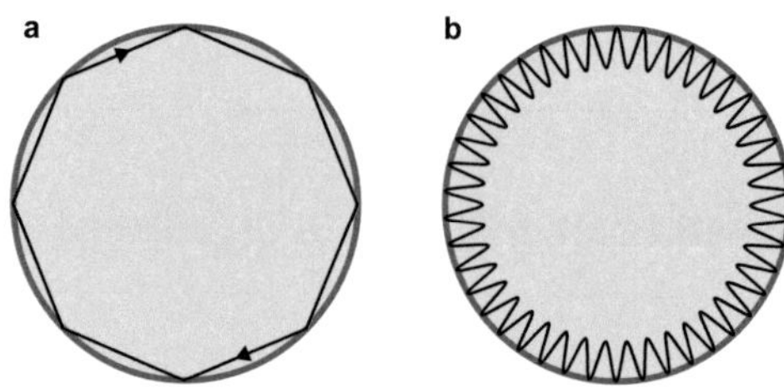

Abb. A.1: Schematische Darstellung von Flüstergaleriemoden im (a) strahlenoptischen und (b) wellenoptischen Bild.

Resonator mit der beschriebenen Symmetrie ergibt analog zum Schichtwellenleiter zwei unterschiedliche Lösungssätze mit transversal elektrischer (TE) und transversal magnetischer (TM) Polarisation. Diese unterschiedlich polarisierten Moden werden neben der azimutalen Ordnung m noch durch eine radiale Ordnungszahl n und eine axiale Ordnungszahl l beschrieben. Daher findet man für FGM-Resonatoren eine komplexe Modenstruktur, die mit Hilfe der Notation $TE_{n,l}^{m}$ bzw. $TM_{n,l}^{m}$ beschrieben wird. Da es im idealen FGM-Resonator keine Auskopplung von Licht durch Streustrukturen oder Endfacetten gibt, wird Licht im Resonator effizient gespeichert und die Moden verlieren nur langsam an Energie, sofern das Licht nicht von den involvierten Materialien absorbiert oder gestreut wird. Das Verhältnis von gespeicherter Energie zu der dissipierten Energie pro Schwingungsperiode wird als Gütefaktor oder Qualitätsfaktor (Q-Faktor) bezeichnet und ist entsprechend groß. Die geringen optischen Verluste im Resonator ermöglichen daher eine effiziente Rückkopplung des Lichts. Wenn der Resonator komplett oder teilweise aus einem Material besteht, das stimulierte Emission ermöglicht, lassen sich so Laser mit sehr niedrigen Schwellen realisieren.

A.2 Stand der Technik

Laser auf Basis von FGM-Resonatoren lassen sich durch eine Vielzahl von Ansätzen realisieren. Da in dieser Arbeit Toroid-ähnliche Kelchresonatoren als Basis dienten, wird der Übersicht halber in diesem Abschnitt nur auf Mikroresonatoren dieser Gruppe eingegangen.

Das Verstärkermaterial kann einerseits durch Dotieren des Resonators mit Elementen aus der Gruppe der Metalle der Seltenen Erden geschehen [257–260]. Weiterhin können auch Quantenpunkte oder Farbstoffmoleküle direkt in das Resonatormaterial eingebettet werden [62, 261, 262]. Laseraktivität wurde ebenfalls mit Toroidresonatoren gezeigt, die mit konjugierten Polymeren durch Aufschleudern beschichtet worden waren [61]. All diese Demonstrationen von Lasertätigkeit zeichneten sich durch extrem niedrige Laserschwellen und ein breites Lasermodenspektrum aus. Jedoch gibt es bei all diesen Herstellungsmethoden den Nachteil, dass das ganze Substrat und damit alle Resonatoren, mit dem gleichen Verstärkermaterial versehen waren. Dies schließt eine parallele Herstellung mehrerer Laser mit Emissionswellenlängen aus unterschiedlichen Bereichen des Spektrums aus. Des Weiteren wurden für die optischen Charakterisierungen hauptsächlich ausgedünnte Fasern für das Anrege- und Detektionslicht verwendet. Für eine effiziente, evaneszente Kopplung müssen diese bis auf wenige 100 nm Abstand zum Resonator positioniert werden. Darüber hinaus beträgt die Lebensdauer solcher ausgedünnten Fasern häufig nur wenige Tage. Für die Anwendung solcher Laser als Lichtquellen in integrierten optischen Systemen ist daher auch eine effiziente Anregung in Freistrahlkonfiguration ohne die aufwändige Justage erstrebenswert. Dies wird typischerweise mit Farbstoff-, Gas- oder DPSS-Lasern oder komplexen Femtosekunden-Lasersystemen umgesetzt, die allesamt groß sind und einen kompakten Aufbau erschweren.

Laser auf Basis rotationssymmetrischer FGM-Resonatoren emittieren Licht ungerichtet, da es keine Auskoppelstrukturen gibt. Je nach Anwendung ist eine gerichtete Emission des Laserlicht, wie es zum Beispiel bei DFB-Lasern der Fall ist, wünschenswert. Asymmetrische FGM-Resonatoren [263] oder solche mit kontrolliert eingebrachten Defekten [264] bieten die Möglichkeit einer stark gerichteten Emission von Lasern mit FGM-Resonatoren. Experimentelle und theoretische Untersuchungen an FGM-Resonatoren, die nicht kreisförmig geformt waren, sondern durch die Kurvenform eines pascalschen Limaçon beschrieben werden können, zeigten eine stark gerichtete Emission in wenige

Raumrichtungen [265, 266]. Zusätzlich schränkt die Asymmetrie der Resonatoren die Anzahl der Lasermoden im Vergleich zu symmetrischen Resonatoren bereits stark ein.

Eine bessere Selektion einzelner Lasermoden lässt sich durch die Kopplung zweier ungleicher FGM-Resonatoren realisieren [267–269]. Aufgrund des Vernier-Effektes bei der Überlagerung der beiden unterschiedlichen Resonanzspektren erfahren nur die Moden geringe optische Verluste, die in beiden Resonatoren resonant sind. Dies resultiert in einer oder wenigen Lasermoden. Ähnlich wie bei den SSG DBR-Lasern in Abschnitt 2.2.5 lässt sich zum Beispiel durch Veränderung der Brechungsindexumgebung in gekoppelten, rotationssymmetrischen Resonatoren eine Durchstimmbarkeit solcher Lasermoden demonstrieren [270].

Aufgrund der hohen Güten können FGM-Resonatoren ebenfalls als Messwandler in biologischen Sensoren verwendet werden. Da die Resonanzwellenlängen empfindlich von der Umgebung abhängen, konnten Toroide bereits genutzt werden, um einzelne Moleküle spezifisch und markerfrei anhand einer Verschiebung der resonanten Wellenlänge zu erkennen [271]. Mit toroidalen Mikrolasern konnten in einem ähnlichen Experiment einzelne Virionen detektiert werden [272]. Dabei wurde ausgenutzt, dass die Laserlinienbreite bei solchen Lasern extrem schmal ist [273].

A.3 Herstellung

In dieser Arbeit wurde auf kelchförmige FGM-Resonatoren aus PMMA zurückgegriffen, die in einer gemeinsamen Arbeit des Instituts für Angewandte Physik (AP) und des IMT des KIT eingeführt und an der AP hergestellt wurden [274]. Diese werden durch eine Kombination aus lithografischer Strukturierung mit einem Elektronenstrahlschreiber, einem Ätzschritt und anschließendem thermischen Aufschmelzen hergestellt. Der Herstellungsprozess ist schematisch in Abbildung A.2 dargestellt. Durch das Aufschmelzen im letzten Prozessschritt werden glatte Oberflächen erzeugt, die nur äußerst geringe optische Verluste durch Streuung verursachen. Nach der Herstellung der Resonatoren wurde ei-

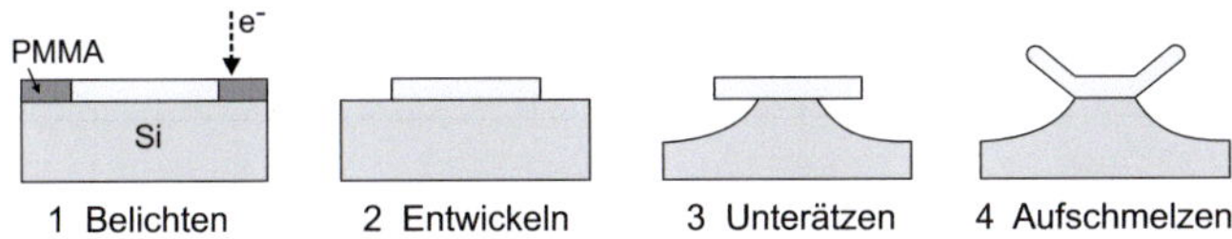

Abb. A.2: Darstellung der Prozesskette für die Herstellung der Polymer-Mikrokelche.

ne 200 nm dicke Schicht Alq$_3$:DCM aufgedampft, so dass die Kelchresonatoren mit diesem Verstärkermaterial bedeckt waren, wie in Abbildung A.3a veranschaulicht. Abbildung A.3b zeigt eine REM-Aufnahme eines Kelchresonators vor dem Bedampfen, während in Abbildung A.3c eine Nahaufnahme eines mit Alq$_3$:DCM-bedeckten Kelchresonators zu sehen ist. Zur Veranschaulichung wurde die organische Schicht in dieser REM-Aufnahme eingefärbt.

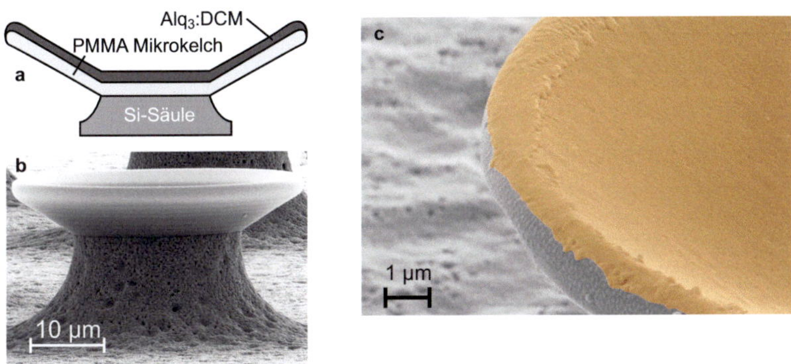

Abb. A.3: (a) Schematische Darstellung eines Mikrokelchs aus PMMA, der mit Alq$_3$:DCM bedampft wurde. (b) REM-Aufnahme eines Mikrokelchs vor dem Bedampfen mit Alq$_3$:DCM (mit freundlicher Genehmigung von T. Großmann). (c) REM-Nahaufnahme des Randes eines mit Alq$_3$:DCM bedeckten Resonators. Das organische Material mit einer Schichtdicke von 50 nm wurde zur Veranschaulichung eingefärbt.

A.4 Aufbau für die optische Charakterisierung

Die optische Anregung der Mikroresonatorlaser in Freistrahlkonfiguration wurde mit dem in Abbildung A.4a skizzierten Aufbau realisiert. Dabei diente ein aktiv gütegeschalteter, frequenzverdreifachter Nd:Yttrium Lithium Fluorid (YLF) Laser (Explorer Scientific, Fa. Newport) als Pumpquelle. Dieser emittiert kurze Pulse mit einer Länge von $< 5\,\text{ns}$ bei einer Wellenlänge von $349\,\text{nm}$ mit Pulsenergien von einigen μJ und variabler Repetitionsrate. Der Anregespot wurde mit einer Linse auf eine Größe mit $200\,\mu\text{m}$ Durchmesser fokussiert. Die Pumpenergie ließ sich mit Hilfe eines Neutraldichtefilters einstellen und wurde mit einer kalibrierten Photodiode überwacht. Als weitere Anregequelle diente eine GaN-Laserdiode, wie sie in Blu-Ray-Laufwerken Verwendung findet. Diese Laserdiode emittierte bei einer Wellenlänge von $\lambda = 405\,\text{nm}$ und war für eine Dauerstrichleistung von $150\,\text{mW}$ spezifiziert. Kurze Laserpulse von $20\,\text{ns}$ Länge wurden mit einer gepulsten Stromquelle (PP-9A, Fa. Sacher Lasertechnik) erzeugt. Die Wiederholrate wurde auf $500\,\text{Hz}$ eingestellt. Damit konnten maximale Pulsenergien von $9\,\text{nJ}$ generiert werden, wie auch in Abbildung A.4b gezeigt. Über eine CCD-Kamera, die an einem

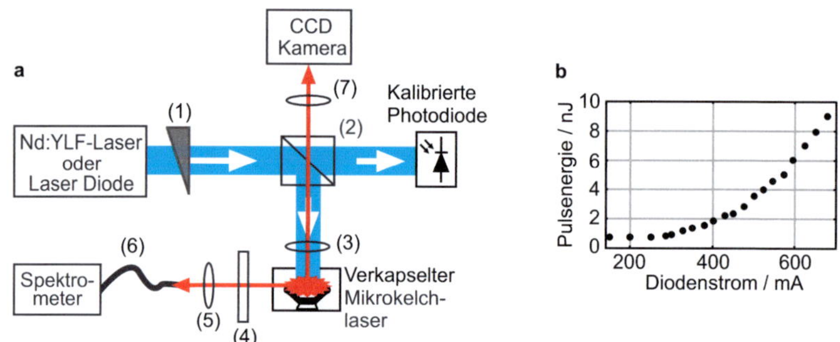

Abb. A.4: (a) Schema des Aufbaus für die optische Charakterisierung der Mikrokelch-Laser. (1) Variabler Neutraldichtefilter, (2) dichroitischer Strahlteiler, (3) Fokussierlinse, (4) Langpassfilter, (5) Fokussierlinse, (6) Glasfaser, (7) Sammellinse. (b) Kennlinie der verwendeten Laserdiode, die mit $20\,\text{ns}$ langen Strompulsen betrieben wurde.

PC angeschlossen war, wurde die Position des Anregespots relativ zur Probe kontrolliert. Das in dem Mikroresonator generierte und zur Seite gestreute Licht wurde mit einer Faserkollimatorlinse hinter einem Langpassfilter (GG420, Fa. Schott) in eine multimodige Faser eingekoppelt und in einen Spektrographen gelenkt, der mit einer CCD-Kamera verbunden war. Die Probe wurde in eine Quarzküvette gebracht und diese unter Stickstoffatmosphäre versiegelt, damit die Charakterisierung ohne den Einfluss von Photooxidation durchgeführt werden konnte. Eine Fotografie der verkapselten Probe ist in Abbildung A.5a zu sehen. Abbildung A.5b zeigt eine Mikroskopaufnahme der hergestellten Mikrokelche in Aufsicht und Abbildung A.5c einen optisch angeregten Mikrokelch-Laser.

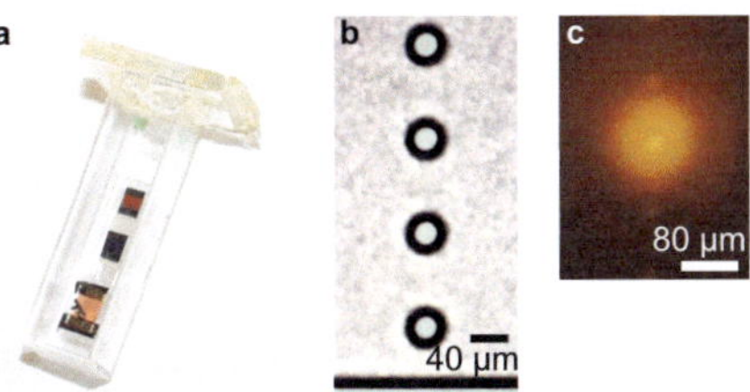

Abb. A.5: (a) Fotografie der verkapselten Proben mit den bedampften Mikrokelchen. Die Küvette wurde in einer Handschuhbox mit Stickstoffatmosphäre mit Hilfe eines Epoxid-Harz-Klebers versiegelt. (b) Mikroskopaufnahme einiger Mikrokelchresonatoren in Aufsicht. (c) Mikroskopaufnahme eines Mikrokelch-Lasers während des Betriebs unter optischer Anregung.

A.5 Experimentelle Ergebnisse

Die Emissionsspektren eines Kelchlasers bei verschiedenen Pumpenergien in Abbildung A.6a zeigen oberhalb der Schwelle von etwa $1,1\,\text{nJ}$ pro Puls mehrere Lasermoden im Wellenlängenbereich von $643\,\text{nm}$ bis $662\,\text{nm}$. Es wurde der DPSS-Laser als Anregequelle benutzt, wobei neben der tatsächlichen Pulsenergie auch die Fläche der Mikrokelche sowie das Gaußsche Anregungsprofil bei der Ermittlung der Anregeenergien berücksichtigt wurden. Dieser Schwellwert ist niedriger als der von $3,3\,\text{nJ}$, der an einem Resonatoren der gleichen Art gemessen wurde, der mit einem Laserfarbstoff dotiert war [62]. Die niedrigere Schwelle liegt einerseits in dem effizienten Lasermaterial begründet. Andererseits sind die resonanten Moden aufgrund des großen Brechungsindexes von Alq_3:DCM und der Schichtdicke von $200\,\text{nm}$ größtenteils in der aktiven Schicht lokalisiert. Dies führt zu großen effektiven Verstärkungskoeffizienten und geringen Modenvolumen und damit zu niedrigen Laserschwellen [64]. Eine Spektrometer-limitierte Linienbreite von etwa 80 pm wurde für einzelne Laserlinien mit einem hochauflösenden Spektrometergitter (1800 Linien/mm) bei einer Pulsenergie von 31 nJ gemessen (s. Abbildung A.6b). Der spektrale Abstand der dominierenden Moden von $1,2$ nm ist etwas kleiner als der aufgrund von Gleichung A.1 erwartete freie Spektralbereich von etwa 2 nm, da es sich bei den Resonanzen sowohl um die fundamentalen TE- als auch die fundamentalen TM-Moden handelt. Die Kennlinie der Lasermode bei einer Wellenlänge von 653 nm ist in Abbildung A.6c zu sehen.

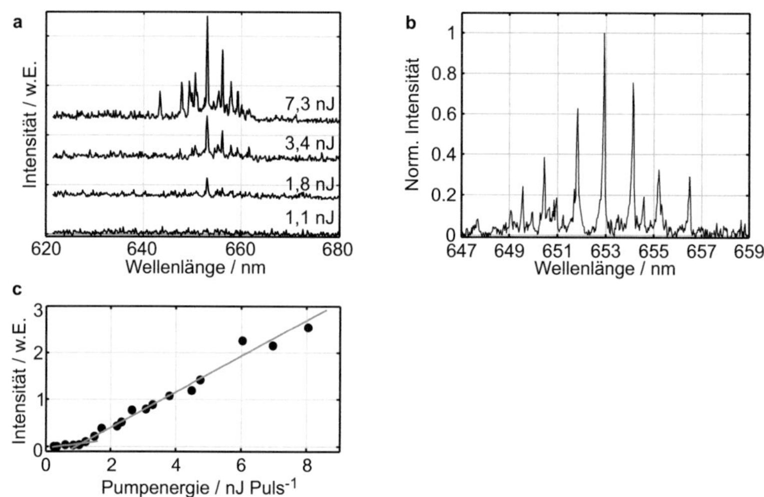

Abb. A.6: (a) Emissionsspektren eines Mikrokelch-Lasers bei verschiedenen Pumpenergien. Als Anregequelle diente ein Nd:YFL-Laser. (b) Laserspektrum eines Mikrokelch-Lasers oberhalb der Schwelle. Es wurde eine spektrometerlimitierte Linienbreite von etwa 80 pm festgestellt. (c) Kennlinie des Mikrokelch-Lasers bei einer Wellenlänge von 653 nm.

Mit der Laserdiode als Pumpquelle wurde die Emission des selben Kelchresonators ebenfalls untersucht. Dies ist in Abbildung A.7a für verschiedene Diodenströmen, d.h. Pulsenergien gezeigt. Die ersten Lasermoden waren ab Diodenströmen von etwa 580 mA zu sehen. Dies entspricht einer Pulsenergie von

5 nJ. Die Kennlinie der Lasermode bei einer Wellenlänge von 648 nm ist in Abbildung A.7b aufgetragen. Die um den Faktor 5 erhöhte Schwelle bei Anregung mit der Laserdiode im Vergleich zu einer Anregung mit dem DPSS-Laser lässt sich zum einen durch die längere Anregezeit von 20 ns im Vergleich zu 5 ns erklären. Des Weiteren müssen bei einer genaueren Schwellbetrachtung der wellenlängenabhängige Absorptionskoeffizient von Alq_3:DCM sowie die unterschiedlichen Anregungsprofile der Pumpquellen berücksichtigt werden. Diese Faktoren führen zu räumlich und zeitlich unterschiedlichen Inversionsdichten innerhalb des Kelchresonators, was wiederum aufgrund der Selbstabsorption der DCM-Moleküle unterschiedliche Verlustkoeffizienten je nach Pumpquelle mit sich bringt. Es wird vermutet, dass höhere optische Verluste im Fall der Laserdiode als Pumpquelle zu der beobachteten Blauverschiebung der Lasermoden führen. Ein derartiges Verhalten wurde für Fabry-Pérot-Laser mit verschiedenen Absorptions- bzw. Verlustkoeffizienten berechnet [275].

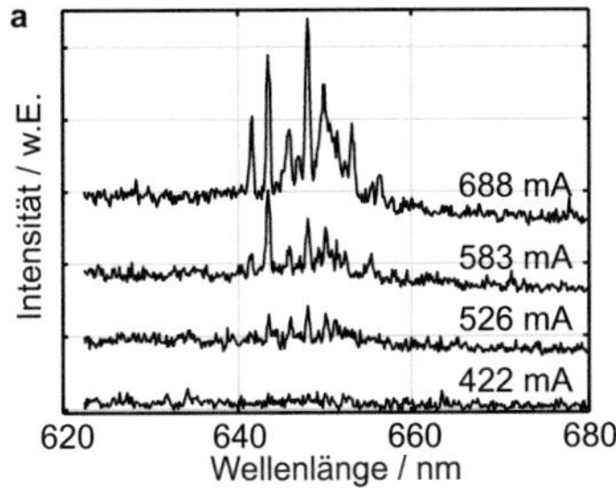

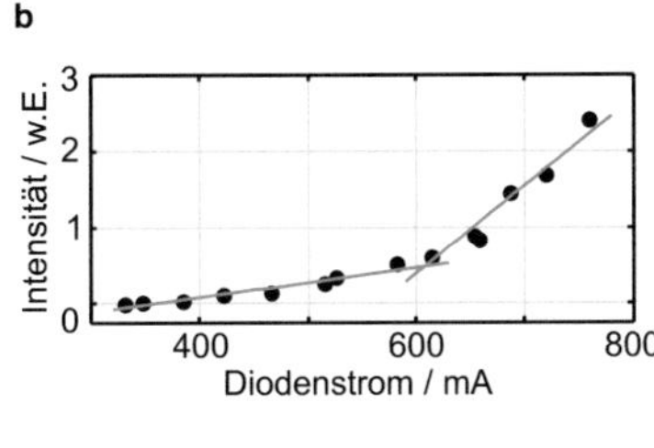

Abb. A.7: (a) Emissionsspektren eines Mikrokelch-Lasers bei verschiedenen Pumpenergien. Als Anregequelle diente hier eine Laserdiode, die bei 405 nm emittierte. (b) Kennlinie des Mikrokelch-Lasers bei einer Wellenlänge von 648 nm.

A.6 Diskussion

FGM-Resonatoren, die mit einem Verstärkermaterial kombiniert werden, ermöglichen sehr effiziente Laserlichtquellen. Durch das Aufbringen einer dünnen Schicht eines organischen Lasermaterials durch thermisches Aufdampfen auf sogenannte Mikrokelche konnte eine starke Modenlokalisierung in der verstärkenden Schicht realisiert werden. Dies ermöglichte die Herstellung von Lasern, für die die Schwellbesetzungsinversion in einer optischen Freistrahlanregung nicht nur mit DPSS-Lasern sondern auch mit Laserdioden erreicht wurde. Die Herstellung organischer Mikrokelch-Laser durch Aufdampfen der aktiven Schicht erlaubt die Kombination mehrerer Materialien und damit verschiedener spektraler Laseremissionsbereiche für solche FGM-Laser. Aufgrund der schmalen Linienbreite können diese ebenfalls als empfindliche Signalwandler in biophotonischen Sensoren verwendet werden. Die Demonstration der Freistrahlanregung mit einer Laserdiode könnte daher kompakte photonische Sensorsysteme ermöglichen. Durch die Kopplung mehrerer solcher Resonatoren ist auch die Emission von einer oder wenigen Lasermoden möglich.

Darüber hinaus könnte eine genauere Untersuchung des Einflusses der verschiedenen Pumpparameter, wie Anregedauer, Anregeprofil und Anregewellenlänge Aufschluss darüber geben, inwieweit das Emissionsspektrum der Mikrokelchlaser verändert werden kann, ohne die direkte Umgebung der Resonatoren durch zum Beispiel eine Brechungsindexvariation zu beeinflussen.

B Anhang: Übersicht ausgewählter Methoden für die Durchstimmung von DFB-Lasern

In Tabelle B.1 ist eine Zusammenfassung von ausgewählten Methoden zur kontinuierlichen Durchstimmung organischer DFB-Laser durch eine Veränderung der geometrischen Größen des DFB-Resonators aufgelistet. Tabelle B.2 beinhaltet eine Übersicht ausgewählter Methoden für die kontinuierliche Wellenlängenveränderung anorganischer und organischer DFB-Laser durch eine Brechungsindexveränderung in einer Schicht.

Prinzip	Herstellungs-methode	Gemessener Durchstimmbereich	Durchstimmbereich - Theor. Grenze	Hysterese	Gemessene Laserschwelle	Referenz
Kontinuierlich variierende Gitterperiode	Elektronen-strahl-lithografie	40 nm	Verstärkungs-bandbreite	nein	$10,2\,\mu\mathrm{J\,cm^{-2}}$ $(7,2\,\mathrm{nJ})$	[196]
Mech. Sub-stratdehnung bzw. -stauchung	mehrere	24 nm	Verstärkungs-bandbreite	unklar	$6,1\,\mu\mathrm{J\,cm^{-2}}$ $(\,-\,)$	[198, 199]
Elektr. Sub-stratdehnung bzw. -stauchung	mehrere	47 nm	Verstärkungs-bandbreite	ja	$600\,\mu\mathrm{J\,cm^{-2}}$ $(\,-\,)$	[201]
Holografische Anregung	mehrere	23 nm	Verstärkungs-bandbreite	nein	$1300\,\mu\mathrm{J\,cm^{-2}}$ $(1,3\,\mu\mathrm{J})$	[203]
Schichtdicken-variation	Aufdampfen mit Schatten-maske	55 nm	30 - 80 nm (mit einer Gitterperiode)	nein	$29,7\,\mu\mathrm{J\,cm^{-2}}$ $(11,2\,\mathrm{nJ})$	vorl. Arbeit, [193, 194]
Schichtdicken-variation	Horizontale Tauchbe-schichtung	19 nm	30 - 80 nm (mit einer Gitterperiode)	nein	$16,8\,\mu\mathrm{J\,cm^{-2}}$ $(3,8\,\mathrm{nJ})$	vorl. Arbeit, [195]

Tab. B.1: Übersicht ausgewählter Methoden für die kontinuierliche Durchstimmung organischer DFB-Laser durch eine Änderung geometrischer Faktoren. Für die Werte wurde jeweils das Optimum gewählt.

Prinzip	Gemessener Durchstimm- bereich	Wellen- länge	Verstärker- material	Gemessene Laser- schwelle	Modulations- geschwindig- keit	Referenz
TTG DFB-Laser	13 nm	1550 nm	InGaAsP	-	$\leq$ ns	[3, 276]
SSG DBR-Laser	62,4 nm	1550 nm	InGaAsP	-	50 ps	[124, 277]
Nematische Flüssigkristalle in Mantelschicht	1,2 nm $(0,9\,\mathrm{nm}/)$ $(\mathrm{kV\,mm^{-1}}))$	1550 nm	InGaAsP	-	$\leq$ ms (geschätzt)	[125]
Optofluidische DFB- Farbstofflaser	7 nm $(123\,\mathrm{nm}/$ RIU)	580 nm	Rhodamin 6G	$700\,\mu\mathrm{J\,cm^{-2}}$ (-)	s	[216, 278]
Optofluidische Mantelschicht	8 nm $(36,4\,\mathrm{nm}/$ RIU)	590 nm	PM 597	$100\,\mu\mathrm{J\,cm^{-2}}$ (-)	s	[217],vorl. Arbeit
Cholesterische Flüssigkristalle in Kern-/ Verstärkerschicht	14 nm $(1,4\,\mathrm{nm}/$ $(\mathrm{kV\,mm^{-1}}))$	630 nm	DCM	$509\,\mu\mathrm{J\,cm^{-2}}$ $(1\,\mu\mathrm{J\,Puls^{-1}})$	$\geq$ 20 ms	[226]
Nematische Flüssigkristalle in Kern-/ Verstärkerschicht	10 nm $(1,7\,\mathrm{nm}/$ $(\mathrm{kV\,mm^{-1}}))$	690 nm	LDS 698	$560\,\mu\mathrm{J\,cm^{-2}}$ $(1,4\,\mu\mathrm{J\,Puls^{-1}})$	ms (geschätzt)	[221]
Nematische Flüssigkristalle in Mantelschicht	4,2 nm $(0,5\,\mathrm{nm}/$ $(\mathrm{kV\,mm^{-1}}))$	620 nm	Alq$_3$:DCM	$2343\,\mu\mathrm{J\,cm^{-2}}$ $(265\,\mathrm{nJ\,Puls^{-1}})$	$\leq$ ms	vorl. Arbeit, [213]

Tab. B.2: Übersicht ausgewählter Methoden für die kontinuierliche Durchstimmung anorganischer und organischer DFB-Laser durch eine Änderung des Brechungsindexes in einer Schicht.

C Anhang: Rezepte

C.1 Laser-Interferenz-Lithografie

Belacken und Belichten

Reinigung	Aceton und	10 min
	Ultraschall	10 min
	Isopropanol und	
	Ultraschall	
Ausheizen	Heizplatte bei 150°C	10 min
	Abkühlen unter	5 min
	Glasglocke	
Haftvermittlung	O_2-Plasma bei 250 W	2 min
	HMDS im Exsikkator	10 min
Belacken	AR-P 3170	
	500 U/m	5 s
	2000 U/m	35 s
Ausbacken	Heizplatte bei 80°C	1 min
	Kanten und Rückseite	
	schwärzen	
Interferenzbelichtung	$30 - 40\,\mathrm{mJ\,cm}^{-2}$	

Entwickeln

Entwickler	AR 300-35 : H_2O = 5:1 (nach 3-4 Proben neue Mischung verwenden)	
Entwickeln	einzeln, kopfüber, nicht schwenken	30-50 s
Entwicklungsstopp	H_2O	10 s
Trocknen	Spin-Coater N$_2$-Pistole	

Herstellung des Chromgitters

Chrom aufdampfen	PiekeVac	20-50 nm
Lift-Off	Aceton senkrechter Probenhalter	mindestens einen Tag

C.2 Reaktives Ionenätzen

Die angegebenen Ätzraten gelten sowohl für Millimeter- als auch für sub-Mikrometerstrukturen. Als Ätzmaske diente eine 20 nm dicke Chromschicht, die mit den angegebenen Rezepten nach etwa 10 Minuten komplett abgetragen war.

Quarzglas (GE124)

Schritt	Einstellungen	Ätzrate
Reinigung	25 sccm O_2, 100 W, 100 mTorr, 1 min	-
Trockenätzen	12 sccm CHF3, 38 sccm Ar 200 W, 30 mTorr	ca. $33\,\mathrm{nm\,min^{-1}}$

Kalk-Natron-Glas

Schritt	Einstellungen	Ätzrate
Reinigung	25 sccm O_2, 100 W, 100 mTorr, 1 min	-
Trockenätzen	12 sccm CHF3, 38 sccm Ar 200 W, 30 mTorr	ca. $8\,\mathrm{nm\,min^{-1}}$

SiO$_2$

Schritt	Einstellungen	Ätzrate
Reinigung	25 sccm O_2, 100 W, 100 mTorr, 1 min	-
Trockenätzen	25 sccm CHF3, 25 sccm Ar 200 W, 30 mTorr	ca. $35\,\mathrm{nm\,min^{-1}}$

Danksagung

Die vorliegende Dissertation entstand am Lichttechnischen Institut und am Institut für Mikrostrukturtechnik des Karlsruher Instituts für Technologie. Das letzte Kapitel widme ich all jenen, die mich bei der Entstehung dieser Arbeit auf vielfältige Art und Weise unterstützt haben:

- Meinem Doktorvater Prof. Dr. Uli Lemmer danke ich für die hervorragende Betreuung dieser Arbeit, das mir entgegengebrachte Vertrauen und die vielen Freiheiten, die ich genießen durfte. Die zahlreichen scharfsinnigen, fachlichen Diskussionen und seine immense Erfahrung in dem Bereich organischer Halbleiterlaser trugen entscheidend zum wissenschaftlichen Erfolg bei.

- Prof. Dr. Christian Koos vom Institut für Photonik und Quantenelektronik möchte ich für die Übernahme des Korreferats und den damit verbundenen Zeitaufwand danken.

- Ich danke Prof. Dr. Volker Saile dafür, dass er mir durch die Kooperation die Möglichkeit gegeben hat, mich am IMT ebenfalls heimisch zu fühlen.

- Ebenso gilt mein Dank Dr. Timo Mappes für die Aufnahme in seine Nachwuchsgruppe. Seine Tür stand immer offen und sein leidenschaftlicher Einsatz war in vielerlei Hinsicht eine große Unterstützung.

- Christoph Vannahme gehört ein besonderes Dankeschön an dieser Stelle. Die stets enge Zusammenarbeit mit ihm hat mir viel Freude bereitet und zu vielen Aspekte dieser Arbeit beigetragen. Auch eine schmerzhafte Kollision beim Ultimate-Frisbee hat dies nicht beeinträchtigt.

- Ich danke Thomas Woggon und Felix Glöckler für all die Dinge, die ich von ihnen über organische Halbleiterlaser und optische Messtechnik im "Läb" lernen durfte.

- Ulf Geyer, Klaus Huska und Tobias Bocksrocker danke ich für die hervorragende Zusammenarbeit bei der Laserinterferenzlithografie.

- Ich bedanke mich bei Dr. habil. Hans Eisler und Matthias Wissert, ohne deren Unterstützung viele der AFM-Messungen nicht möglich gewesen wären. Außerdem danke ich Matthias für die tolle Zusammenarbeit rund um die Vorlesung Festkörperelektronik.

- Tobias Großmann danke ich für die unkomplizierte und spannende Zusammenarbeit bei den Mikrokelch-Lasern.

- Bedanken möchte ich mich bei allen Kollegen am LTI für die großartige Zusammenarbeit und die diversen Freizeitaktivitäten. Besonders Julian Hauss, Felix Glöckler, Nico Christ, Boris Riedel, Florian Maier-Flaig, Tobias Bocksrocker und Carsten Eschenbaum danke ich für die vielen spannenden Gespräche zu früher und später Stunde auch jenseits der organischen Optoelektronik, z.B. über die Feuerwehr, Sport oder Finanztheorie. Sebastian Valouch, Siegfried Kettlitz und André Gall danke ich für die oftmals sehr hilfreichen Vorschläge und kritischen Hinweise. Ein weiterer besonderer Dank gilt allen Beteiligten für die "unverschämt" guten Institutsfeiern und den inoffiziellen Institutsausflug auf die Ski-Pisten Österreichs.

- Allen Mitgliedern der Nachwuchsgruppe sowie allen anderen Kollegen am IMT danke ich für die gute Zusammenarbeit. Besonders erwähnen möchte an dieser Stelle Mauno Schelb und Johannes Barth, denen ich nicht zu Letzt auch für die vielen anregenden Gespräche und amüsanten Stunden danke.

- Tobias Wienhold und Ziyao Wang danke ich für die Herstellung der transferierten Oberflächengitter.

214

- Christian Kayser und Thorsten Feldmann danke ich für den unkomplizierten und reibungslosen Betrieb im Reinraumlabor und die Unterstützung an den diversen Geräten.

- Felix Geislhöringer danke ich dafür, dass er mich immer wieder mit seinen beeindruckenden Elektronik-Fähigkeiten unterstützt hat. Außerdem danke ich ihm für seinen fortwährenden Einsatz für eine funktionierende Infrastruktur am LTI.

- Ich danke Mario Sütsch, Klaus Ochs und Hans Vögele für die vielen mechanischen Spezialanfertigungen, die ich im Laufe der Jahre benötigt habe und die immer zeitnah angefertigt wurden. Ganz besonders danke ich Herrn Sütsch dafür, dass er die sonderbar anmutenden Schnittformen meiner Aufdampfmasken mit viel Rat und Tat ermöglicht hat.

- Astrid Dittrich und Claudia Holeisen danke ich für die stets angenehme Unterstützung bei bürokratischen Fragen und Problemen jeglicher Art.

- Ich danke den Diplomanden, KSOP-, Bachelor- und Masterstudenten und Hiwis Yuxin Shen, Jaehan Lee, Kibria Chowdhury, Nico Heußner, Karl Lüll, Philipp Kluth, Philipp Kleinow, Xin Liu und Sarah Kurmulis, die mich bei meiner Arbeit unterstützt haben.

- Ein besonderes Dankeschön geht an Birgit, Carola, Katja, Matthias und Ziyao für eine tolle und abwechslungsreiche Zeit in Raum 212.

- Bei der Karlsruhe School of Optics and Photonics bedanke ich mich für die Aufnahme als Kollegiat, die finanzielle Unterstützung, die Vernetzung der vielen Promotionsprojekte und das breitgefächerte Weiterbildungsangebot.

- Dem Center for Functional Nanostructures (CFN) bzw. der Deutschen Forschungsgemeinschaft (DFG) danke ich für die Finanzierung im Rahmen des Projektes A5.5 und für die bereitgestellte Gerateinfrastruktur, v.a. in Form des Nanostructure Service Laboratory.

- Timo Mappes, Christoph Vannahme, Klaus Huska, Julian Hauss, Thomas Woggon und Xin Liu danke ich für das kritische Korrekturlesen des Manuskriptes.

Zu guter Letzt möchte ich mich bei jenen bedanken, ohne die ich nie so weit gekommen wäre:

- Bei meinen Eltern, die mir alles erst durch ihre dauerhafte Unterstützung ermöglicht haben

- Bei meinen Schwestern für ihre fortwährende moralische Unterstützung

- Bei Sarah, die in jeglicher Hinsicht ein sehr wichtiger Teil meines Lebens ist.

Publikationsliste

Referierte Artikel in internationalen Zeitschriften

- X. Liu, **S. Klinkhammer**, K. Sudau, N. Mechau, C. Vannahme, J. Kaschke, T. Mappes, M. Wegener, U. Lemmer, "Ink-jet printed organic semiconductor distributed feedback laser," (eingereicht)

- F. Nickel, M.F.G. Klein, C. Sprau, P. Kapetana, N. Christ, X. Liu, **S. Klinkhammer**, U. Lemmer, A. Colsmann, "Layer thickness optimization by spatially resolved photocurrent mapping of organic solar cells comprising wedge-shaped absorber layers," (eingereicht)

- **S. Klinkhammer**, X. Liu, K. Huska, Y. Shen, S. Vanderheiden, S. Valouch, C. Vannahme, S. Bräse, T. Mappes, U. Lemmer, "Continuously tunable solution-processed organic semiconductor DFB lasers pumped by laser diode," *Optics Express* 20, 6357–6364 (2012)

- **S. Klinkhammer**, N. Heussner, K. Huska, T. Bocksrocker, F. Geislhöringer, C. Vannahme, T. Mappes, U. Lemmer, "Voltage-controlled continuous tuning of organic semiconductor distributed feedback laser with liquid crystal cladding," *Applied Physics Letters* 99, 023307 (2011)

- T. Grossmann, **S. Klinkhammer**, M. Hauser, D. Floess, T. Beck, C. Vannahme, T. Mappes, U. Lemmer, H. Kalt, "Strongly confined, low-threshold laser modes in organic semiconductor microgoblets," *Optics Express* 19, 10009–10016 (2011)

- C. Vannahme, **S. Klinkhammer**, U. Lemmer, T. Mappes, "Plastic lab-on-a-chip for fluorescence excitation with integrated organic semiconductor lasers," *Optics Express* 19, 8179–8186 (2011) (aufgenommen in: Virtual Journal for Biomedical Optics 6 (2011))

- Z. Wang, J. Hauss, C. Vannahme, U. Bog, **S. Klinkhammer**, D. Zhao, M. Gerken, T. Mappes, U. Lemmer, "Nanograting transfer for light extraction in organic light-emitting devices," *Applied Physics Letters* 98, 143105 (2011)

- **S. Klinkhammer**, T. Grossmann, K. Lüll, M. Hauser, C. Vannahme, T. Mappes, H. Kalt, U. Lemmer, "Diode-pumped organic semiconductor microcone laser," *IEEE Photonics Technology Letters* 23, 489–491 (2011)

- C. Vannahme, **S. Klinkhammer**, M. Brøkner Christiansen, A. Kolew, A. Kristensen, U. Lemmer, T. Mappes, "All-polymer organic semiconductor laser chips: Parallel fabrication and encapsulation," *Optics Express* 18, 24881–24887 (2010)

- T. Woggon, **S. Klinkhammer**, U. Lemmer, "Compact spectroscopy system based on tunable organic semiconductor lasers," *Applied Physics B: Lasers and Optics* 99, 47–51 (2010)

- T. Grossmann, S. Schleede, M. Hauser, M. Brøkner Christiansen, C. Vannahme, C. Eschenbaum, **S. Klinkhammer**, T. Beck, J. Fuchs, G. U. Nienhaus, U. Lemmer, A. Kristensen, T. Mappes, H. Kalt, "Low-threshold conical microcavity dye lasers," *Applied Physics Letters* 97, 063304 (2010)

- S. Lenhert, F. Brinkmann, S. Walheim, T. Laue, C. Vannahme, **S. Klinkhammer**, S. Sekula, M. Xu, T. Mappes, T. Schimmel, H. Fuchs, "Lipid multilayer gratings," *Nature Nanotechnology* 5, 275–279 (2010)

- M. Stroisch, T. Woggon, C. Teiwes-Morin, **S. Klinkhammer**, K. Forberich, A. Gombert, M. Gerken, U. Lemmer, "Intermediate high index layer for laser mode tuning in organic semiconductor lasers," Optics Express 18, 5890–5895 (2010)

- C. Vannahme, **S. Klinkhammer**, A. Kolew, P.-J. Jakobs, M. Guttmann, S. Dehm, U. Lemmer, T. Mappes, "Integration of organic semiconductor lasers and single-mode passive waveguides into a PMMA substrate," *Microelectronic Engineering* 87, 693–695 (2010)

- **S. Klinkhammer**, T. Woggon, U. Geyer, C. Vannahme, T. Mappes, S. Dehm, U. Lemmer, "A continuously tunable low-threshold organic semiconductor distributed feedback laser fabricated by rotating shadow mask evaporation," *Applied Physics B: Lasers and Optics* 97, 787–791 (2009)

Artikel in SPIE-Konferenzbänden

- T. Grossmann, S. Schleede, M. Hauser, M. Brøkner Christiansen, C. Vannahme, C. Eschenbaum, **S. Klinkhammer**, T. Beck, J. Fuchs, G. U. Nienhaus, U. Lemmer, A. Kristensen, T. Mappes, H. Kalt, "Lasing in dye-doped high-Q conical polymeric microcavities," *Proc. SPIE* 7913, 79130Y (2011)

- C. Vannahme, **S. Klinkhammer**, F. Brinkmann, S. Lenhert, T. Grossmann, U. Lemmer, T. Mappes, "Highly integrated biophotonics towards all-organic lab-on-chip systems," *Proc. SPIE* 7715, 77151H (2010)

- **S. Klinkhammer**, T. Woggon, C. Vannahme, T. Mappes, U. Lemmer, "Optical spectroscopy with organic semiconductor lasers," *Proc. SPIE* 7722, 77221I (2010) (**"Best Student Paper Award"**)

- T. Mappes, C. Vannahme, **S. Klinkhammer**, U. Bog, M. Schelb, T. Grossmann, J. Mohr, H. Kalt, U. Lemmer, "Integrated photonic lab-on-chip systems for biomedical applications," *Proc. SPIE* 7716, 77160R (2010)

- T. Mappes, C. Vannahme, **S. Klinkhammer**, T. Woggon, M. Schelb, S. Lenhert, J. Mohr, U. Lemmer, "Polymer biophotonic lab-on-chip devices with integrated organic semiconductor lasers," *Proc. SPIE* 7418, S. 74180A (2009)

Sonstige Veröffentlichungen

- S. Klinkhammer, T. Woggon, U. Lemmer, "Tunable organic semiconductor lasers: Ready for the market?," *Laser Focus World*, 21.10.2011

Patente

- T. Woggon, S. Klinkhammer, S. Valouch, J. Bach, U. Lemmer: Tunable laser light source based on variable optical pulse excitation and method for operating same. *Europäische und US-amerikanische Patentanmeldung* (2009), EP2287980 (A1), US2011043801 (A1).

Beiträge auf internationalen Konferenzen (nur persönlich präsentiert)

- S. Klinkhammer, T. Woggon, N. Heussner, C. Vannahme, T. Mappes, U. Lemmer, "Tuning solid-state organic lasers," SPIE Photonics West, San Fransisco, 22.-27. Januar 2011

- S. Klinkhammer, T. Woggon, X. Liu, C. Vannahme, T. Mappes, U. Lemmer, "Plastic lasers for optical spectroscopy," Winter School of Organic Electronics, Heidelberg, 9.-12. Dezember 2010

- S. Klinkhammer, C. Vannahme, T. Woggon, T. Mappes, U. Lemmer, "Organic semiconductor lasers for sensing applications," Polydays, Berlin-Dahlem, 3.-5. Oktober 2010

- S. Klinkhammer, T. Woggon, C. Vannahme, T. Mappes, U. Lemmer, "Optical spectroscopy with organic semiconductor lasers," SPIE Photonics Europe, Brüssel, 12.-16. April 2010

- S. Klinkhammer, T. Woggon, U. Geyer, C. Vannahme, T. Mappes, U. Lemmer, "Rotating shadow mask evaporation and its use for continuously tunable low-threshold organic semiconductor distributed feedback lasers," ECME, Kopenhagen, 9.-12. September 2009

- S. Klinkhammer, T. Woggon, U. Geyer, C. Vannahme, T. Mappes, S. Dehm, U. Lemmer, "A continuously tunable low-threshold organic semiconductor distributed feedback laser," Mini-Symposium on Organic Lasers and Hybrid Optical Structures, Grasmere, 22.-25. Juni 2009